"十二五"职业教育国家规划教材
经全国职业教育教材审定委员会审定

Flash CS6 动画设计立体化教程

庄报春 徐国华 ◎ 主编
王梅艳 孟斌 谭超 ◎ 副主编

人民邮电出版社
北京

图书在版编目（CIP）数据

Flash CS6动画设计立体化教程 / 庄报春，徐国华主编. -- 北京 : 人民邮电出版社，2016.3（2019.3重印）
"十二五"职业教育国家规划教材
ISBN 978-7-115-41006-1

Ⅰ. ①F… Ⅱ. ①庄… ②徐… Ⅲ. ①动画制作软件－高等职业教育－教材 Ⅳ. ①TP391.41

中国版本图书馆CIP数据核字(2016)第044692号

内容提要

本书采用项目教学法，主要讲解了 Flash 的基础知识、绘制与编辑图形、制作 Flash 基本动画、制作遮罩与引导层动画、制作有声动画、制作 Deco 动画和骨骼动画、制作脚本与组件动画及 Flash 动画后期操作等知识。本书最后还安排了综合案例内容，有助于进一步提高学生对知识的应用能力。

本书中的项目分解为若干个任务，每个任务主要由任务目标、相关知识、任务实施 3 个部分组成，然后再进行强化实训。每个项目最后还总结了常见疑难解析，并安排了相应的练习和实训。本书着重对学生实际应用能力的培养，将职业场景引入课堂教学，因此可以让学生提前进入工作的角色。

本书适合作为职业院校"动画设计"课程的教材，也可作为各类社会培训学校相关专业的教材，同时还可供 Flash 爱好者、动画制作爱好者自学使用。

◆ 主　　编　庄报春　徐国华
副 主 编　王梅艳　孟　斌　谭　超
责任编辑　马小霞
责任印制　焦志炜

◆ 人民邮电出版社出版发行　　北京市丰台区成寿寺路 11 号
邮编　100164　　电子邮件　315@ptpress.com.cn
网址　http://www.ptpress.com.cn
固安县铭成印刷有限公司印刷

◆ 开本：787×1092　1/16
印张：16　　　　2016 年 3 月第 1 版
字数：386 千字　　　　2019 年 3 月河北第 6 次印刷

定价：49.80 元（附光盘）

读者服务热线：(010)81055256　印装质量热线：(010)81055316
反盗版热线：(010)81055315

前 言 PREFACE

随着近年来职业教育课程改革的不断发展，也随着计算机软硬件日新月异的升级，以及教学方式的不断发展，市场上很多教材在软件版本、硬件型号、教学结构等很多方面都已不再适应目前的教授和学习。

有鉴于此，我们认真总结了教材编写经验，用了两三年的时间深入调研各地、各类职业教育学校的教材需求，组织了一批优秀的、具有丰富的教学经验和实践经验的作者团队编写了本套教材，力求达到"十二五"职业教育国家规划教材的要求，以帮助各类职业院校快速培养优秀的技能型人才。

本着"工学结合"的原则，我们主要通过教学方法、教学内容和教学资源3个方面体现本套教材的特色。

教学方法

本书精心设计"情景导入→任务讲解→上机实训→常见疑难解析与知识拓展→课后练习"5段教学法，将职业场景引入课堂教学，激发学生的学习兴趣；然后在任务的驱动下，实现"做中学，做中教"的教学理念；最后有针对性地解答常见问题，并通过练习全方位帮助学生提升专业技能。

- **情景导入**：以情景对话方式引入项目主题，介绍相关知识点在实际工作中的应用情况及其与前后知识点之间的联系，让学生了解学习这些知识点的必要性和重要性。
- **任务讲解**：以实践为主，强调"应用"。每个任务先指出要做一个什么样的实例，制作的思路是怎样的，需要用到哪些知识点，然后讲解完成该实例必备的基础知识，最后分步骤详细讲解任务的实施过程。讲解过程中穿插有"操作提示""知识补充"和"职业素养"3个小栏目。
- **上机实训**：结合任务讲解的内容和实际工作需要给出操作要求，提供适当的操作思路及步骤提示以供参考，要求学生独立完成操作，充分训练学生的动手能力。
- **常见疑难解析与拓展**：精选出学生在实际操作和学习中经常会遇到的问题并进行答疑解惑，通过拓展知识版块，学生可以深入、综合地了解一些提高型应用知识。
- **课后练习**：结合该项目内容给出难度适中的上机操作题，通过练习，学生可以达到强化、巩固所学知识的目的，温故而知新。

教学内容

本书的教学目标是循序渐进地帮助学生掌握Flash动画制作的方法与技巧。全书共9个项目，可分为如下几个方面的内容。

- **项目一~项目二**：主要讲解Flash动画的基础入门知识，包括走进Flash动画世界和绘制与编辑图形等知识。

- **项目三~项目四**：主要讲解Flash基本动画的制作，包括制作Flash基本动画和制作遮罩与引导层动画的知识。
- **项目五~项目七**：主要讲解Flash高级动画的制作，包括制作有声动画、制作Deco动画和骨骼动画及制作脚本与组件动画等知识。
- **项目八**：主要讲解Flash动画后期的操作，包括测试、优化动画与发布动画等。
- **项目九**：以制作网站进入动画和打地鼠小游戏为例，进行综合实训。

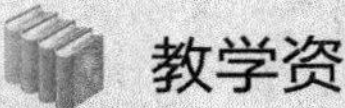

教学资源

本书的教学资源包括以下 3 方面的内容。

（1）配套光盘

本书配套光盘中包含图书中实例涉及的素材与效果文件、各章节实训及习题的操作演示动画和模拟试题库 3 个方面的内容。模拟试题库中含有丰富的动画设计的相关试题，包括填空题、单项选择题、多项选择题、判断题和操作题等多种题型，读者可自动组合出不同的试卷进行测试。另外，还提供了两套完整模拟试题，以便读者测试和练习。

（2）教学资源包

本书配套精心制作的教学资源包，包括PPT教案和教学教案（备课教案、Word文档），以便老师顺利开展教学工作。

（3）教学扩展包

教学扩展包中包括方便教学的拓展资源及每年定期更新的拓展案例两个方面的内容。其中拓展资源包含动画设计素材和动画案例欣赏等。

特别提醒：上述教学资源包和教学扩展包可访问人民邮电出版社教学服务与资源网（http:// www.ptpedu.com.cn）搜索下载，或者发电子邮件至dxbook@qq.com索取。

本书由庄报春、徐国华任主编，王梅艳、孟斌和谭超任副主编。虽然编者在编写本书的过程中倾注了大量心血，但百密之中可能仍有疏漏，恳请广大读者及专家不吝赐教。

编者

2015年10月

目　录 CONTENTS

项目一　走进Flash动画世界　1

任务一 认识Flash动画 2
一、任务目标 2
二、相关知识 2
（一）Flash动画设计简介 2
（二）Flash动画应用领域与优秀作品欣赏 3
（三）动画设计就业方向与前景 5
（四）动画设计流程 7
三、任务实施 7
（一）打开Flash文件 7
（二）预览与发布动画 8
任务二 制作动物奔跑动画 10
一、任务目标 10
二、相关知识 10
（一）Flash CS6的常用文件类型 10
（二）认识Flash CS6操作界面 11
（三）帧频（fps）及其设置技巧 14
三、任务实施 14
（一）新建Flash文件 14
（二）制作与预览Flash动画 15
任务三 制作童趣森林动画 17
一、任务目标 17
二、相关知识 18
（一）任意变形工具 18
（二）选择工具 19
（三）“变形”面板 19
（四）认识“库”面板 20
三、任务实施 21
（一）导入素材文件 21
（二）制作童趣森林动画 22
实训一 打开Flash文件并预览 23
实训二 对象的上下级排列 24
常见疑难解析 25
拓展知识 26
课后练习 27

项目二　绘制与编辑图形　29

任务一 绘制卡通猫动画 30
一、任务目标 30
二、相关知识 30
（一）了解鼠绘 30
（二）几何绘图工具 31
（三）自由绘图工具 35
三、任务实施 37
（一）绘制猫头轮廓和耳朵 37
（二）绘制其他部位 39
任务二 为荷塘月色上色 42
一、任务目标 42
二、相关知识 42
（一）认识颜色 42
（二）“颜色”面板 43
（三）“样本”面板 44
（四）编辑渐变填充 45
（五）填充工具的使用 46
三、任务实施 47
（一）线性渐变填充 47
（二）径向渐变填充 48
任务三 制作音乐节海报 49
一、任务目标 49
二、相关知识 50
（一）文本工具 50
（二）设置文字样式 50
（三）滤镜特效 51
（四）设置字符属性 53
（五）容器和流属性 53

（六）创建竖排文本 54
（七）添加分栏文本 54
（八）认识元件和实例 55
（九）“时间轴”面板 56
三、任务实施 57
（一）设置元件属性 57
（二）输入并设置文本 58
实训一 绘制卡通女孩 61
实训二 对绘制的小人上色 62
常见疑难解析 63
拓展知识 64
课后练习 65

项目三 制作Flash基本动画 67

任务一 制作飘散字效果 68
一、任务目标 68
二、相关知识 68
（一）帧的编辑 68
（二）图层的运用 71
（三）动画播放控制 75
三、任务实施 75
（一）插入关键帧 75
（二）添加效果 77
任务二 制作数字变化动画 78
一、任务目标 78
二、相关知识 79
（一）Flash基本动画类型 79
（二）传统补间动画与补间动画的差别 80
（三）各动画在时间轴中的标识 80
三、任务实施 81
（一）创建补间形状动画 81
（二）使用形状提示 83
任务三 制作商品广告动画 84
一、任务目标 84
二、相关知识 84
（一）认识动画编辑器 84
（二）设置曲线 86
（三）缓动属性 87
三、任务实施 88
（一）创建补间动画 88
（二）制作百叶窗效果 91
实训一 制作汽车行驶动画 93
实训二 制作风筝飞舞动画 94
常见疑难解析 95
拓展知识 95
课后练习 95

项目四 制作遮罩与引导层动画 97

任务一 制作小鸟飞行动画 98
一、任务目标 98
二、相关知识 98
（一）引导层动画原理 98
（二）引导层的分类 98
（三）引导动画的“属性”面板 99
（四）制作引导层动画的注意事项 100
三、任务实施 100
任务二 制作流水效果 102
一、任务目标 102
二、相关知识 103
（一）遮罩动画原理 103
（二）创建遮罩层 103
（三）创建遮罩动画的注意事项 103
三、任务实施 104
（一）创建补间动画 104
（二）创建遮罩动画 105
实训一 制作枫叶飘落动画 107
实训二 制作绵羊遮罩动画 108
常见疑难解析 109
拓展知识 109
课后练习 110

项目五　制作有声动画　111

任务一 制作有声飞机动画 112
一、任务目标 112
二、相关知识 112
（一）声音的格式 112
（二）导入与添加声音的方法 113
（三）设置声音 113
（四）修改或删除声音 114
（五）“编辑封套”对话框 115
（六）设置声音的属性 116
（七）压缩声音文件 116
三、任务实施 117
（一）制作飞机飞行动画 117
（二）添加并编辑声音 119
任务二 制作电视节目预告 120
一、任务目标 120
二、相关知识 121
（一）视频的格式和编解码器 121
（二）编辑使用视频 121
（三）载入外部视频文件 123
（四）嵌入视频文件 125
三、任务实施 125
实训一 儿童网站进入界面 127
实训二 制作明信片 128
常见疑难解析 129
拓展知识 129
课后练习 130

项目六　制作Deco动画和骨骼动画　131

任务一 制作墙壁 132
一、任务目标 132
二、相关知识 132
（一）喷涂刷工具 132
（二）Deco工具 132
三、任务实施 136
任务二 制作3D动画 137
一、任务目标 138
二、相关知识 138
（一）认识3D动画 138
（二）3D动画元素 138
（三）3D工具的使用 139
（四）创建3D补间动画 141
（五）消失点和透视点 141
三、任务实施 142
任务三 制作游戏场景 144
一、任务目标 144
二、相关知识 144
（一）认识骨骼动画 145
（二）认识IK反向运动 145
（三）添加骨骼 145
（四）编辑IK骨架和对象 147
（五）处理骨架动画 149
（六）编辑IK动画属性 150
三、任务实施 150
实训一 制作藤蔓动画 153
实训二 为“美女剪影”添加骨骼 154
实训三 制作3D旋转效果 154
常见疑难解析 155
拓展知识 156
课后练习 156

项目七　制作脚本与组件动画　157

任务一 制作花瓣飘落动画 158
一、任务目标 158
二、相关知识 158
（一）认识ActionScript 3.0 158

（二）“动作”面板的使用 158
（三）脚本助手的使用 160
（四）ActionScript 3.0的层次结构 160
（五）基本语法 161
（六）变量和常量 162
（七）函数 163
（八）数据类型 163
（九）类型转换 163
（十）运算符 163
（十一）为不同对象添加 ActionScript 3.0 165
（十二）常用的Action函数语句 165
三、任务实施 171
（一）制作引导动画 171
（二）添加AS语句 172
任务二 制作问卷调查表 174
一、任务目标 174
二、相关知识 174
（一）认识对象 175
（二）鼠标事件 175
（三）键盘事件 176
（四）处理声音 176
（五）处理日期和时间 178
（六）组件的优点 179
（七）组件的类型 180
（八）常用组件 180
（九）应用组件 181
三、任务实施 183
（一）输入问卷调查表文本 183
（二）添加组件并设置属性 184
实训一 制作音乐播放器 188
实训二 制作声音控制效果 188
常见疑难解析 189
拓展知识 190
课后练习 190

项目八 Flash动画后期操作 191

任务一 优化“称赞”动画 192
一、任务目标 192
二、相关知识 192
（一）优化动画 192
（二）影响动画性能的因素 194
（三）测试动画 195
（四）测试脚本动画 196
（五）预览动画 197
三、任务实施 198
（一）转换元件 198
（二）优化文字并导入声音 199
任务二 发布风景动画 201
一、任务目标 201
二、相关知识 202
（一）设置发布格式 202
（二）发布预览 206
（三）发布动画 206
（四）创建独立的播放器 206
（五）发布AIR for Android应用程序 207
（六）发布AIR for iOS应用程序 208
（七）导出影片 208
三、任务实施 209
实训一 导出图像 210
实训二 发布“迷路的小孩”动画 211
常见疑难解析 212
拓展知识 214
课后练习 215

项目九 Flash综合商业案例 217

任务一 制作网站进入动画 218
一、任务目标 218
二、相关知识 218
（一）构建Flash网站的常用技术 218

（二）如何规划Flash网站 218
三、任务实施 219
（一）制作进入动画 219
（二）制作网页导航条动画 224
任务二 制作打地鼠游戏 229
一、任务目标 230
二、相关知识 230
（一）Flash游戏概述 230
（二）常见的Flash游戏类型 230
（三）Flash游戏制作流程 232
三、任务实施 234
（一）制作动画界面 234
（二）编辑元件 236
（三）编辑交互式脚本 242
（四）测试和发布动画 243
实训一 制作“童年”MTV 243
实训二 制作“青蛙跳”小游戏 244
常见疑难解析 245
拓展知识 245
课后练习 246

PART 1

项目一 走进Flash动画世界

情景导入

阿秀：小白，你在做什么呢，这么专心呀?

小白：我在使用Flash CS6制作一个动画。

阿秀：网上流传的各种Flash动画，都是使用Flash软件制作的吗?

小白：是的，但不止是Flash动画，还有许多Flash游戏和Flash网站，都是用这个软件制作的，可以说这个软件的使用范围非常广泛。

阿秀：我很早就对这个软件感兴趣了，但是一直不知道怎么学，原来小白知道这方面的知识，能教教我吗?

小白：既然你想学，我就教你好了。现在就让我给你展示Flash的美丽世界吧!

学习目标

- 认识Flash动画与动画设计流程
- 认识Flash CS6操作界面
- 了解帧频（fps）及设置技巧
- 了解位图与矢量图形的区别

技能目标

- 了解Flash动画设计
- 认识制作动物奔跑动画的方法

任务一　认识Flash动画

Flash是美国Adobe公司推出的专业二维动画制作软件，它以简单易学、效果流畅，画面风格生动并多变的特点，赢得了广大动画爱好者的青睐。下面介绍Flash的基本知识，并完成Flash动画的发布操作。

一、 任务目标

本任务将练习打开Flash CS6文件并发布。 首先使用Flash CS6打开一个Flash源文件，进行简单的预览后将其发布为Flash影片文件。通过本例的学习，可以掌握Flash CS6的启动与发布操作。本例制作完成后的最终效果如图1-1所示。

图1-1　发布Flash

Flash软件最早是由Macromedia公司推出的，于2005年12月被Adobe公司收购。

二、相关知识

Flash动画具有什么样的魅力，使得它成为众多动画爱好者的选择呢？在学习Flash软件前，先对Flash动画设计简介、应用领域、就业方向与前景等基础知识进行介绍。

（一）Flash动画设计简介

Flash动画是目前网络上最流行的一种交互式动画，这种格式的动画必须用Adobe公司开发的Flash Player播放器才能正常观看。Flash动画之所以受到广大动画爱好者的喜爱，主要有以下5方面的原因，下面分别进行介绍。

- Flash动画一般由矢量图制作，无论将其放大多少倍都不会失真，且动画文件较小，利于传播，因此无论在计算机、DVD还是手机等设备上播放Flash动画，都可以获得非常好的画质与动画体验效果。

- Flash动画具有交互性，即用户可以通过单击、选择、输入或按键等方式与Flash动画进行交互，从而控制动画的运行过程与结果，这一点是传统动画无法比拟的，这也是很多游戏开发者甚至很多网站使用Flash进行制作的原因。
- Flash动画制作的成本低。使用Flash制作的动画能够大大地减少人力、物力资源的消耗，同时节省制作时间。
- Flash动画采用先进的“流”式播放技术，用户可以边下载边观看，完全适应当前网络的需要。另外，在Flash的ActionScript脚本（简写为AS）中加入等待程序，可使动画在下载完毕后再观看，从而解决了Flash动画下载速度慢的问题。
- Flash支持多种文件格式的导入与导出，除了可以导入图片外，还可以导入视频、声音等。可导入的图片及视频格式非常多，如JPG、PNG、GIF、AI、PSD、DXF等，其中导入AI、PSD等格式的图片时，还可以保留矢量元素及图层信息。另外Flash的导出功能也非常强大，不仅可以输出SWF动画格式，还可以输出AVI、GIF、HTML、MOV、EXE可执行文件等多种文件格式。通过Flash的导出功能，可以将Flash作品导出为多种版本用于多种用途，如导出为SWF及HTML格式，再将其放到互联网上，就可以通过网络观看Flash动画，或将Flash动画导出为GIF动画格式，然后发到QQ群中，这样QQ好友们就可以查看动画效果了（QQ群是不直接支持播放Flash动画的）。

（二）Flash动画应用领域与优秀作品欣赏

1. 娱乐短片

当前国内最火爆，也是广大Flash爱好者最热衷的一个应用领域，就是利用Flash制作动画短片，以供大家娱乐。这是一个发展潜力很大的领域，也是Flash爱好者展现自我的平台。图1-2所示即用Flash制作的娱乐短片。

2. MTV

MTV也是Flash应用比较广泛的形式，如图1-3所示。在一些Flash制作网站中，几乎每周都有新的MTV作品产生。在国内，用Flash制作MTV也开始有了商业用途。

图1-2 娱乐短片

图1-3 MTV

3. 游戏

现在有很多网站都提供了在线游戏。这种运行在网页上的游戏基本都是使用Flash开发制作的，由于其操作简单、画面美观，越来越受众多用户的喜爱，图1-4所示为游戏的截图。

4. 导航条

导航条是网页设计中不可缺少的部分，它通过一定的技术手段，为网站的访问者提供一定的途径，使其可以方便地访问到所需的内容，在浏览网站时可以快速从一个页面转移到另一个页面。使用Flash制作出来的导航条功能非常强大，是制作菜单的首选，图1-5所示即某网站的导航条。

图1-4 Flash小游戏

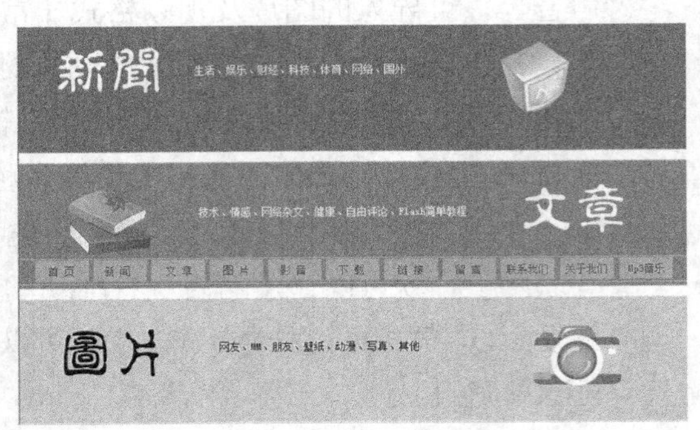

图1-5 Flash导航条

5. 片头

片头一般用于介绍企业形象达到吸引浏览者查看的作用。在许多网站中都使用一段简单精美的片头动画作为过渡页面。精美的片头动画，可以在短时间内把企业的整体信息传播给访问者，加深访问者对该企业的印象，图1-6所示为网站的片头动画效果图。

6. 广告

现在网络中各种页面广告也大多是使用Flash制作的。使用Flash制作广告不仅利于网络传输，如果将其导出为视频格式，还能将其在传统的电视媒体上播放，使其能满足多平台播放，图1-7所示为某广告的效果图。

图1-6 Flash片头

图1-7 Flash广告

7. Flash网站

网站是宣传企业形象、扩展企业业务的重要途径，为了吸引浏览者的注意力，现在有些企业使用Flash制作网站，如图1-8所示。

8. 产品展示

由于Flash拥有强大的交互功能，所以很多公司都会使用Flash来制作产品展示。浏览者可以直接通过鼠标或键盘选择观看产品的功能与功效，Flash互动的展示比传统的展示更胜一筹，如图1-9所示。

图1-8 Flash网站

图1-9 产品展示

（三）动画设计就业方向与前景

由于Flash的应用领域广泛，因此能熟练使用Flash技能的人才的就业方向及前景是比较乐观的。Flash技能人才可根据自身特点，从事美术设计、项目策划、程序开发等领域的工作，可以从事的行业包括影视动画、网站建设、游戏制作、Flash软件开发及互动行销等。下面简单介绍Flash从业人员个人发展的几个阶段及其可能从事的职位。

1．第一阶段

对于刚入门的Flash初学者，无论将来从事设计师还是程序员，在第一阶段都需要学习，在这个学习过程中，可以根据自己的喜好及特长，选择适合自己未来发展的知识作为主攻方向进行学习，如设计师主攻手绘及动画制作，程序员则应偏重ActionScript脚本、网站编程、视觉特效等方面的学习。

如果要全方位发展，则各方面的技能都要学习，再补充策划、管理或营销方面的知识，以便将来从事管理或营销方面的工作。当然，如果不知道自己擅长什么，或不知道以后将从事哪方面的工作，则在这一阶段可以多学习一些其他知识，发掘自己的综合潜力，让自己的就业面更宽广。

2. 第二阶段

随着对Flash学习的深入，学生的特长将会凸显，此时更应该确立自己的主攻方向。在这一阶段，可以从事某些职位的工作，如Flash UI设计师、Flash Designer（Flash 设计师）、

New Media Developer（新媒体开发者）、ActionScript Programmer（纯AS开发）等。

- **Flash UI设计师**：该职位主要强调设计技能，一般负责部门产品界面设计、游戏中场景剧情动画设计等。
- **Flash Designer（Flash设计师）**：该职位是一个需要具备综合技能的职位。除了会设计技能，还要会制作动画效果，以及其他相关的工作。
- **New Media Developer（新媒体开发者）**：该职位需要具备综合能力的人才。如需一些ActionScript知识，会制作动画，能拼装素材并会编写简单的JavaScript。这个职位多存在于Flash网站制作公司。
- **Actionscript Programmer（纯AS开发）**：该职位是进行纯ActionScript开发，完全不需要负责界面，主要工作就是实现Flash交互功能。

3．第三阶段

随着经验的积累和对Flash了解的深入，可以胜任一些技术含量更高的职位，如以下两种。

- **Interactive Designer（互动设计师）**：这是随着设计师个人喜好的发展及对程序了解的深入而设定的一个职位，多存在于广告公司。除了要求会设计外，还需要会写一些程序，提高其表现形式，如粒子特效和补间动画等。
- **Interactive Programmer（互动程序员）**：这个职位和Interactive Designer（互动设计师）职位类似，但偏重程序编写，平时的工作也包括制作一些动画，但可能是video（aftereffect），有时也会涉及Director Lingo编程和网页JS及Flash小游戏，这个职位需要学习很多技术，职业选择面也会更广。

4．第四阶段

第四阶段是Flash职业生涯的黄金时段，此时工作人员的Flash经验已经非常丰富，Flash技术本身已不是什么问题，能轻松胜任各种Flash项目。在这一阶段，可以向管理方面发展，也可以向以下职位发展。

- **3D Programmer**：Flash主要用于制作二维动画，但随着Flash软件功能的增强，也能制作基本的3D动画。3D Programmer这个职位偏重于图形学和前端表现，主要从事3D游戏或3D动漫的开发。
- **Architecture（构架师）**：随着经验的积累和对设计模式等框架技术的深入发掘，一个Flash开发者最终可以将自己定位于构架师或框架设计。通常一些企业型项目需要构架师来建造项目框架，如果懂得其他编程语言，则更容易胜任这个职位。

职业素养

Flash动画制作与开发人员，由于地域、学历及工作经验的不同，其工资从千元到万元不等，如广州Flash高级动画师工资月收入可达8 000元左右（5~7年工作经验），如果有超过7年的工作经验，工资月收入则有可能达到20 000元左右。

（四）动画设计流程

在制作一个出色的动画前，需要对该动画的每一个画面进行精心的策划，然后根据策划一步一步完成动画，制作Flash的过程一般可分为如下几步。

1. 前期策划

在制作动画之前，首先应明确制作动画的目的、所要针对的顾客群、动画的风格、色调等，然后根据顾客的需求制作一套完整的设计方案。并对动画中出现的人物、背景、音乐及动画剧情的设计等要素做具体的安排，以方便素材的搜集。

2. 搜集素材

在搜集素材文件时，要针对性地对具体素材进行搜索，避免盲目地搜集一大堆素材，节省制作时间。完成素材的搜集后，可以将素材按一定的规格使用其他软件（如Photoshop）进行编辑，以便于动画的制作。

3. 制作动画

制作动画是创建Flash作品中最重要的一步，制作出来的动态效果将直接决定Flash作品的成功与否，因此在制作动画时要注意动画中的每一个环节，要随时预览动画以便及时观察动画效果，发现和处理动画中的不足并及时调整与修改。

4. 后期调试与优化

动画制作完毕后，应对动画进行全方位的调试，调试的目的是使整个动画看起来更加流畅、紧凑，且按期望的效果进行播放。调试动画主要是针对动画对象的细节、分镜头和动画片段的衔接、声音与动画播放是否同步等进行调整，以保证动画作品的最终效果与质量。

5. 测试动画

动画制作完成并优化调试后，应对动画的播放及下载等进行测试，因为每个用户的计算机软硬件配置都不相同，所以在测试时应尽量在不同配置的计算机上测试动画，然后根据测试结果对动画进行调整和修改，使其在不同配置的计算机上均有很好的播放效果。

6. 发布动画

发布动画是Flash动画制作过程中的最后一步，用户可以对动画的格式、画面品质和声音等进行设置。在进行动画发布时，应根据动画的用途、使用环境等进行设置，而不是一味地追求较高的画面质量、声音品质，避免增加不必要的文件而影响动画的传输。

三、任务实施

（一）打开Flash文件

安装Flash CS6后，可以直接双击存储在计算机中的Flash源文件（扩展名为.fla），启动Flash CS6并打开Flash文件。另外，也可以先启动Flash CS6软件，再通过选择菜单命令的方式打开Flash文件。启动Flash CS6主要通过“开始”菜单来实现，其具体操作如下（微课：光盘\微课视频\项目一\打开Flash文件.swf）。

STEP 1 选择【开始】/【所有程序】/【Adobe】/【Adobe Flash Professional CS6】菜单命令，启动Flash CS6程序，如图1-10所示。

STEP 2 选择【文件】/【打开】菜单命令，或在欢迎屏幕“打开最近的项目”栏中选择“打开”菜单命令，如图1-11所示。

STEP 3 打开“打开”对话框，在“查找范围”下拉列表框中的文件列表框中选择要打开的Flash文件（素材参见：光盘\素材文件\项目一\任务一\风车.fla），再单击 打开(O) 按钮完成Flash文件的打开操作，如图1-12所示。

图1-10　启动Flash CS6

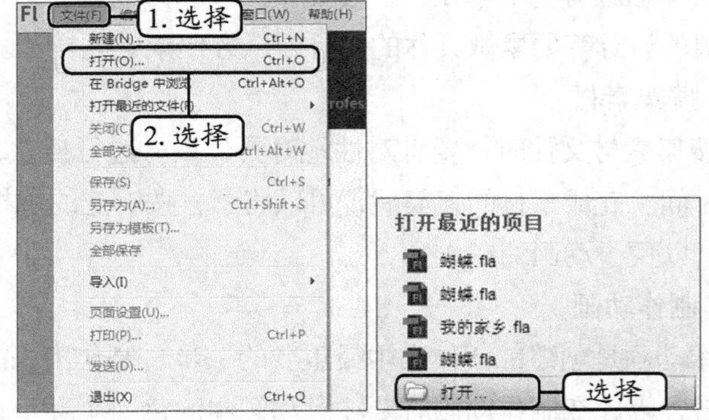

图1-11　打开Flash文件

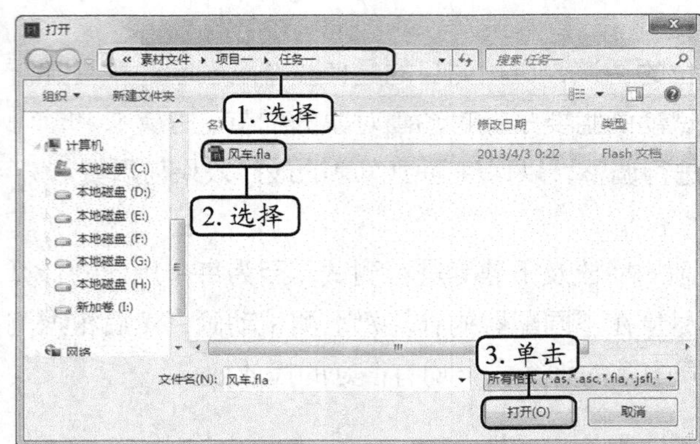

图1-12　选择并打开Flash文件

在“打开”对话框的文件列表框中双击要打开的Flash文件，可快速打开Flash文件。

（二）预览与发布动画

Flash文件打开后，可以先预览一下动画效果，然后对其进行发布操作，其具体操作如下（微课：光盘\微课视频\项目一\预览与发布动画.swf）。

STEP 1 打开Flash文件后，按【Enter】键即可预览Flash动画效果（单帧或脚本动画采用此方法无法预览Flash动画效果），图1-13所示为部分Flash动画效果画面，此动画效果是由清晰逐渐变成全黑显示。

图1-13 预览动画效果

STEP 2 如果Flash动画是脚本动画，则使用STEP 1的方法无法预览动画效果，此时可选择【文件】/【发布预览】菜单命令，在其中选择相应命令进行预览，此菜单命令是先发布再预览，图1-14所示为选择【文件】/【发布预览】/【Flash】菜单命令所获得的预览效果（最终效果参见：光盘\效果文件\项目一\任务一\风车.swf）。

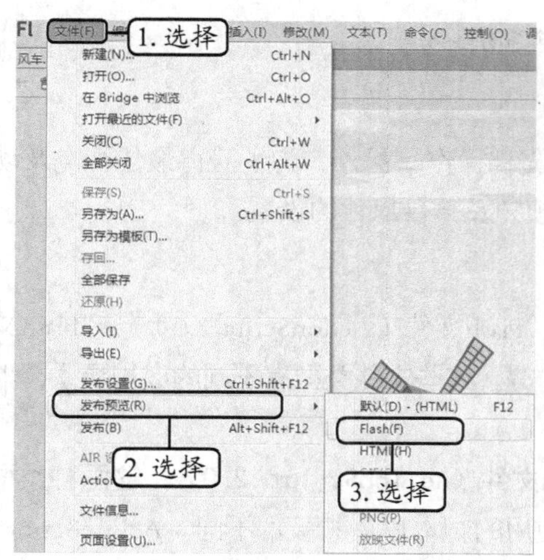

图1-14 发布预览动画

知识补充

选择【文件】/【发布预览】/【HTML】菜单命令发布预览Flash动画，将在发布Flash同时生成一个包含该Flash动画的HTML网页文件，双击该文件可在网页中查看Flash播放效果。

知识补充

Flash源文件（扩展名.fla）不能插入网页，只有发布后的文件（扩展名为.swf）才能插入网页。默认情况下，发布的Flash动画文件的保存位置与Flash源文件的位置相同。

任务二 制作动物奔跑动画

人眼在看到的物像消失后，仍可暂时保留视觉的印象。视觉印象在人的眼中大约可保持0.1s。如果两个视觉印象之间的时间间隔不超过0.1s，前一个视觉印象尚未消失，而后一个视觉印象已经产生，并与前一个视觉印象融合在一起，就形成了视觉残（暂）留现象。利用视觉残留现象，事先将一幅幅有序的画面通过一定的速度连续播放即可形成动画效果。下面以制作动物奔跑动画为例讲解Flash动画的原理。

一、任务目标

本例将新建一个Flash文档，并导入一张GIF动画图片，再对Flash文档进行属性设置，最后保存这个Flash文档并发布Flash动画。通过本例的学习，可以掌握GIF动画转换为Flash动画的方法，并了解Flash动画的基本制作流程。本例制作完成后的动画效果如图1-15所示。

图1-15 动物奔跑动画

二、相关知识

要学习Flash动画的制作，应该先掌握基本的文档操作。另外，为了获得最佳视觉及动画效果，还应该设置文档属性，其中比较关键的是帧频及舞台尺寸的设置。

（一）Flash CS6的常用文件类型

在Flash CS6中可以创建多种类型的文件，如“Flash文件（ActionScript 3.0）”“Flash文件（ActionScript 2.0）”“Flash文件（Adobe AIR）”等，这些文件类型有不同的应用场景，下面分别进行介绍。

- **Flash文件（ActionScript 3.0）与Flash文件（ActionScript 2.0）**：这两种类型的文件都是最基本的Flash文件，区别只是使用的脚本语言的版本不同。ActionScript 3.0（简称AS 3.0）与ActionScript 2.0（简称AS 2.0）都是Flash的编程语言，AS 2.0相对来说比较简单，但AS 3.0并不是对AS 2.0的升级更新，而是全面的改变，AS 3.0更加接近Java或者C#等面向对象的编程语言，所以学习AS 2.0的用户还需要重新学习AS 3.0。
- **Flash文件（Adobe AIR）**：为了实现Flash能跨平台使用而开发的应用。Adobe AIR使Flash不再受限于操作系统，在桌面上即可体验丰富的互联网应用，并且比以往占用的资源更少、运行速度更快、动画表现更顺畅。在新浪客户对应的端微博 AIR、Google Analytics分析工具、Twitter客户端TweetDeck等都是基于Adobe AIR开发的实用工具。
- **Flash文件（移动）**：面向手机用户开发，可制作适合手机播放或使用的Flash

应用。

- **Flash幻灯片演示文稿**：该类型的Flash文件可以制作幻灯片文稿，像PowerPoint软件一样，且Flash幻灯片演示文稿可以拥有更丰富的动态效果。
- **ActionScript文件**：ActionScript文件用于创建一个新的外部ActionScript文件（★.as），并可在“脚本”窗口中编辑。

（二）认识Flash CS6操作界面

Flash CS6的工作界面主要由菜单栏、面板（包括时间轴面板、动画编辑器面板、工具箱、属性面板、颜色面板、库面板等）以及场景和舞台组成。下面对Flash CS6的工作界面进行介绍。界面如图1-16所示。

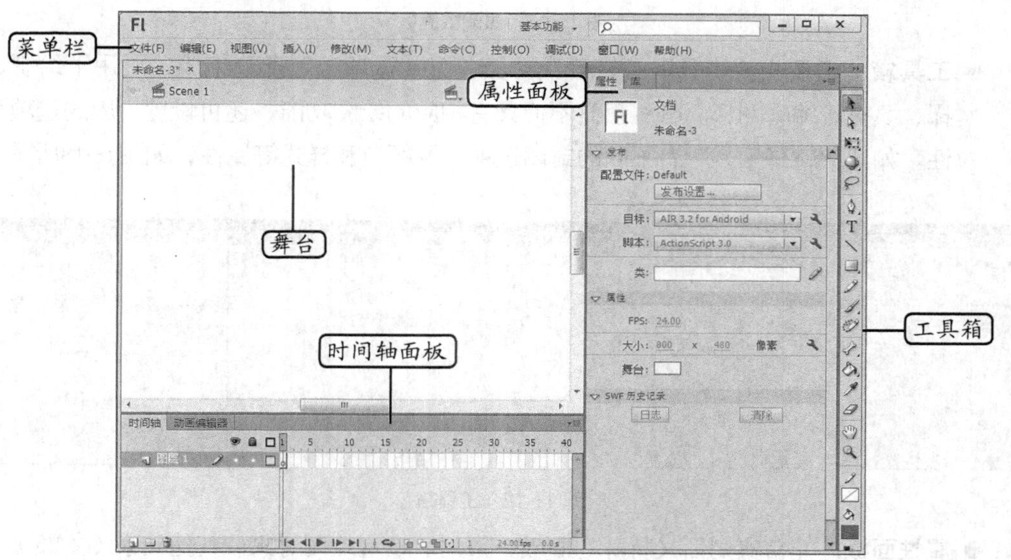

图1-16 Flash CS6的工作界面

1. 菜单栏

Flash CS6的菜单栏主要包括文件、编辑、视图、插入、修改、文本、命令、控制、调试、窗口、帮助等菜单，在制作Flash动画时，通过执行对应菜单中的命令，即可实现特定的操作。

2. 面板

Flash CS6为用户提供了众多人性化的操作面板，常用的面板包括时间轴面板、工具箱、属性面板、“颜色”面板、库面板等，下面分别进行介绍。

- **时间轴面板**：时间轴用于创建动画和控制动画的播放进程。时间轴面板左侧为图层区，该区域用于控制和管理动画中的图层；右侧为时间轴区，该区域可实现动画的不同效果。图层区主要包括图层、图层按钮、图层图标，其中，图层用于显示图层的名称和编辑状态；图层按钮用于新建、删除图层和文件夹；图层图标用于控制图层的各种状态，如隐藏、锁定等。时间轴主要包括帧、标尺、播放指针、帧频、按钮图标等。帧是制作Flash动画的重要元素；按钮图标分别表示使帧居中、绘图纸外观、绘图纸外观轮廓、编辑多个帧、修改绘图纸标记、当前帧。图1-17所示为时间轴面板中常见的组成元素。

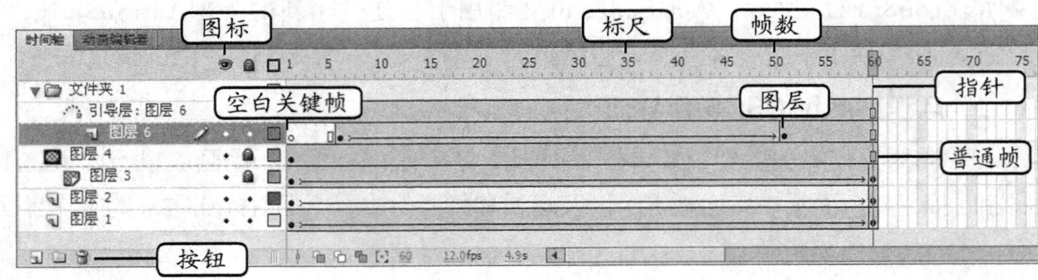

图 1-17 时间轴面板

- **工具箱**：主要由“工具”“查看”“颜色”“选项”等部分组成，可用于绘制、选择、填充、编辑图形。各种工具不但具有相应的绘图功能，还可设置相应的选项和属性。如“颜料桶工具”有不同的封闭选项以及颜色和样式等属性，如图1-18所示。

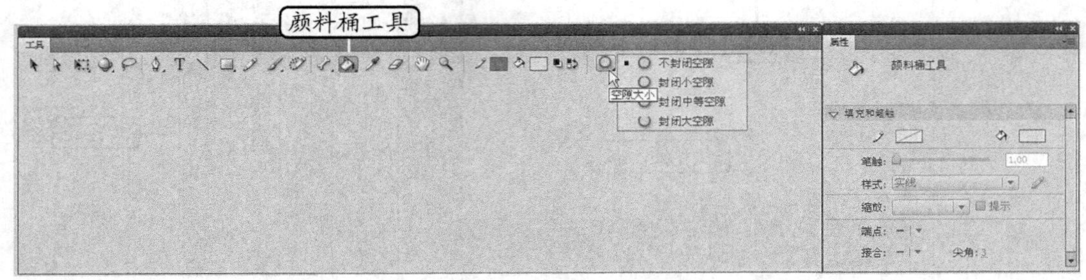

图 1-18 工具箱

- **属性面板**：非常实用而又特殊的面板，常用于设置绘制对象或其他元素（如帧）的属性。属性面板没有特定的参数选项，它会随着选择工具对象的不同而出现不同的参数。图1-19所示为选择铅笔工具后的属性面板（面板经过调整）。

图1-19 属性面板

- **“颜色”面板**：绘制图形的重要部分，主要用于填充笔触颜色和填充颜色，“颜色”面板包括“样本”和“颜色”两个面板。图1-20所示分别为“样本”面板和

"颜色"面板。

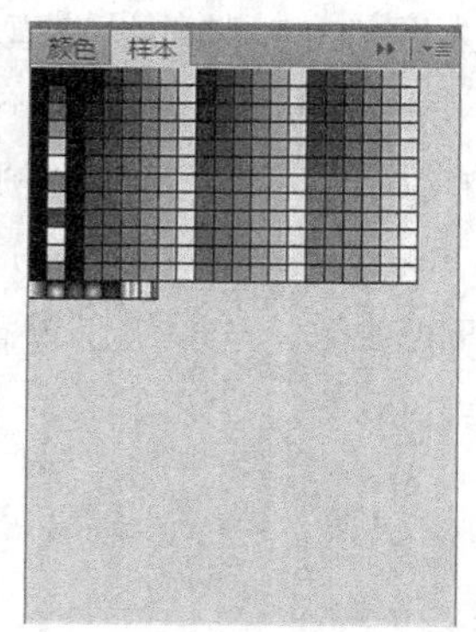

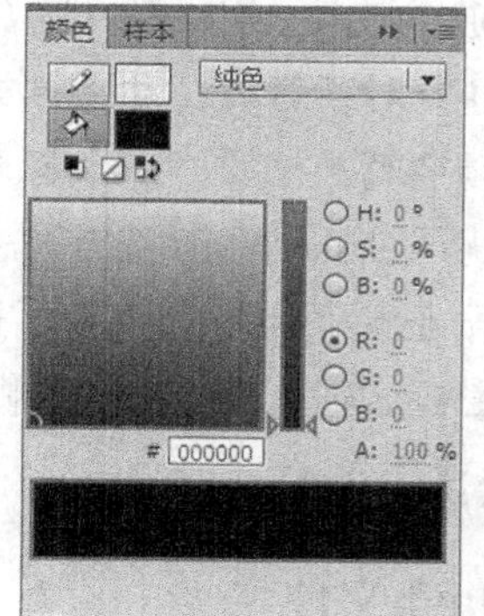

图 1-20　颜色面板

3. 辅助线

辅助线有助于对齐对象，与网格线不同的是，辅助线可以被拖曳到场景中的任何位置。选择【视图】/【辅助线】/【显示辅助线】菜单命令，在场景中标尺处按住鼠标左键拖曳即可显示辅助线，如图1-21所示。

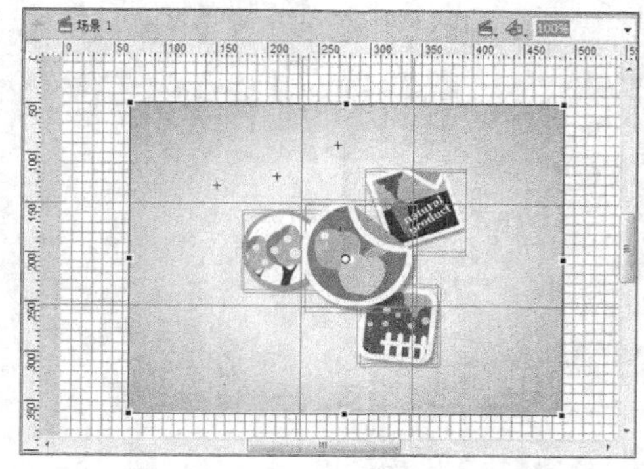

图1-21　辅助线

4. 场景和舞台

场景和舞台如图1-22所示，其中Flash场景包括舞台、标签等，图形的制作、编辑和动画的创作都必须在场景中进行，且一个动画可以包括多个场景。舞台是场景中最主要的部分，动画的展示只能在舞台上显示，通过文档属性可以设置舞台大小和背景颜色。

图 1-22　场景和舞台

（三）帧频（fps）及其设置技巧

帧频指动画播放的速度，以每秒播放的帧数为度量。帧频的设置直接影响动画播放的效果，如播放顺畅还是时断时续。动画种类不同，其播放的速率要求也不同，如赛车游戏需要高速率，因此帧频要高；相反，一个老人走路的动画肯定要低速率，帧频肯定要低。合适的帧频设置是制作优质Flash动画的前提。一般在Web上，每秒12帧（fps）的帧频通常会得到最佳的效果，而对于小幅面广告时，为了达到精细的效果，一般可以设置每秒40~60帧的帧频，如果要用于电影播放则可设置每秒24帧的帧频。

三、任务实施

（一）新建Flash文件

选择【文件】/【新建】菜单命令或按【Ctrl+N】组合键，或在欢迎屏幕的“新建”栏中进行选择，均可新建Flash文件。下面以选择【文件】/【新建】菜单命令新建Flash文件为例进行介绍，其具体操作如下（微课：光盘\微课视频\项目一\新建Flash文件.swf）。

STEP 1 启动Flash CS6，选择【文件】/【新建】菜单命令，在打开的对话框中选择要新建的Flash文件类型，单击确定按钮，完成Flash文件的新建，如图1-23所示。

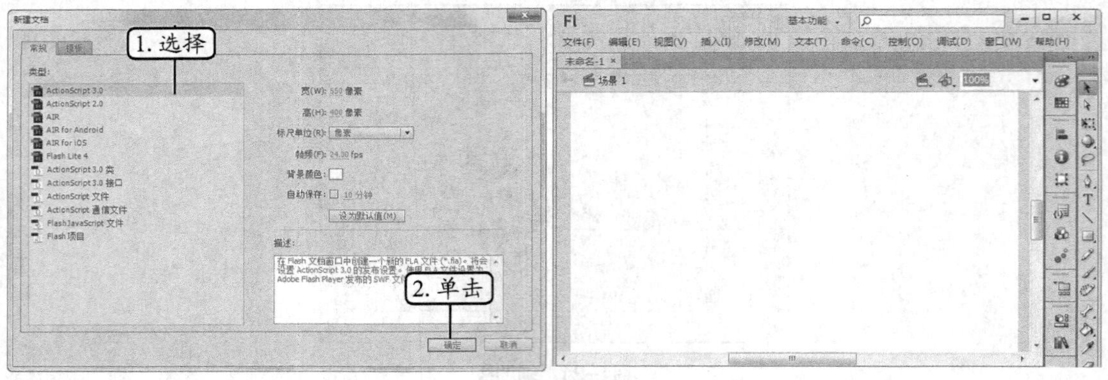

图1-23　新建Flash文件

STEP 2 选择【修改】/【文档】菜单命令或是按【Ctrl+J】组合键或在舞台中单击鼠标右键，在弹出的快捷菜单中选择“文档属性”菜单命令，皆可打开“文档设置”对话框，如图1-24所示。

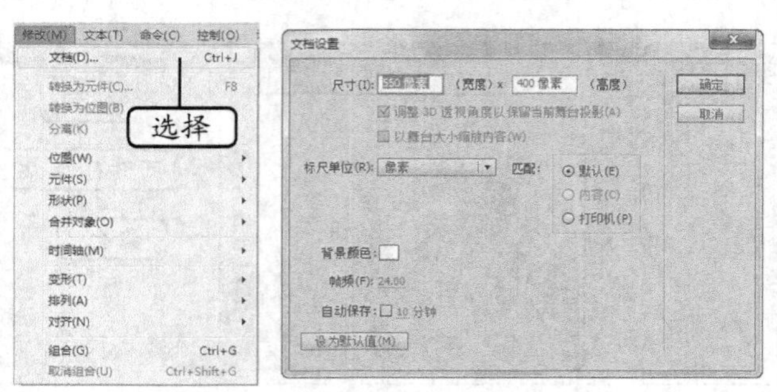

图1-24　打开“文档设置”对话框

STEP 3 在打开的“文档设置”对话框中的“尺寸”栏中输入舞台的尺寸，然后根据需要输入帧频，单击 确定 按钮，完成文档的设置，效果如图1-25所示。

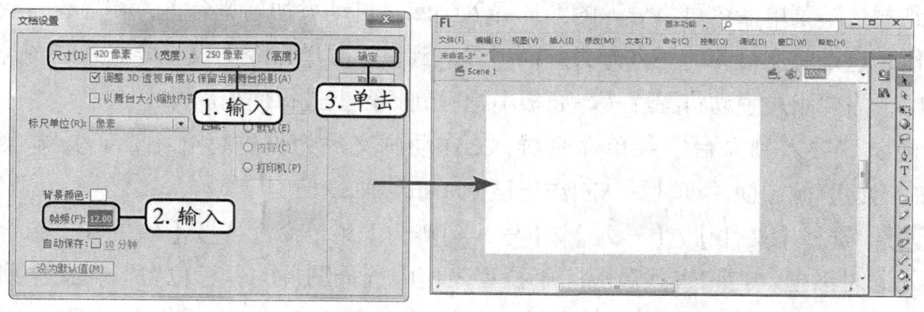

图1-25 设置文档尺寸

STEP 4 选择【文件】/【保存】菜单命令或按【Ctrl+S】组合键，打开“另存为”对话框，在“查找范围”下拉列表框中选择保存位置，在“文件名”下拉列表框中输入文件名称，最后单击 保存(S) 按钮完成Flash文件的保存，如图1-26所示。

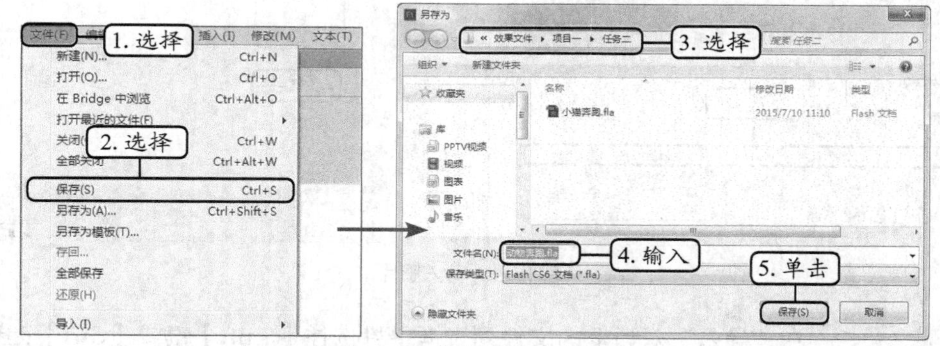

图1-26 保存Flash文件

如果Flash中导入的图片已在舞台中显示，此时可在“文档设置”对话框中单击选中“内容”单选项，将舞台大小设置为与图片大小相同，如图1-27所示。另外，在制作动画前，必须设置好舞台尺寸，否则后期会花费大量时间修改舞台中的其他元素。

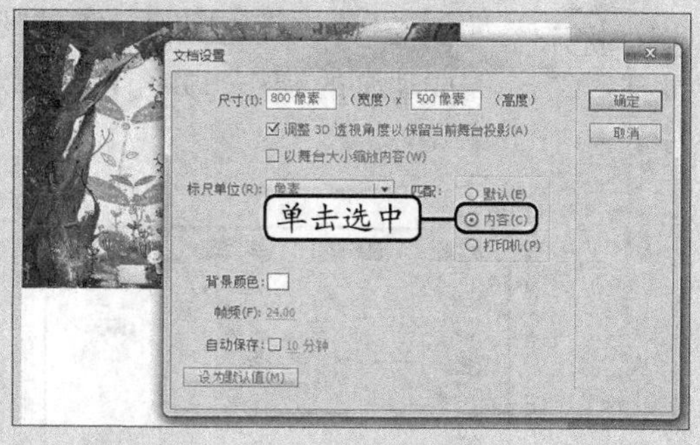

图1-27 设置舞台大小

（二）制作与预览Flash动画

在创建好的Flash文件中导入GIF动画文件或图片序列（图片文件名具有某种规律，如pic1.jpg、pic2.jpg……）可快速完成GIF格式的Flash动画的制作。被导入的GIF动画或图像序列自动以逐帧的方式进行添加，效果相当于快速并连续地播放这些图像从而形成流畅的动画，如人物的行走等。

导入图像时，可以选择【文件】/【导入】菜单命令中的相应菜单命令完成，其中选择"导入到舞台"菜单命令可将导入的图片导入到库并自动添加到舞台上，相当于一次执行了两步操作，这是使用最多的导入方式。而"导入到库"菜单命令则仅将要导入的图片放置在库面板中，需要用户手动将图片从库面板中拖曳到舞台上进行使用。

下面以"导入到舞台"菜单命令导入GIF动画文件为例进行介绍，其具体操作如下（微课：光盘\微课视频\项目一\制作与预览Flash动画.swf）。

STEP 1 选择【文件】/【导入】/【导入到舞台】菜单命令或按【Ctrl+R】组合键，打开"导入"对话框，在"查找范围"下拉列表框中选择图片的保存位置，在文件列表框中双击需要导入的GIF动画文件（素材参见：光盘\素材文件\项目一\任务二\奔跑.gif），完成GIF动画文件的添加，如图1-28所示。

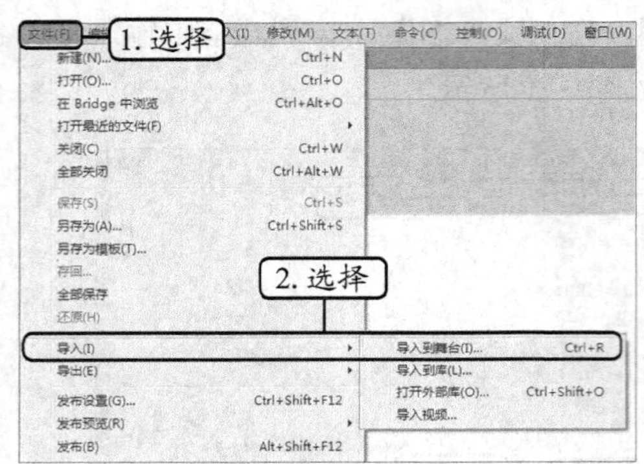

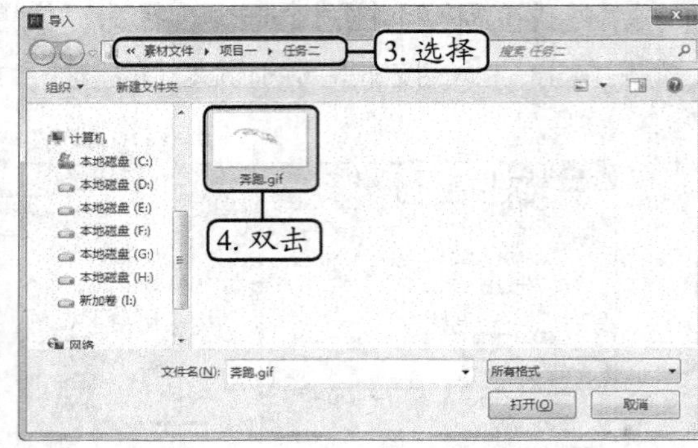

图1-28　导入图片

在"导入"对话框的文件列表框中可按住【Shift】键或【Ctrl】键选择多个图片文件，这样导入的图片不会以逐帧的方式添加到舞台中，而是只添加到第1帧，舞台中的各图片则重叠在一起，如果要制作动画，需要用户手动完成动画的制作，如图1-29所示。

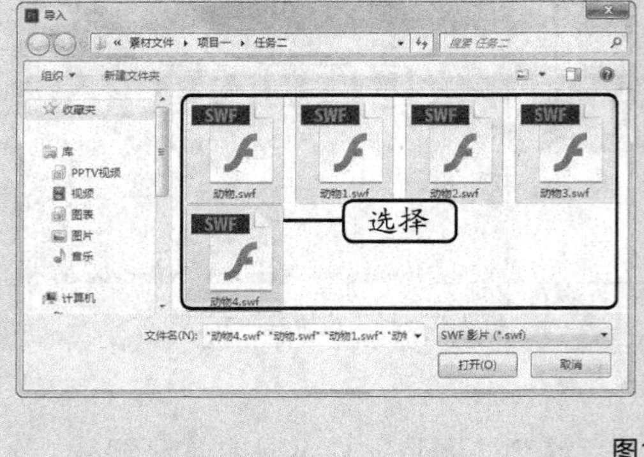

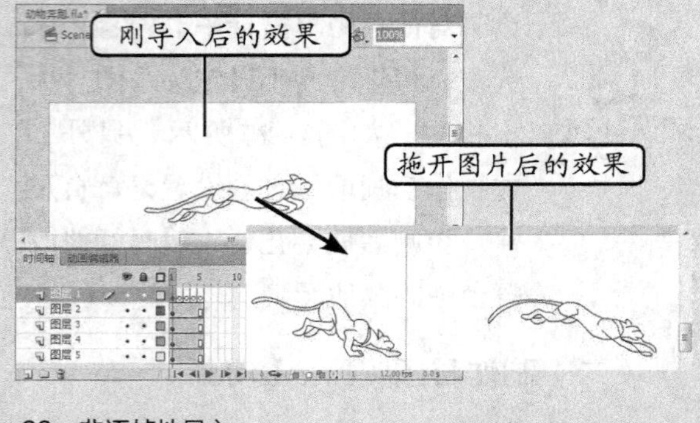

图1-29　非逐帧地导入

STEP 2 按【Enter】键测试，播放舞台中的动画，同时时间轴面板中的指针也跟着移动，如图1-30所示。

STEP 3 按【Ctrl+S】组合键保存Flash文件（如果Flash文件已保存过，再次按【Ctrl+S】组合键时将按原文件名及路径对动画文件进行保存），选择【文件】/【发布】菜单命令或按【Alt+Shift+F12】组合键完成Flash动画的发布操作。

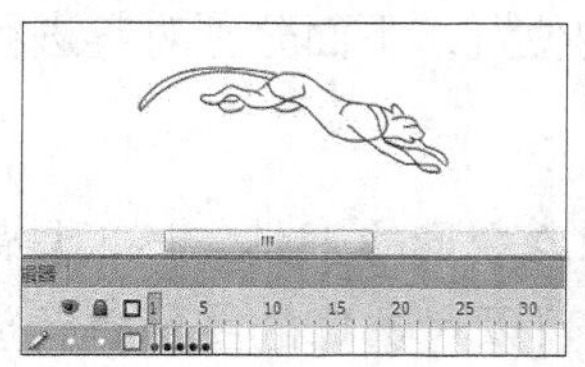

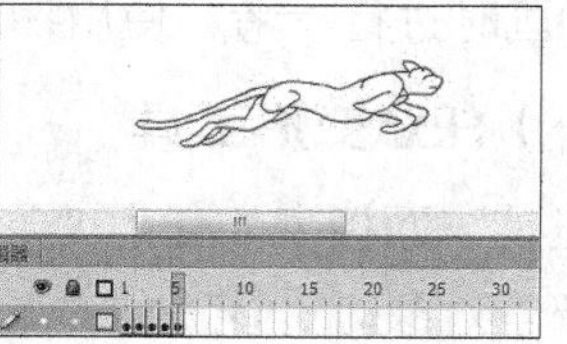

图1-30 测试动画效果

STEP 4 选择【文件】/【退出】菜单命令或按【Ctrl+Q】组合键退出即可完成本节任务（最终效果参见：光盘\效果文件\项目一\任务二\动物奔跑.fla）。

知识补充

如果要将Flash文件作为副本保存，以便制作不同效果的Flash动画，并从中对比两种动画效果的优劣，可选择【文件】/【另存为】菜单命令或按【Ctrl+Shift+S】组合键，在打开的“另存为”对话框中进行设置并保存，如图1-31所示。

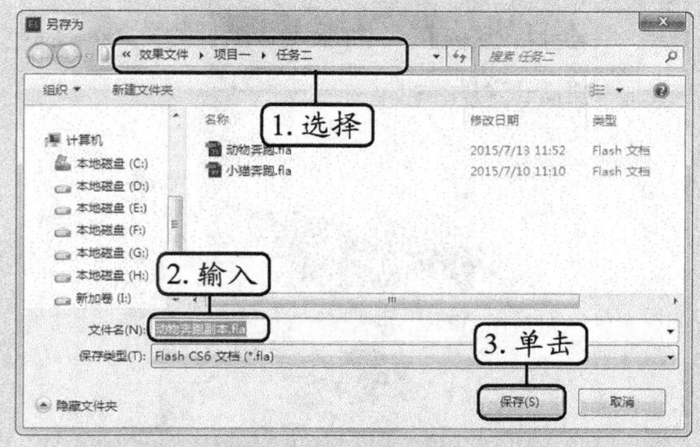

图1-31 设置副本保存

任务三 制作童趣森林动画

在很多的动画中需要对画面进行布局，从而使其更加完整生动。本任务将制作童趣森林动画，在制作时需运用到新建文档、导入图像、变形图像和添加文字等操作。通过为动画添加小孩图像，使动画画面更加丰满。

一、任务目标

本任务制作的“童趣森林”属于为动画布局的工作，在动画制作中为动画布局非常重要，它直接影响着动画画面的美观程度。对于大型动画来说，为动画布局一般分为两步。首先是构思，在纸张上先将物体放置的大致位置绘制出来制作脚本，然后制作各物体，最后根据脚本布局动画。本例完成后的效果如图1-32所示。

图1-32 童趣森林动画

二、相关知识

为了满足不同的工作需求（设计、动画或编码），可根据需求对工作界面的布局进行调整，以方便快速地完成Flash动画的制作。另外，熟练使用辅助工具，如标尺、网格等，可以在制作动画时进行参考，使用手形工具可快速地移动舞台的位置，下面分别对其进行介绍。

（一）任意变形工具

“工具”面板中的任意变形工具是一个用于控制对象变形的工具，该工具最大的好处是在调整对象时，能直观地看到对象变化的效果，用它可以对选择的图形进行旋转、倾斜、缩放、翻转、扭曲和封套等操作，其相关介绍如下。

- **旋转**：使用任意变形工具选择图形，将鼠标光标移动到图形四周的控制点上，当鼠标光标变为↺形状时，按住鼠标左键不放并拖曳即可旋转，如图1-33所示。
- **倾斜**：使用任意变形工具选择图形，将鼠标光标移动到需要倾斜图形的水平或垂直边缘上，当鼠标光标变为⇌或⇅状时，按住鼠标左键拖曳即可使图像倾斜，如图1-34所示。

图1-33　旋转图形

图1-34　倾斜图形

- **缩放**：使用任意变形工具选择图形，将鼠标光标移动到要缩放图形四角的任意一个控制点上，当鼠标光标变为↘状时，按住鼠标左键不放拖曳即可，如图1-35所示。
- **翻转**：使用任意变形工具选择图形，将鼠标光标移动到图形水平或垂直平面的任意控制点上，当鼠标光标变为↔或↕形状时，按住鼠标左键不放拖曳鼠标至另一侧即可，如图1-36所示。

图1-35　缩放图形

图1-36　翻转图形

- **扭曲**：要扭曲图形，则该图形不能是位图或群组的图形，只能是分离后的图形或矢量图。以矢量图为例，使用任意变形工具选择要扭曲的图形，在“工具”面板的“选项区域”中选择扭曲工具，然后将鼠标光标移动到图形四周的任意一个控制点上，当鼠标光标变为形状时，按住鼠标左键并拖曳即可扭曲图形，如图1-37所示。
- **封套**：封套图形只能用于分离的图形或矢量图。同样以矢量图为例，使用任意变形工具选择要封套的图形，在“工具”面板的“选项区域”中选择封套工具，此时，图像四周将出现更多的控制点，将鼠标光标移动到图形的任意一个控制点上，当鼠标变为形状时，按住鼠标左键不放拖曳即可，封套可以任意扭曲图形的形状，如图1-38所示。

图1-37 扭曲图形

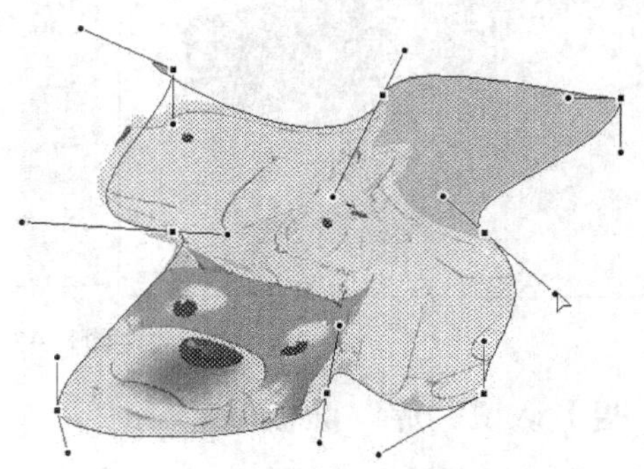

图1-38 封套图形

（二）选择工具

使用选择工具除了可以选择对象外，还能对笔触进行拖曳调整，其调整的方法为选择选择工具后，将鼠标光标移动至笔触的边上，当鼠标光标变为形状时，拖曳鼠标即可改变笔触。图1-39所示为通过拖曳鼠标调整笔触，改变五角星的形状后得到的花朵效果。

在笔触的转折处、两头或笔触相交处，都会有一个锚点。选择选择工具后，将鼠标光标移动至锚点上，当鼠标光标变为形状时，拖曳鼠标即可移动锚点。同时移动与该锚点所连接的笔触，图1-40所示为通过拖曳锚点改变五角星的形状而得到的效果。

图1-39 拖曳调整笔触

图1-40 拖曳锚点

（三）“变形”面板

“变形”面板是一个用于调整对象形状的面板，其主要作用是调整对象的大小、旋转角度、倾斜角度、3D旋转等。

选择【窗口】/【变形】菜单命令，打开面板，单击“变形”面板中的“约束”按钮，使其变为形状，表示不再对其高、宽比进行约束，然后在“缩放宽度”和“缩放高度”数值框中输入数值。单击选中“旋转”单选项，在其下方的数值框中输入数值，使对象按数值进行旋转，单击“变形”面板下方的“重置选区和变形”按钮，使图像按照之前设置的大小和旋转角度进行变形，使对象的大小和倾斜角度继续变化，连续单击4次“重置选区和变形”按钮，完成变形，效果如图1-41所示。

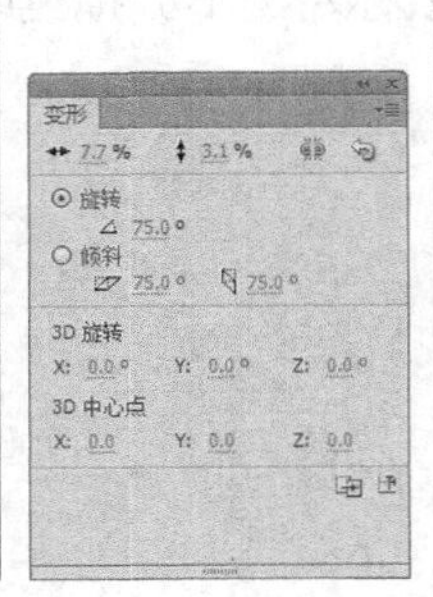

图1-41　变形图形

（四）认识“库”面板

“库”用于存储和组织在Flash中创建的各种元件，它还被用于存储和组织导入的文件，包括位图图形、声音文件和视频剪辑。通过“库”面板可以组织文件夹中的库项目、查看项目在文档中使用的频率、按类型对项目排序等。在使用“库”面板管理元件前，还需了解“库”面板的结构。选择【窗口】/【库】菜单命令，或按【Ctrl+L】组合键，打开“库”面板，如图1-42所示。“库”面板中各组成部分的含义和作用如下。

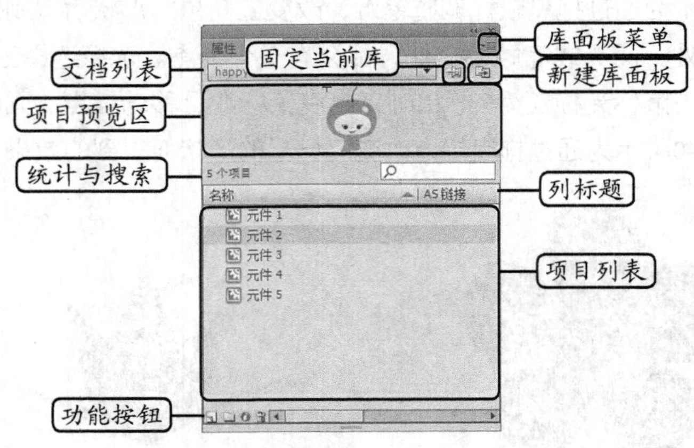

图1-42　“库”面板

- **文档列表：** 用于显示当前库所属的文档。单击其后的按钮，在弹出的下拉列表中选择已在Flash中打开的文档。
- **项目预览区：** 当在面板中选择项目后，在该预览区中即可显示该项目的预览图。若选择的项目是影片剪辑和声音，在预览区右上角将会出现按钮，单击该按钮可进行播放。

- **统计与搜索**：该区域左边用于显示库中包含了多少个项目，若库中的项目太多，可在右边的搜索栏中输入关键词，帮助查找项目。
- **功能按钮**：表示库面板相关的常见操作。从左到右依次为“新建元件”按钮，用于创建新元件；“新建文件夹”按钮，单击该按钮可新建一个文件夹，将相同属性的项目放在同一个文件夹中更容易管理；“属性”按钮，选择一个元件后，单击该按钮，在打开的对话框中可完成修改属性的相关操作；“删除”按钮，单击该按钮可删除选择的项目。
- **库面板菜单**：单击“库面板菜单”按钮，在弹出的下拉列表中包含了所有和库相关的操作，如新建、删除、编辑属性等操作。
- **新建库面板**：当库中项目太多时，为了方便调用元件，可单击“新建库面板”按钮。单击后可同时打开多个面板，显示库中的内容。
- **固定当前库**：单击“固定当前库”按钮后，即可将当前库固定。库面板中的项目也不会因为文档的改变而改变，常用于同系列Flash动画中相同元素的引用。
- **列标题**：在其中显示了“名称”“AS链接”“使用次数”“修改日期”“类型”等项目相关的信息。默认情况下只显示“名称”和“AS链接”，若想查看其他信息，只需滚动“库”面板下方的水平滑块即可。
- **项目列表**：用于显示该文档中包含的所有元素，包含插图、元件、音频等。

三、任务实施

（一）导入素材文件

下面启动Flash CS6，设置画布大小，然后将所有素材导入到库中，其具体操作如下（微课：光盘\微课视频\项目一\导入素材文件.swf）。

STEP 1 启动Flash CS6，选择【文件】/【新建】菜单命令，在打开的“新建文档”对话框中设置“宽”和“高”的值分别为“800”和“500”，单击 确定 按钮，如图1-43所示。

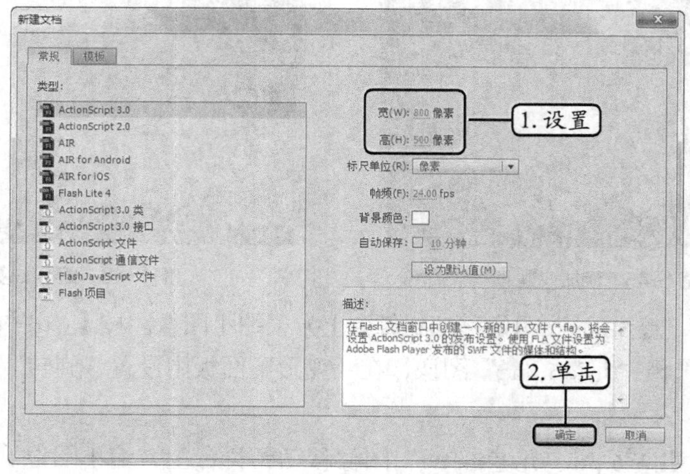

图1-43 新建文档

STEP 2 选择【文件】/【导入】/【导入到库】菜单命令，在打开的“导入到库”对话框中选择“童趣”文件夹中的所有文件（素材参见：光盘\素材文件\项目一\任务三\童趣\），单击打开(O)按钮，如图1-44所示。

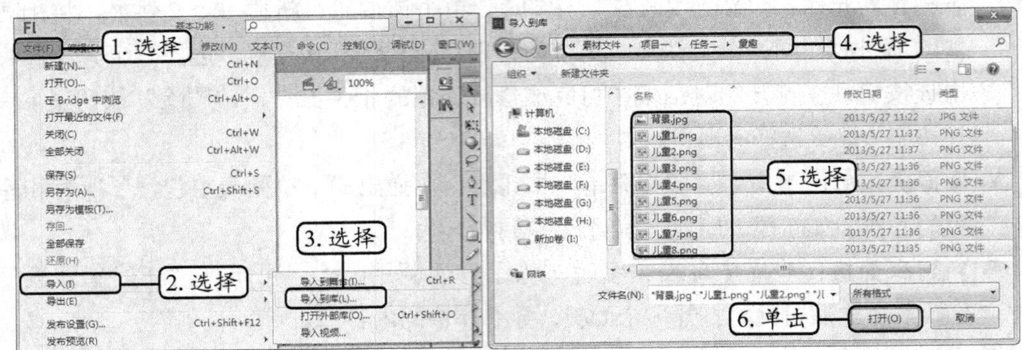

图1-44　导入文件到库

（二）制作童趣森林动画

下面将导入的素材移动至舞台，然后对图片进行缩放、变形、旋转等操作，其具体操作如下（微课：光盘\微课视频\项目一\制作童趣森林动画.swf）。

STEP 1 按【Ctrl+L】组合键，打开“库”面板。使用鼠标选择“背景”图像并将其拖曳到舞台上，如图1-45所示。

STEP 2 在“库”面板中将“儿童1.png”图像移动到舞台上。在“工具”面板中选择任意变形工具，单击选中舞台上的“儿童1.png”图像。将鼠标光标移动到图像左上角，当鼠标光标变为↘状时，按住【Shift】键向下拖曳动鼠标，将图像缩小，如图1-46所示。

STEP 3 使用相同的方法将“儿童2.png~儿童4.png”图像移动到舞台上，缩放其大小，并将其移动到地面上和树叶上。

图1-45　添加背景

图1-46　缩小图像

STEP 4 将“儿童5.png”图像移动到舞台上方，缩小图像。按【Ctrl+T】组合键，打开“变形”面板，选择“儿童5.png”图像，在“变形”面板中设置“旋转”值为“155.8”，如图1-47所示。

STEP 5 将“儿童6.png~儿童8.png”图像移动到舞台上，缩小图像。最后设置“儿童8.png”图像的“旋转”值为“-121.7”。

STEP 6 选择舞台中的所有儿童图像，按【Ctrl+G】组合键，群组图像。在“工具”面板中，选择文本工具T，使用该工具在舞台中间单击输入“童趣森林”文本，完成本例的制作，如图1-48所示（最终效果参见：光盘\素材文件\项目一\任务三\童趣.fla）。

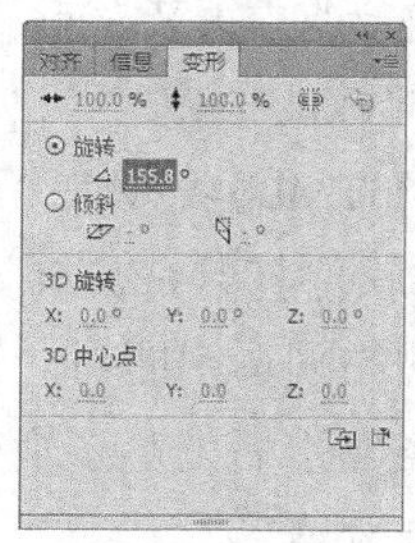

图1-47　变形

图1-48　最终效果

实训一　打开Flash文件并预览

【实训要求】

某客户发送来一个内嵌了视频的Flash动画，要求将其添加到客户公司网站上。

【实训思路】

由于客户发送过来的是Flash源文件（扩展名为.fla），因此必须先使用Flash CS6将其打开，然后发布为网页中可用的Flash影片（扩展名为.swf）。本实训的参考效果如图1-49所示（最终效果参见：光盘\效果文件\项目一\实训一\wangzhan.html）。

图1-49　发布Flash视频动画

【步骤提示】

STEP 1 启动Flash CS6并打开Flash文件（素材参见：光盘\素材文件\项目一\实训一\网站首页.fla）。

STEP 2 选择【文件】/【另存为】菜单命令，将其文件名称修改为英文，如“wangzhan.fla”。

STEP 3 按【Enter】键测试Flash动画，查看是否有需要修改的地方。

STEP 4 确认无需修改后，选择【文件】/【发布预览】/【HTML】菜单命令进行发布预览。

STEP 5 预览无误后，就可使用Dreamweaver或记事本软件打开HTML文件“wangzhan.html”，复制在网页中添加Flash影片的代码到客户公司网站的网页中即可。需要注意的是，Flash影片“wangzhan.swf”的位置如果在上传到公司网站服务器上后发生了变化，则还需要修改网页中“wangzhan.swf”的路径，否则将无法查看Flash影片效果。

实训二 对象的上下级排列

【实训要求】

将提供的素材中的两个文件进行位置的排列，效果如图1-50所示（最终效果参见：光盘\效果文件\项目一\实训二\草丛.fla）。

图1-50 排列文件

【实训思路】

本实训需要先创建Flash文件，然后导入GIF动画素材图片，再修改文档属性使其与图片大小一致，最后发布Flash动画。

【步骤提示】

STEP 1 启动Flash CS6，打开“草丛.fla”文档（素材参见：光盘\素材文件\项目一\实训二\renwuer\草丛.fla），即可看见在场景中“蝴蝶”图像位于树藤的后方，部分被遮挡，如图1-51所示。

STEP 2 使用选择工具选择位于前面的树藤，然后选择【修改】/【排列】/【下移一层】菜单命令，将其向下移动一层，使“蝴蝶”不再被遮挡。

STEP 3 按【Ctrl+T】组合键，打开“变形”面板，在“变形”面板中单击选中“旋转”单选项，在其下方的数值框中输入“45”，使选择对象按照顺时针方向旋转45°，效果如图1-52所示。

图1-51 打开文档

图1-52 设置旋转角度

常见疑难解析

问：用Flash CS6打开用以前版本制作的动画文档时，为什么在保存的时候会打开一个兼容性对话框？

答：这是因为Flash CS6检测到动画文档版本低于当前版本，所以打开该对话框提示用户升级当前动画文档的版本。通常情况下应选择将版本升级，如果该文档还需用以前的Flash版本进行编辑，则建议另存修改的动画文档，否则修改后的文档将无法用低版本的Flash打开。

问：在编辑对象时，如果想对已经群组的对象再次单独进行编辑，应该怎么办呢？

答：只需要执行取消群组的操作，其方法为选择已经群组的对象，按【Ctrl+Shift+G】组合键，或选择【修改】/【取消群组】菜单命令即可。

问：想将多个对象缩放成一样的大小，但使用任意变形工具进行缩放不太精确，有什么方法可以解决吗？

答：用户只需打开“变形”面板，再选择要缩小的图像，再对“变形”面板的“缩放高度”和“缩放宽度”值进行设置即可。

问：如果要将常用的舞台尺寸和背景颜色应用到每一个新建的动画文档，应如何操作？

答：若要将常用的舞台尺寸和背景颜色应用到每个新建的动画文档，可将其设置为Flash CS6的默认值。其方法为在“文档属性”对话框中分别设置要应用的舞台尺寸和背景颜色，然后单击 设为默认值(M) 按钮，如图1-53所示。

问：欢迎屏幕不见了，怎么恢复？

答：在欢迎屏幕中进行文档的创建与打开非常方便，但有时可能因某些原因而关闭欢迎屏幕，此时可选择【编辑】/【首选参数】菜单命令，在打开的“首选参数”对话框中选择“常规”选项，再在右侧“启动时”下拉列表框中选择“欢迎屏幕”选项，如图1-54所示。

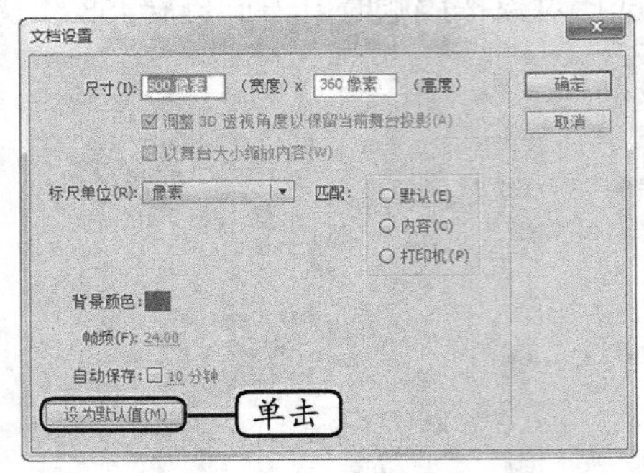

图1-53　设置默认背景颜色及尺寸

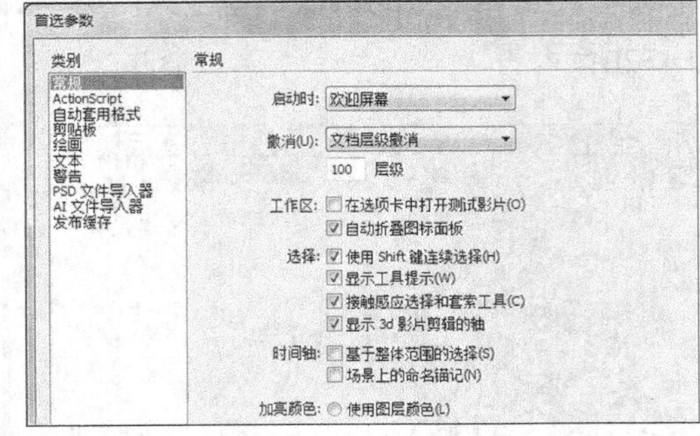

图1-54　设置启动时显示欢迎屏幕

问：Flash CS6的工作界面被调乱了，如何恢复？

答：有时用户可能因某些原因对Flash CS6的工作界面进行了调整，导致Flash使用起来不方便，此时可将工作界面恢复为Flash CS6的默认界面，如要恢复默认的“基本功能”工作界面，其方法为在Flash CS6工作界面顶部单击基本功能按钮，在弹出的下拉列表框中选择“重置‘基本功能’”菜单命令，如图1-55所示。

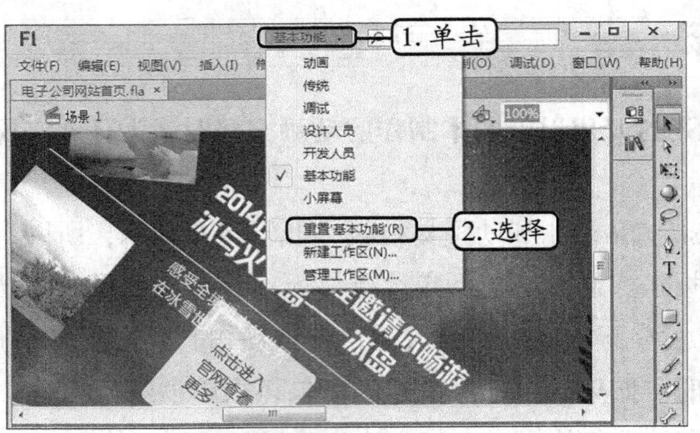

图1-55　恢复工作界面

拓展知识

1. 安装Flash CS6的方法

要使用Flash CS6进行动画制作，首先需要安装Flash CS6。安装Flash CS6之前需要先准备Flash CS6的安装光盘，或者从网上下载Flash CS6的安装文件。安装Flash的方法与安装普通应用程序相同，双击Setup.exe文件启动安装程序，并根据程序提示进行相应的操作即可，其中主要的操作是设置安装路径，一般安装在非系统盘（如D盘）中。需要注意的是，在安装Flash CS6时需要对安装环境进行检测，如安装时不能打开IE浏览器、不能打开Adobe产品等，可根据提示关闭这些打开的程序再重新安装即可。

2. **Flash的行业前景**

Flash动画设计师是一个新型职业，因Flash简便易学，由最初零散地承接一些制作项目，到如今它已经开始冲击着整个动画市场，成为中低端动画产品的主要提供者。

目前国内Flash动画设计人才极其缺乏，严重阻碍着我国动画产业的发展，而专门针对Flash动画设计专业人才培训的机构很少，即使有，也是一些不够专业的小机构。Flash日益成为网络行业的一大卖点，手机技术也日益为Flash的传播提供了技术保障，而Flash动画利用自身的亲和力和传播速度等优势，将会为许多产业带来巨大的商业空间。选择Flash行业是个不错的选择，它不仅是一门技术，也是一只“潜力股”，会给你的生活和人生带来许多变化。就Flash动画设计本身而言，目前国内正在大力提倡原创动画产业的发展。

3. **将动画文档设置为模板文件**

将动画文档设置为模板文件的方法：打开要制作为模板的动画文档，选择【文件】/【另存为模板】菜单命令，然后在打开的“另存为模板”对话框中，设置模板的名称、类别、描述文本，再单击 保存 按钮即可，如图1-56所示。

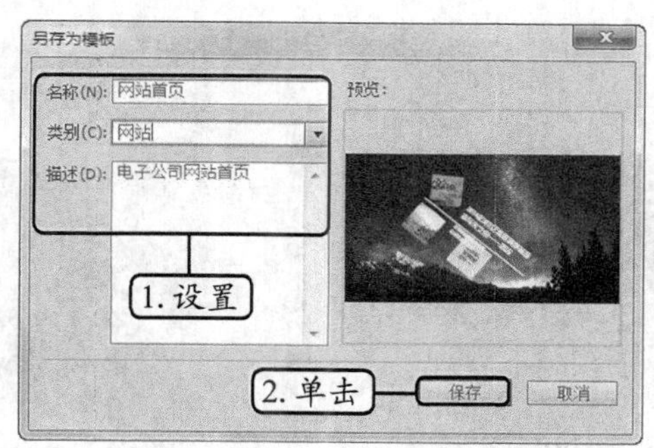

图1-56 另存为模板

课后练习

本课后练习将使用Flash对舞台的大小值和色块进行设置，具体设置要求如下。

- 启动Flash，在打开的“欢迎屏幕”界面的“最近打开的项目”栏中单击 打开... 按钮，在打开的“打开”对话框中选择“草莓.fla”，如图1-57所示（素材参见\光盘\素材文件\项目一\课后练习\草莓.fla）。
- 打开文档后，单击文档中的图片文件，此时可以在“属性”面板的“位置和大小”栏中查看该图片的宽和高的值分别为“459”和“288”，如图1-58所示。
- 单击文档中的舞台，此时可在“属性”面板的“属性”栏中看到舞台的大小值为默认的“550×400”像素，将该大小的值修改为与图片相同的“459×288”像素，使舞台的大小变为与动画大小相同，如图1-59所示。
- 单击舞台“属性”面板“属性”栏中的“舞台”后面的色块，在弹出的颜色选项列表中选择“黄色”，改变舞台背景颜色，如图1-60所示。

● 选择【文件】/【保存】菜单命令，保存文档（最终效果参见：光盘\效果文件\项目一\课后练习\草莓.fla）。

图1-57　打开文档

图1-58　查看图片属性

图1-59　修改舞台属性

图1-60　修改舞台颜色

PART 2

项目二 绘制与编辑图形

情景导入

阿秀：小白，因为你对Flash CS6工具箱中的工具还不熟悉，所以在正式学习Flash动画制作前，一定要先学习这些工具的使用方法与技巧。

小白：是啊，阿秀，我刚才试着画一个圆，却怎么也画不好，在Flash中画圆好难呀！

阿秀：我看看，天啊，你用铅笔工具画圆！难怪会画不圆，如果真画圆了，那说明你的鼠绘基础有些火候了！

小白：听你这么说，画圆好像比较简单？

阿秀：是啊，使用Flash中自带的椭圆工具就可以轻松画圆。

小白：原来如此，看来要学好动画，得先学会选择合适的工具。

阿秀：当然，下面我就教你如何使用这些工具吧，不要小瞧这些工具哦，它们会创造奇迹的。

学习目标

- 掌握使用矩形、椭圆、多边形及多角星形工具等创建规则形状的方法
- 掌握使用直线、线条、铅笔、钢笔工具等创建不规则形状的方法
- 掌握填充工具的使用方法
- 掌握文本工具的使用方法

技能目标

- 能使用矩形、椭圆形工具绘制规则形状
- 能使用直线、钢笔等工具绘制曲线等非规则形状
- 能使用填充工具为图形填充颜色
- 能使用文本工具为动画添加文本说明等

任务一　绘制卡通猫动画

卡通动物给人一种可爱的感觉，是所有人都喜欢的一种形象。本任务将制作一个卡通猫的Flash动画，其中涉及几何绘图工具和自由绘图工具的使用。

一、任务目标

本任务将使用钢笔工具绘制一只卡通猫图形并为其填充颜色。通过绘制，使用户进一步掌握钢笔工具的使用方法。本例制作完成后的最终效果如图2-1所示。

图2-1　“卡通猫”动画效果

二、相关知识

在学习绘制图形前，需要了解鼠绘的技巧等知识，并要初步学习各工具的使用方法，下面分别对其进行介绍。

（一）了解鼠绘

鼠绘是指在计算机上用鼠标控制相关软件绘制图画。与在纸上绘画的不同之处在于，鼠绘具有可修改性、可组合性与可移动性。纸画是手和笔的结合，而鼠绘则是手、鼠标、软件工具三者的结合。

1. 为什么要学习鼠绘

在制作任何动画之前，必须要先有对象（如小球），然后才能控制对象进行相应的动画（如飘到空中），因此，制作动画的第一步就是绘制对象。没有对象，动画就无从谈起，所以，学习鼠绘是必须经历的过程。

Flash主要分为脚本（ActionScript）与鼠绘两大部分。使用脚本可以做一些特效，而在网络上流行的Flash动画，并不全是由脚本做出来的，大多数漂亮的、给人视觉冲击力大的Flash短片、MTV 等都是用鼠绘做出来的。

2. 如何学习鼠绘

如何学习鼠绘是初学鼠绘者最关心的问题，下面介绍一些学习鼠绘的方法与技巧。

- **多观察**：许多用户学习鼠绘时最头痛的是画得像不像的问题，特别是做练习时，某些图形没有指定尺寸，做起来就感到束手无策。这就要求我们在生活中养成善于观察的习惯。要善于观察周围的物体，观察其形状、颜色并建立起感性的认识。
- **多观摩**：在网上的Flash研讨区有许多鼠绘作品，读者在观看时不妨细心些，从中也能学到很多经验。在学习过程中同时要多看和多练习，取长补短，这对于提高自身的鼠绘水平也很有帮助。
- **多临摹**：这是鼠绘快速入门的可取捷径，也是没有绘画基础的用户学习鼠绘的一个重要方法。在进行鼠绘练习时，不妨先到网上浏览相关的图片，下载几张有参考价值的图片。临摹时注意从中积累鼠绘线条的合理应用、物体形状的正确表达方法及着色等方面的经验。
- **多练习**：这是解决画得像不像、好不好的唯一途径。熟能生巧，许多鼠绘技巧都是在大量练习过程中掌握的。不要满足于课堂上所学的几个实例，有时间不妨从身边简单的物体画起，在成功的喜悦中培养学习鼠绘的兴趣，由浅入深，循序渐进，会使鼠绘水平与日俱增。
- **充分运用软件功能**：Flash软件给我们提供了许多工具，如选择工具、直线工具、钢笔工具、画笔工具、椭圆工具、矩形工具、橡皮擦工具、调色板等，为鼠绘的绘制提供了很多方便，因此学会最大限度地运用这些工具也是一个很重要的学习鼠绘的方法。

（二）几何绘图工具

在绘制矩形、椭圆和多角星形等图形时，用户可以使用 Flash 提供的几何绘图工具，这些工具被放置在一个工具组中，用鼠标按住矩形工具不放，在弹出的下拉列表中即可选择其他工具，下面分别对这些工具进行介绍。

1. 矩形工具

矩形工具和基本矩形工具用于绘制矩形图形，矩形工具不但可以设置笔触大小和样式，还可以通过设置边角半径来修改矩形的形状。下面讲解使用矩形工具和基本矩形工具绘制各种不同矩形的方法。

- **基本绘制**：在“工具”面板中选择矩形工具，在舞台上拖曳鼠标绘制出矩形，按住【Shift】键拖曳鼠标可绘制正方形，如图2-2所示。
- **绘制圆角矩形**：选择矩形工具后，在“属性”面板中设置“矩形边角半径”为正值，可以绘制出圆角矩形，如图2-3所示。

知识补充

使用基本矩形工具和基本椭圆工具绘制得到的几何图形都可以在后期选择后按【Ctrl+B】组合键将其分离，使其转换为普通的几何图形。

图2-2　绘制正方形

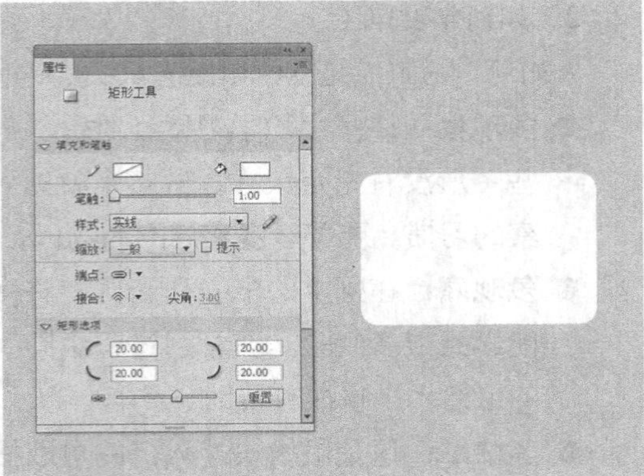

图2-3　绘制圆角矩形

- **绘制半径值不同的圆角矩形**：选择矩形工具后，在“属性”面板中单击“将边角半径锁定为一个控件”按钮，其他3个“矩形边角半径”文本框被激活，即可设置4个边角半径的值，如图2-4所示。
- **绘制矩形对象**：选择基本矩形工具后，在舞台上拖动鼠标绘制出矩形后，在“属性”面板中可以设置矩形的大小和位置，如图2-5所示。

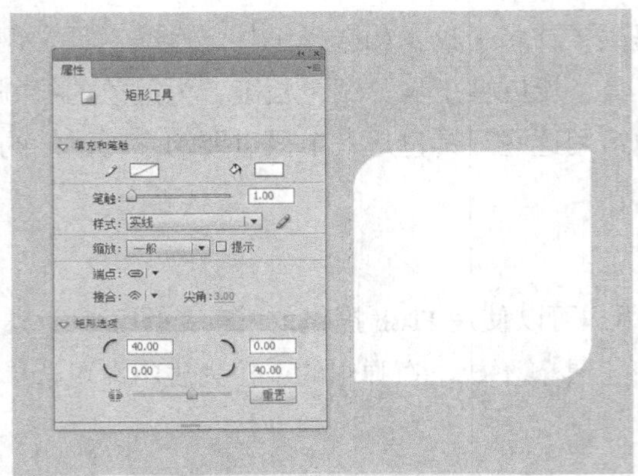

图 2-4　绘制半径值不同的圆角矩形

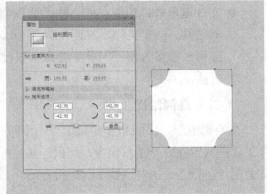

图 2-5　绘制矩形对象

知识补充

在Flash中，矩形图像可以根据需要随意调整任意边的形状，而矩形对象只能按矩形绘制时设置的规则的4条边一起统一调整图形效果。

2. 椭圆工具

椭圆工具和基本椭圆工具用于绘制椭圆图形。它与矩形工具类似，不同之处在于，椭圆工具的选项包括角度和内径。下面讲解使用椭圆工具和基本椭圆工具绘制各种不同椭圆的方法。

- **基本绘制**：在“工具”面板中选择椭圆工具，在舞台上拖曳鼠标绘制椭圆，若按住【Shift】键拖动鼠标可以绘制正圆，如图2-6所示。

- **角度选项**：在椭圆工具的"属性"面板中可以设置开始角度和结束角度。设置完成后拖曳鼠标即可进行绘制，如图2-7所示。

图2-6 绘制正圆

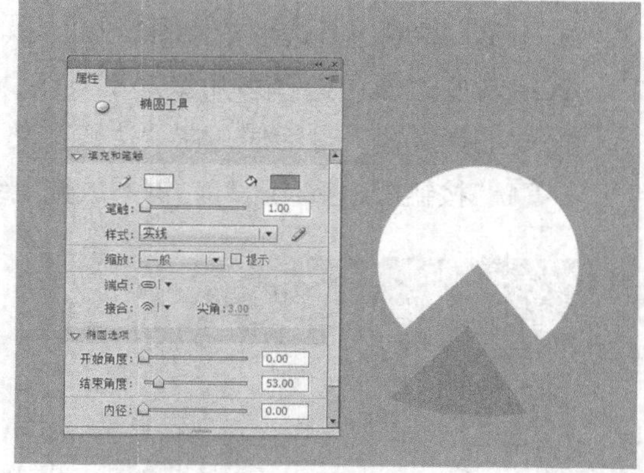
图2-7 角度选项

- **内径选项**：在椭圆工具的"属性"面板中设置"内径"值，可以绘制空心椭圆。设置完成后拖曳鼠标即可进行绘制，如图2-8所示。
- **椭圆对象**：选择基本椭圆工具可以绘制椭圆对象，椭圆对象有内径控制点和外径控制点，如图2-9所示。

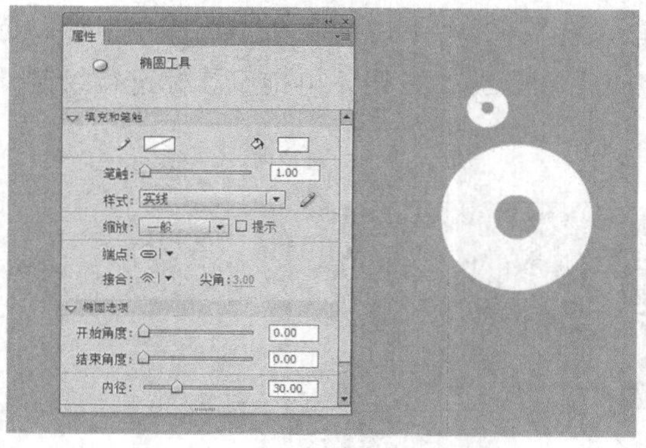
图2-8 内径选项

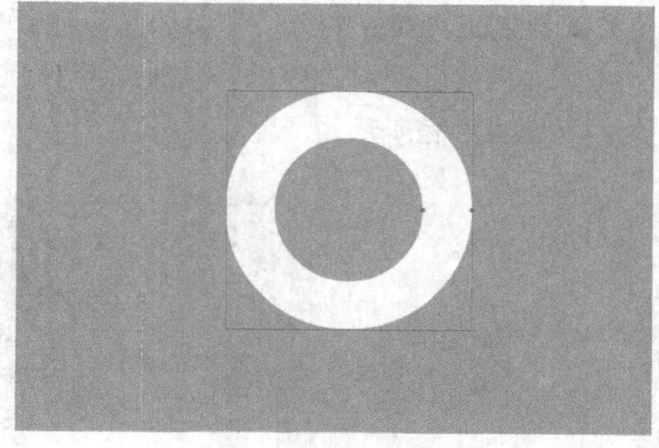
图2-9 椭圆对象

多学一招

设置椭圆开始角度和结束角度时，若开始值大于结束值，则可绘制出内角超过180° 的扇形；若开始值小于结束值，则可绘制出内角小于180° 的扇形；当两者相等时可绘制出椭圆。

知识补充

用鼠标可以调整椭圆的内径大小和开始角度。将鼠标光标定位到内径控制点上拖曳，可以调整内径大小；定位到外径控制点上拖曳，可以调整椭圆角度。

3. 多角星形工具

多角星形工具用于绘制几何多边形和星形图形，并可以设置图形的边数以及星形图形顶点的大小。下面讲解使用多角星形工具绘制各种不同的多角星形的方法。

- **绘制五边形**：选择多角星形工具，将鼠标光标移动到舞台中，按住鼠标左键不放拖曳，绘制出五边形，如图2-10所示。
- **绘制多边形**：选择多角星形工具，在“属性”面板中单击选项...按钮，打开“工具设置”对话框，在“边数”文本框中输入要绘制多边形或星形的边数。单击确定按钮后，按住鼠标左键不放拖曳绘制，如图2-11所示。

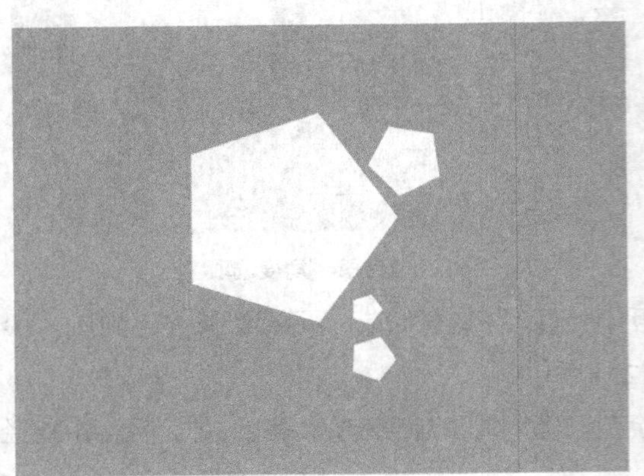

图2-10 绘制五边形

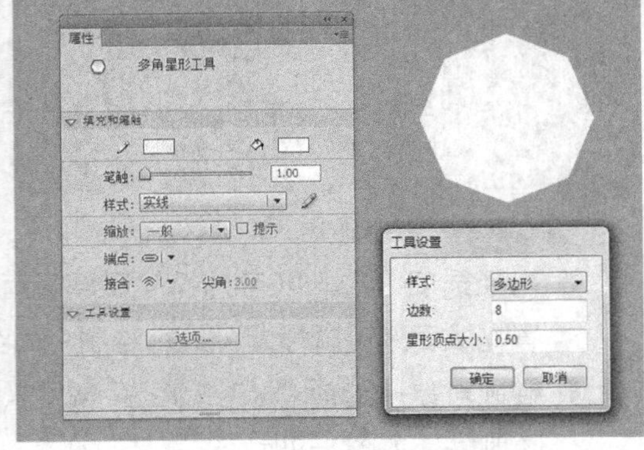

图2-11 绘制多边形

- **绘制五角星**：打开“工具设置”对话框，在“样式”下拉列表框中选择“星形”选项，然后设置边数和星形顶点大小，完成后单击确定按钮，再拖曳鼠标进行绘制，如图2-12所示。

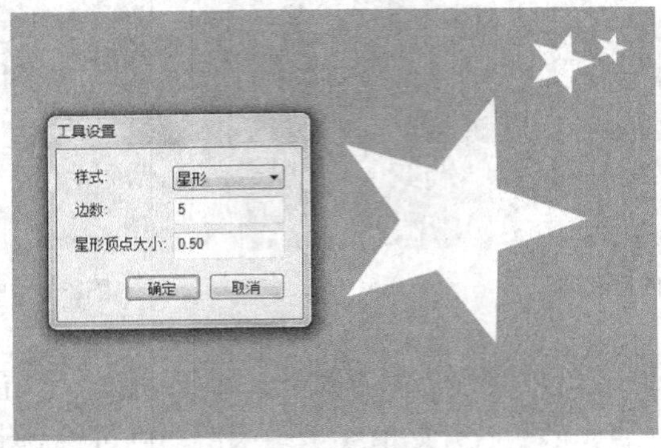

图2-12 绘制五角星

绘制星形前，在“工具设置”对话框的“星形顶点大小”文本框中输入的值只能在0~1之间。

（三）自由绘图工具

使用标准绘图工具只能绘制出简单的形状。在实际制作中，用户更多的是需要自行绘制自由的线条，再由这些线条组成特定的形状。Flash提供了强大的自由绘制工具，包括线条工具、铅笔工具、钢笔工具和刷子工具，使用这些工具可以绘制各种矢量图形，在此之前需要先对路径、方向线和方向点等知识进行了解。下面讲解这些绘图工具的使用方法。

1. 路径

在Flash中绘制图形或形状，都将出现一条线条，该线条被称为路径。在Flash中，路径都是由多条直线段或曲线段组成。路径可以是闭合的，也可以是开放的。虽然路径的随意性很大，但它们都有明显的起点和终点。路径上改变线条形状的位置都有锚点。锚点有两种：角点和平滑点。角点出现在线条变化很急的位置，平滑点出现在线条有平缓变化的位置，图2–13所示为Flash中常见的两种路径。

路径的轮廓被称为笔触，不同的笔触可以使路径看起来不同。笔触具有粗细、颜色和虚线图案等图层，用户在绘制完路径和形状后，可以随意对粗细、颜色进行设置。

2. 方向线和方向点

用户在选择路径上的锚点时会发现，锚点上会连接着一条或者两条直线，如图2–14所示。这些直线被称为方向线，根据曲线段的形状不同，其角度和长短也会有所不同。在方向线的尽头是方向点，用于控制、调整方向线的长短和角度。

在路径中，角度可能没有方向线，角点方向线通过使用不同角度来保持其角的锐度，角点的方向线主要取决于是否连接曲线段，若没有连接曲线段就不会出现方向线。平滑线始终拥有两条方向线，可以一起作为单个直线单位移动。

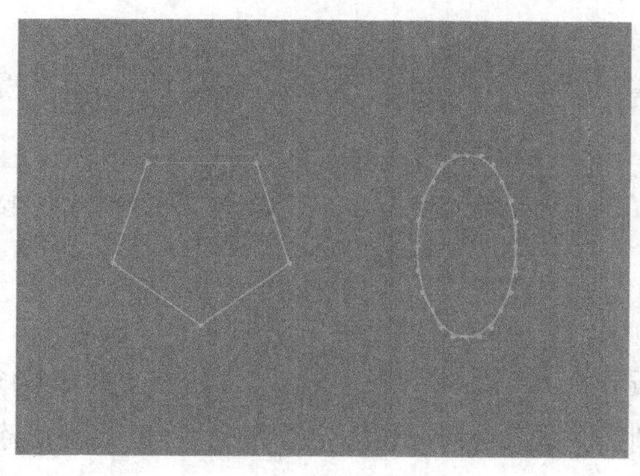

图2–13　路径

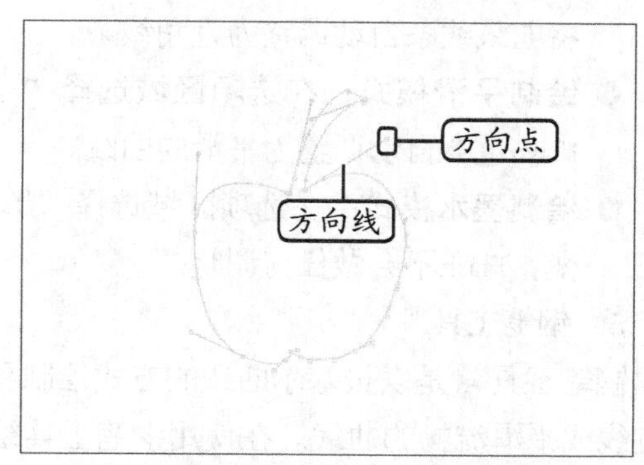

图2–14　方向线和方向点

3. 线条工具

线条工具主要用于绘制各种不同样式的直线，还可设置直线的样式。使用线条工具的方法：在“工具”面板中选择线条工具，在“属性”面板中设置“笔触”大小，然后在舞台上按住鼠标左键不放拖曳一段距离，即可绘制出直线。

若需要绘制特殊角度的直线时，只需在选择线条工具再按住【Shift】键的同时，向左或向右拖曳，就可以绘制出水平线段；向上或向下拖曳，可以绘制出垂直线段；斜向拖曳，可以绘制出45° 角的斜线，如图2−15所示。

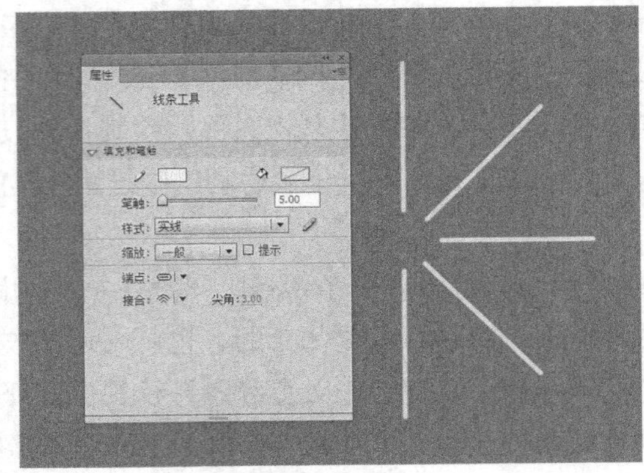

图2−15　线条工具

4. 铅笔工具

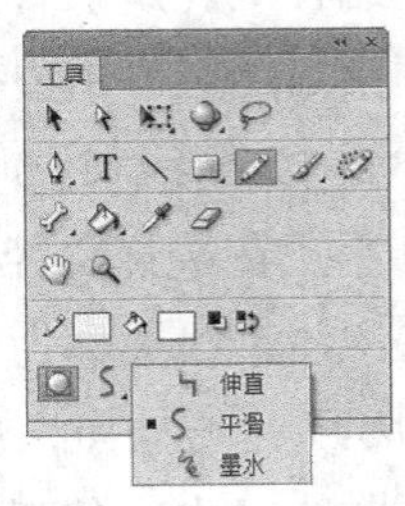

图2−16　铅笔模式

铅笔工具用于绘制线条和形状，绘画的方式与铅笔大致相同。它与直线工具一样，在“属性”面板中可以改变线条样式和粗细。按住鼠标左键拖曳，可以绘制线条图形。按住【Shift】键的同时拖曳鼠标可以绘制出直线线段。不同的是，选择铅笔工具后，在“工具”面板下方的选项区域中会出现 3 种铅笔绘制模式，如图 2−16 所示。选择不同的绘制模式，会出现不同的效果。下面分别对绘图模式进行介绍。

- **绘制伸直模式：**在选项区域选择“伸直”选项，绘制完曲线后，Flash会自动计算，将曲线线条自动调整为直角线条。
- **绘制平滑模式：**在选项区域选择“平滑”选项，绘制线条时，即使线条不平滑，Flash也会自动调整为平滑的曲线。
- **绘制墨水模式：**在选项区域选择“墨水”选项，绘制的线条完全保持绘制的形状不变，Flash不会做任何调整。

5. 钢笔工具

钢笔工具是以贝塞尔曲线的方式绘制和编辑图形轮廓的，主要用于绘制精确的路径，如直线或平滑流畅的曲线。在使用钢笔工具绘制线条时，钢笔工具会出现不同的绘制状态。下面分别对各状态进行介绍。

- **初始锚点指针**：选择钢笔工具后看到的第一个指针，指示下一次单击鼠标时将创建初始锚点，是新路径的开始（所有新路径都以初始锚点开始）。
- **连续锚点指针**：指示下一次单击鼠标时将创建一个锚点，并用一条直线与前一个锚点相连接。
- **添加锚点指针**：指示下一次单击鼠标时将向现有路径添加一个锚点。若要添加锚点，必须选择路径，并且钢笔工具不能位于现有锚点的上方。

- **删除锚点指针**：指示下一次在现有路径上单击鼠标时将删除一个锚点。若要删除锚点，必须用选择工具选择路径，并且指针必须位于现有锚点的上方。
- **连续路径指针**：从现有锚点扩展新路径。若要激活此指针，鼠标必须位于路径上现有锚点的上方。仅在当前未绘制路径时，此指针才可用。
- **闭合路径指针**：在当前绘制的路径的起始点处闭合路径。用户只能闭合当前正在绘制的路径，并且现有锚点必须是同一个路径的起始锚点。
- **回缩贝塞尔手柄指针**：当鼠标位于显示其贝塞尔手柄的锚点上方时显示。单击鼠标将回缩贝塞尔手柄，并使得穿过锚点的弯曲路径恢复为直线段。
- **转换锚点指针**：将不带方向线的转角点转换为带有独立方向线的转角点。若要启用转换锚点指针，可以按【Shift+C】组合键。
- **连接路径指针**：除了鼠标不能位于同一个路径的初始锚点上方外，其他绘制状态与闭合路径工具基本相同，该指针必须位于唯一路径的任一端点上方。

三、任务实施

（一）绘制猫头轮廓和耳朵

猫的轮廓是曲线，并不是规则的几何图形，此时可使用Flash CS6的钢笔工具进行绘制，下面绘制猫头轮廓和耳朵部分，其具体操作如下（微课：光盘\微课视频\项目二\绘制猫头轮廓和耳朵.swf）。

STEP 1 启动Flash CS6，选择【文件】/【新建】菜单命令，打开“新建文档”对话框，设置“宽”和“高”分别为“800像素”和“560像素”，单击“背景颜色”后的色块，在弹出的选项框中选择“#FFCC99”选项，单击 确定 按钮，如图2-17所示。

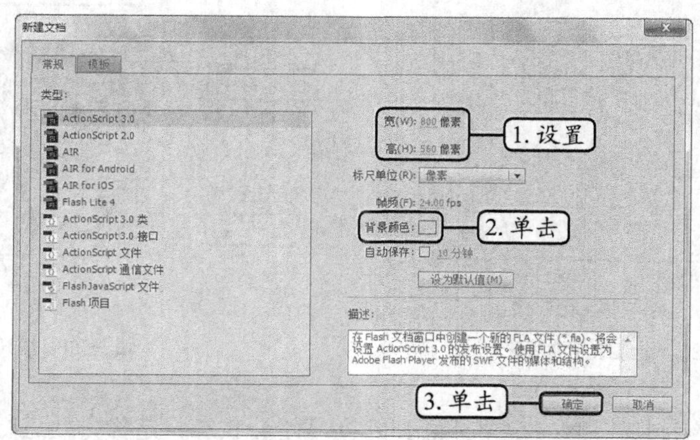

图2-17　新建文档

STEP 2 在“工具”面板中选择钢笔工具，选择【窗口】/【属性】菜单命令，打开“属性”面板，在其中单击“笔触颜色”后的色块，在弹出的选项框中选择“#000000”选项，设置“笔触”为“2.00”，如图 2-18 所示。

STEP 3 使用鼠标在舞台上单击，创建一个锚点，将鼠标光标移动到舞台左上方的位置，单击并拖曳曲线段，将鼠标光标移动到第 2 个锚点上，当鼠标光标变为形状时单击，完成曲线段的绘制，如图 2-19 所示。

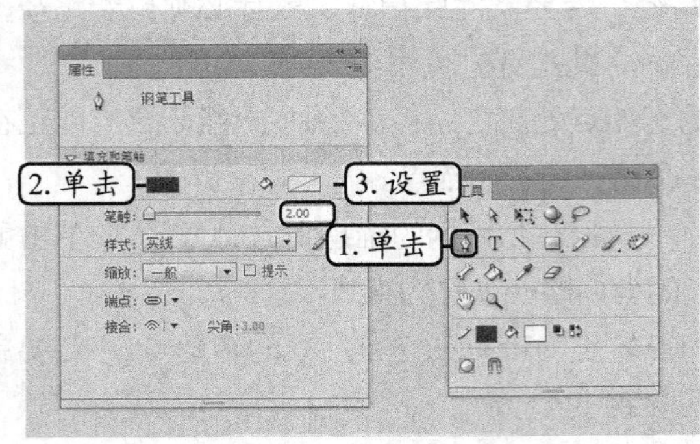

图2-18　设置笔触颜色

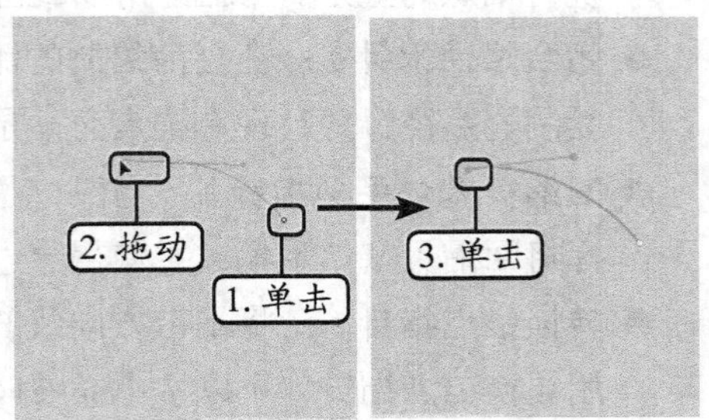

图2-19　编辑曲线段

在使用钢笔工具编辑锚点时，为了使方向线不影响下一个锚点的曲线段形状，最好去掉多余的方向线。

STEP 4 将光标移动到其他位置单击，创建不同的曲线段，以绘制猫头，如图2-20所示。

STEP 5 在“工具”面板中选择颜料桶工具，在“工具”面板中单击“填充颜色”色块，在弹出的选项框中设置“颜色”为“#AA6E32”。当鼠标光标变为形状时，使用鼠标单击猫头中间，为猫头填充颜色，如图 2-21 所示。

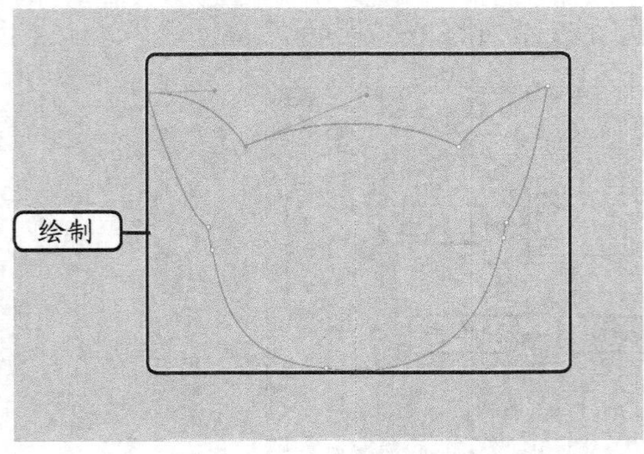

图2-20　继续绘制曲线段

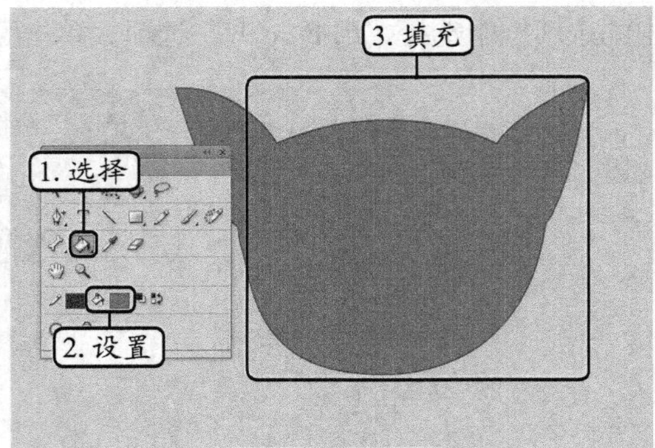

图2-21　填充颜色

绘制猫头时一定要保证其路径是闭合状态，这样方便进行填充。若要闭合路径，可将钢笔工具定位在第1个空心锚点上；当位置正确时，鼠标光标变为形状，单击或拖曳即可闭合路径。

STEP 6 选择钢笔工具，使用鼠标在猫头左边耳朵的位置绘制耳廓，再使用相同的方法为右耳朵绘制相同的耳廓。选择油漆桶工具，设置“填充颜色”为“#CC9966”，为两个耳廓填色，如图 2-22 所示。

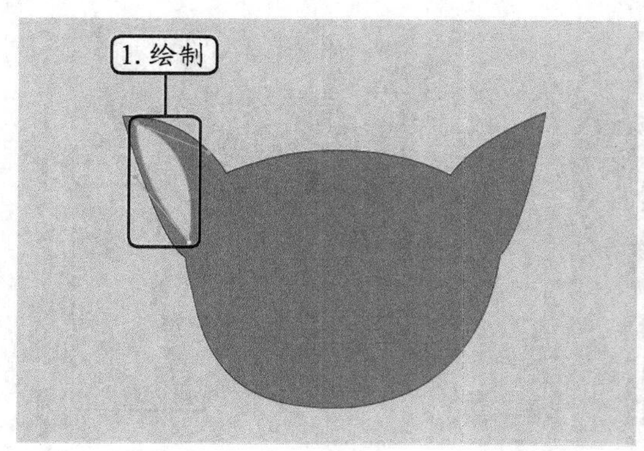

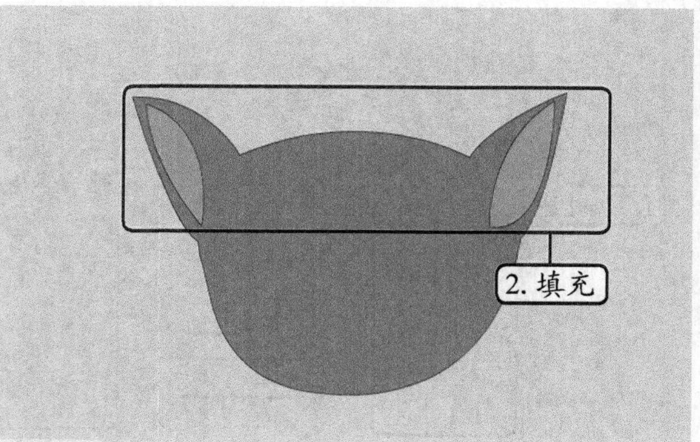

图2-22 绘制耳廓

（二）绘制其他部位

卡通猫眼睛部分的绘制较简单，可由圆组合而成，躯干部分可通过钢笔工具进行绘制。具体操作如下（微课：光盘\微课视频\项目二\绘制其他部位.swf）。

STEP 1 选择椭圆工具，在“属性”面板中设置“笔触颜色”和“填充颜色”分别为“#000000”和“#FFFFFF”。使用鼠标在猫头上绘制一个正圆，作为猫眼睛，如图 2-23 所示。

STEP 2 在白色的眼眶中，使用椭圆工具绘制一个黑色的眼珠和一个白色的光点。使用相同的方法绘制右眼睛，如图 2-24 所示。

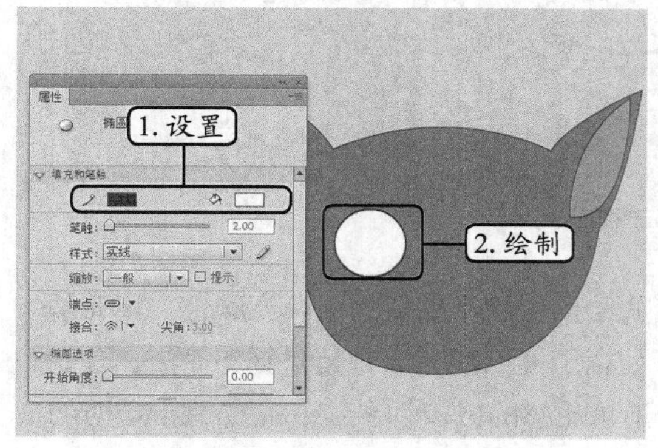

图2-23 绘制正圆

1. 绘制 2. 绘制

图2-24 绘制眼睛

STEP 3 使用钢笔工具绘制躯干。完成后选择油漆桶工具，为刚绘制的躯干填充和耳廓相同的颜色，如图 2-25 所示。

STEP 4 使用钢笔工具绘制尾巴，并使用油漆桶工具为尾巴填充颜色“#AA6E32”，如图2-26所示。

用钢笔工具绘制出曲线后，在空白位置单击或者按【Esc】键，即可呈现绘制的线条。

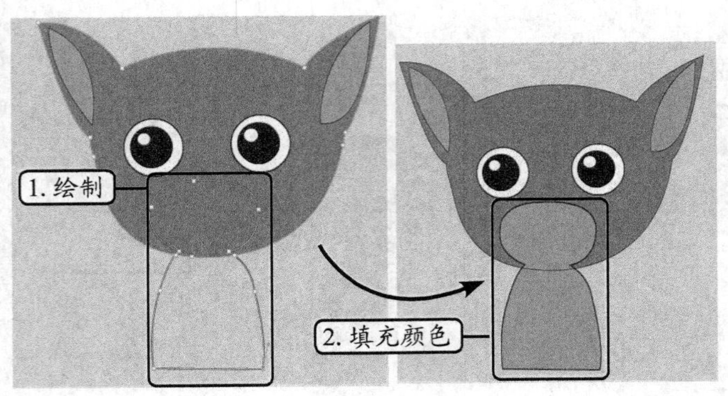

图2-25　绘制躯干

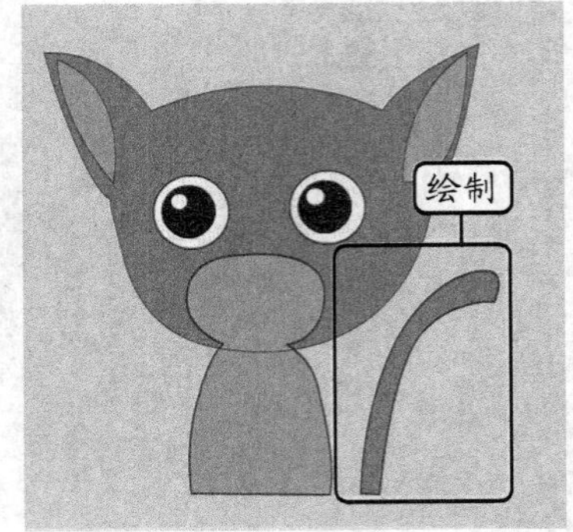

图2-26　绘制尾巴

STEP 5 选择选择工具，选择绘制耳朵部分的线条。按【Delete】键删除线条。使用相同的方法，将绘制的所有线条删除，如图2-27所示。

图2-27　去掉线条

知识补充

在绘制卡通形象时，一般都会先绘制轮廓，然后为其填充颜色。填充颜色后，再将线条去掉。这样做的好处在于可以使图像看起来更加简洁，且能有效地减少文件大小。当然，部分追求质感的Flash可能会保留绘制形象时的轮廓线条。

STEP 6 选择钢笔工具，在“属性”面板中设置“笔触颜色”和“笔触”分别为“#996600”和“15.00”，使用鼠标在猫头上绘制一个曲线段，作为鼻子，如图2-28所示。

STEP 7 在“属性”面板中设置“笔触颜色”和“笔触”分别为“#996600”和“3.00”，在鼻子下拖动绘制一条直线段。再使用椭圆工具在鼻子下端绘制一个白色填充褐色笔触的椭圆，如图2-29所示。

知识补充

不要使用【Delete】【Backspace】【Clear】键，或者选择【编辑】/【剪切】菜单命令或【编辑】/【清除】菜单命令来删除锚点，这些键和命令会删除点及与之相连的线段。

图2-28　绘制鼻子

图2-29　绘制嘴巴

STEP 8 选择钢笔工具，在"属性"面板中设置"笔触颜色"和"笔触"分别为"#FFFFCC"和"3.00"，使用鼠标拖曳，在猫脸上绘制 6 根胡须，如图 2-30 所示。

STEP 9 选择矩形工具，设置"笔触颜色"和"填充颜色"均为"#FFFFCC"。拖曳动鼠标在舞台底部绘制一个矩形，如图2-31所示（最终效果参见：光盘\效果文件\项目二\任务一\卡通猫.fla）。

图2-30　绘制胡须

图2-31　绘制底线

知识补充

为了更加方便地控制、调整锚点以及路径形状，用户可通过绘图工具随意地在路径上添加与删除锚点。添加、删除锚点与调整锚点的方法如下。

① 添加锚点：添加锚点可以更好地控制路径，也可以扩展开放路径。在工具箱中按住钢笔工具不放，在弹出的下拉列表中选择添加锚点工具，将光标移动到绘制的线条上，单击左键添加锚点。

② 删除锚点：曲线锚点越少的路径越容易编辑、显示和打印，因此最好不要添加不必要的锚点。若要降低路径的复杂性，可以选择删除锚点工具删除不必要的锚点。将鼠标光标定位到锚点上，然后单击即可删除锚点。

③ 调整路径上的锚点：在使用钢笔工具绘制曲线时，将创建平滑点；在绘制直线段或连接到曲线段的直线时，将创建转角点。默认情况下，选定的平滑点显示为"空心圆圈"，选定的转角点显示为"空心正方形"。将方向点拖曳出转角点可以创建平滑点。

任务二 为荷塘月色上色

世界万物都有色彩，丰富的色彩构成了这个美丽的世界。本任务将为“荷塘月色”上色，让“荷塘月色”场景变得更加绚丽多彩。

一、 任务目标

本任务将练习为“荷塘月色”上色，在制作时根据场景的不同，可选择不同的上色工具进行上色。通过本例的学习，用户可以掌握使用上色工具上色的方法。本例完成后的效果如图2-32所示。

图2-32 为荷塘月色上色

二、相关知识

本任务中的上色操作主要是通过“颜色”面板、“样本”面板、颜料桶工具等来实现。下面先对这些工具的使用进行介绍。

（一）认识颜色

计算机的颜色采用RGB颜色系统，也就是每种颜色采用红、绿、蓝3种分量。每个颜色分量的取值从0~255，一共有256种分量可供选择。计算机中所能表示的颜色为256×256×256=16777216种，这也是16M色的由来。在Flash中，与颜色相关的元素有RGB、Alpha、十六进制和颜色类型等。各种颜色的特点如下。

- **RGB**：RGB颜色模式由红、绿、蓝三原色组成。红色的R、G、B值分别为255、0、0；绿色的R、G、B值分别为0、255、0；蓝色的R、G、B值分别为0、0、255。
- **Alpha**：Alpha可设置实心填充的不透明度和渐变填充的当前所选滑块的不透明度。如果Alpha 值为0%，则创建的填充不可见（即透明）；如果Alpha值为100%，则创建的填充不透明。
- **十六进制**：十六进制颜色值是由字母和数字组合而成的，6位代表一种颜色。如用00表示0，用FF表示255，这样，就可以用6位16进制的数表示一种颜色。如#FF0000表示红色。
- **颜色类型**：在Flash 中有5种颜色类型，包括删除颜色的无颜色、单一填充的纯色、产生一种沿线性轨道混合的线性渐变、产生从一个中心焦点出发沿环形轨道向外混合的径向渐变和位图填充。

（二）“颜色”面板

“颜色”面板允许修改Flash的调色板并更改笔触和填充的颜色。在“颜色”面板中的控件有笔触颜色、填充颜色、“颜色类型”下拉列表框、RGB、Alpha、当前颜色样本、系统颜色选择器和十六进制值等。在“颜色”面板中可以通过多种方式更改颜色。如选择【窗口】/【颜色】菜单命令，打开“颜色”面板，如图2-33所示。该面板中各选项的作用如下。

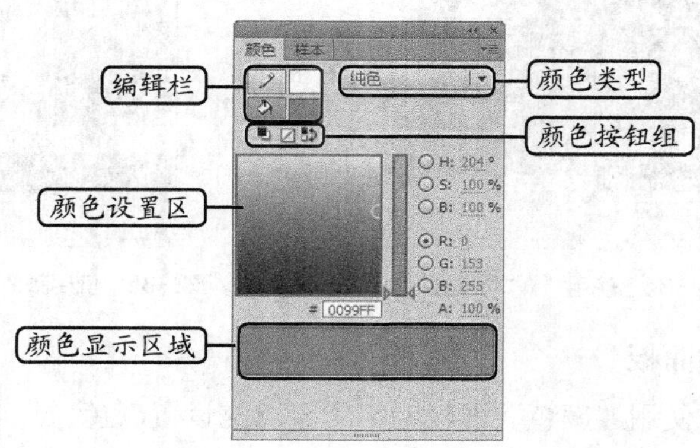

图2-33　“颜色”面板

- **“笔触颜色”按钮**：用于改变图形的边框颜色和笔触颜色。
- **“填充颜色”按钮**：用于改变图形的形状区域颜色。
- **“黑白”按钮**：单击该按钮，即可将笔触颜色和背景颜色设置为默认值（笔触颜色为黑色，背景颜色为白色）。
- **“无色”按钮**：单击该按钮，可让选择的填充或笔触不使用任何颜色。
- **“交换颜色”按钮**：单击该按钮，将交换笔触颜色和填充颜色。
- **“颜色类型”下拉列表框**：在该下拉列表框中，用户可以设置修改笔触颜色和填充颜色的颜色填充方式。
- **颜色设置区**：在其中单击可设置笔触颜色和填充颜色。
- **“HSB”栏**：在该栏中选中某个单选按钮，再修改其后方的数字，可以修改颜色的色相、饱和度和亮度。
- **“RGB”栏**：在该栏中选中某个单选按钮，再修改其后方的数字，可以修改颜色的红色、蓝色和绿色的颜色密度值。
- **“A”选项**：用于设置填充颜色的不透明度（Alpha）。修改“A”选项后方的数字，可修改填充色的不透明度。
- **“#”文本框**：该文本框用于设置颜色的十六进制值，在该文本框中输入颜色的十六进制值即可为当前笔触或填充设置对应的颜色。
- **颜色显示区域**：为笔触或填充设置好颜色后，该区域将呈现预览颜色效果。

在“颜色”面板中可以通过多种方式设置颜色，下面讲解两种常见的设置颜色的方法。

- **使用“样本”选项栏**：在“颜色”面板中单击“笔触颜色”按钮后的颜色块或

"填充颜色"按钮后的颜色块，打开"样本"选择框，如图2-34所示，在其中单击一种颜色，即可选择该颜色。

- **使用颜色设置区**：在"颜色"面板的"颜色设置区"中可以单击选择颜色，也可以拖动颜色设置区旁边的滑条设置颜色，如图2-35所示。

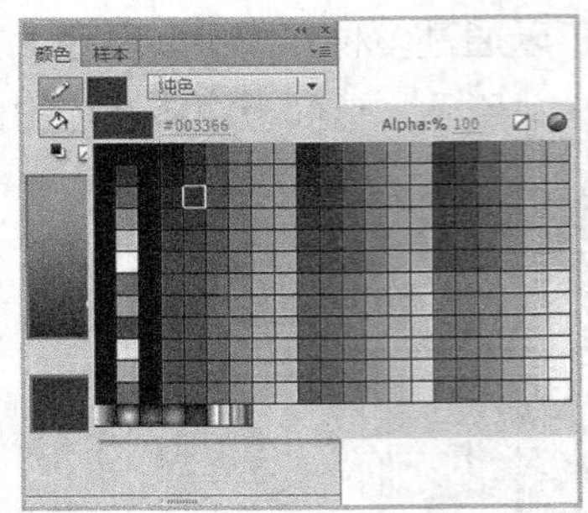

图2-34 使用"样本"选择框

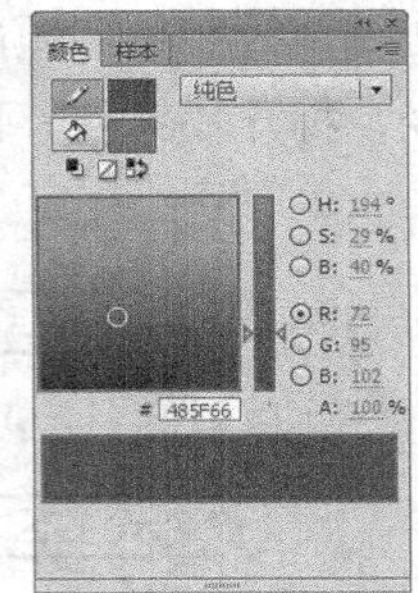

图2-35 使用颜色设置区

（三）"样本"面板

在Flash中除可以使用"颜色"面板为笔触和填充设置颜色外，还可以使用"样本"面板设置颜色。选择需要设置颜色的笔触或填充区域，再选择【窗口】/【样本】菜单命令，打开"样本"面板，如图2-36所示，在其中单击需要的颜色即可应用当前选择的颜色。

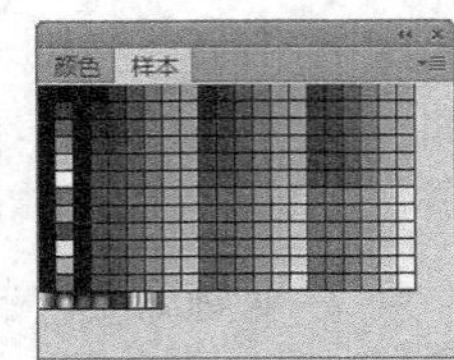

图2-36 "样本"面板

在默认情况下，"样本"面板中存储的是常用的一些颜色。若有特殊需要还可以对"样本"面板进行添加、删除、编辑、复制等操作。其中，对"样本"面板进行编辑，可单击"样本"面板右上角的按钮，在弹出的下拉列表中进行设置。该下拉列表中各选项的作用如下。

- **直接复制样本**：选择该选项，Flash会自动复制当前选择的颜色样本。
- **删除样式**：选择该选项，Flash会自动删除当前选择的颜色样本。
- **添加颜色**：选择该选项，打开"导入色样"对话框，在其中选择需要导入的颜色样式，可将选择的颜色导入到"样本"面板中。
- **替换颜色**：选择该选项，打开"导入色样"对话框，在其中选择的颜色会替换"样本"面板中除默认颜色以外的所有颜色。
- **加载默认颜色**：选择该选项，将会使自定义后的面板恢复为默认的状态。
- **保存颜色**：选择该命令，打开"导出色样"对话框，可设置保存地址并将调色板保存。
- **保存为默认值**：选择该选项，当前"样本"面板的调色板将被指定为默认的调色板样式。
- **清除颜色**：选择该选项，"样本"面板中除黑色、白色和线性渐变以外的所有颜色将被删除。
- **Web 216色**：选择该选项，当前面板将被切换为Web安全调色板。该调色板中的颜色在任何地方进行播放时，都能正常显示。

- **按颜色排序：**选择该选项，“样本”面板中的所有颜色会按色调重新进行排序。

在Flash中，用户除可以使用“颜色”和“样本”面板设置填充效果外，还可以使用吸管工具设置颜色。但吸管工具只能通过吸取的方式，将一个已经设置了颜色的图形的填充颜色设置为当前填充色。使用吸管工具设置颜色的方法：在“工具”面板中选择吸管工具，吸取要填充的颜色，再使用鼠标单击需要设置颜色的图形或图像即可。

（四）编辑渐变填充

使用普通的纯色填充图像，虽然能让图像的颜色丰富起来，但并不能使其更加有立体感。想使图像看起来立体，可以使用渐变填充来实现。渐变填充是一个多色的填充方式，使用渐变填充可以让一种颜色平稳地过渡到另一种颜色。在Flash中有两种渐变填充方式，其特点和编辑方法如下。

1. 线性渐变

线性渐变是沿着一根轴线改变颜色的渐变方式，可以制作光线斜射到物体上的效果。在“颜色”面板的“颜色类型”下拉列表框中选择“线性渐变”选项，如图2-37所示。此时，“颜色”面板中将显示用于设置线性渐变的选项，图2-38所示为在“颜色”面板中编辑和设置渐变色，并将渐变色应用到背景图像中的效果。线性渐变状态下，“颜色”面板特有选项的作用如下。

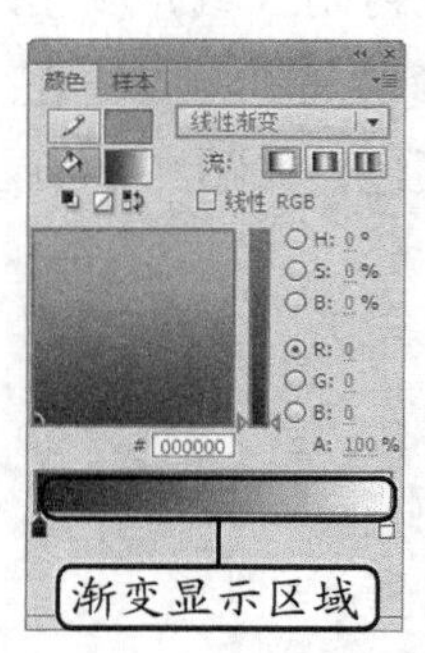

图2-37 选择“线性渐变”选项

图2-38 渐变填充效果

- **“流”选项：**其中包含3个按钮，分别用于设置超出线性或渐变限制范围所使用的颜色覆盖方式。
- **“线性RGB”复选框：**单击选中该复选框，用户将可创建可伸缩的矢量渐变图形。
- **渐变显示区域：**在该区域中添加、减少、移动渐变滑块，可以编辑渐变的颜色。

2. 径向渐变

径向渐变会出现一个中心点向外改变颜色的渐变效果，可以制作边缘有光晕的柔和效果。在“颜色”面板的“颜色类型”下拉列表框中选择“径向渐变”选项，再在“颜色”面板中设置渐变效果。其设置方法和线性渐变相同，图2-39所示为使用径向渐变填充图形的效果。

图2-39　径向渐变

（五）填充工具的使用

在Flash中，用户可以先选择需要填充的图形，再通过“颜色”面板和“样本”面板设置图形的颜色。但是若要大量填充相同的颜色，一个一个选择填充目标，再进行颜色设置会花费很多时间。为了简化操作步骤，用户可通过Flash中自带的填充工具对图形进行填充。在Flash中的填充工具有颜料桶工具和墨水瓶工具，下面讲解其使用方法。

1. 颜料桶工具

颜料桶工具用于设置图形的填充颜色，填充的图形区域通常是封闭区域，应用的颜色可以是无颜色、纯色、渐变色和位图颜色。在“工具”面板中选择颜料桶工具，在“颜色”面板中选择颜色，然后将光标移动到图形区域，单击填充选择的颜色，如图2-40所示。

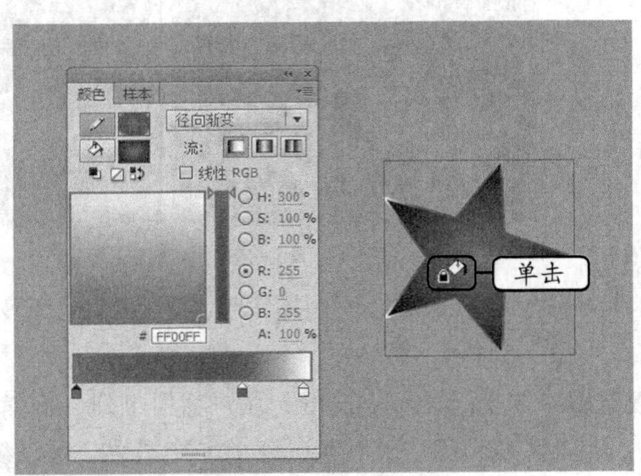

图2-40　颜料桶填充颜色

在“工具”面板中选择颜料桶工具后，在该面板的选项区域会出现两个按钮，其作用如下。

- **“空隙大小”按钮**：用于设置外围矢量线缺口的大小对填充颜色时的影响程度。其中包括不封闭空隙、封闭小空隙、封闭中等空隙和封闭大空隙4种选项。
- **“锁定填充”按钮**：只能应用于渐变填充，单击该按钮后，不能再应用其他渐变填充。但渐变填充以外的填充不会受到任何影响。

2. 墨水瓶工具

墨水瓶工具用于修改路径的颜色和属性，应用的颜色包括无颜色、纯色、渐变色和位图颜色 4 种。选择和填充方法与颜料桶工具类似。只需在“工具”面板中选择墨水瓶工具，在打开的面板中单击“笔触颜色”色块，在弹出的选项框中设置颜色，然后在图形内部或者矢量线上单击修改其颜色。

多学一招

选择墨水瓶工具，在“属性”面板中设置“笔触颜色、笔触、样式”等属性后，在需要修改的矢量线区域处单击修改路径的颜色和形状即可完成修改。

三、任务实施

（一）线性渐变填充

在制作本任务的过程中，天空、山峰、池塘都是使用线性渐变色进行填充的，其具体操作如下（微课：光盘\微课视频\项目二\线性渐变填充.swf）。

STEP 1 启动Flash CS6，选择【文件】/【打开】菜单命令，打开“荷塘月色.fla”动画文档（素材参见：光盘\素材文件\项目二\任务二\荷塘月色.fla）。设置文档的背景颜色为白色，如图2-41所示。

STEP 2 选择颜料桶工具，在“颜色”面板中选择“线性渐变”选项，设置滑块颜色为“#0012DE”和“#FFE980”，在天空部分单击鼠标，填充渐变色，如图2-42所示。

图2-41 打开文档

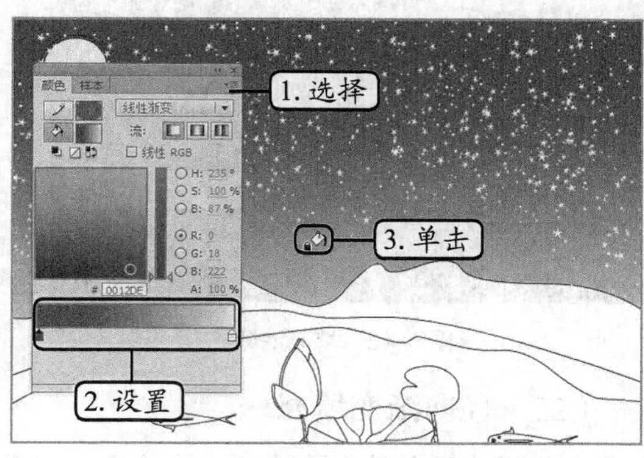

图2-42 填充天空

知识提示

由于是有月光的夜晚，因此在填充天空时，上方需要填充深蓝，地面附近可以填充为光亮效果。

STEP 3 设置滑块为“#003300”和“#009900”的线性渐变色，并调整滑块的位置，在山峰区域下方单击鼠标填充山峰颜色，如图2-43所示。

STEP 4 设置滑块为“#001281”和“#007EDB”的线性渐变色，并调整滑块的位置，倒影区域单击鼠标填充倒影颜色，如图2-44所示。

图2-43 填充山峰

图2-44 填充倒影

STEP 5 设置滑块为“#000066”和“#007ED8”的线性渐变色，并调整滑块的位置，在池塘区域单击鼠标填充池塘颜色，如图2-45所示。

STEP 6 双击鱼对象打开编辑窗口，将鱼填充为线性渐变多彩鱼，并设置滑块分别为“#FF3300”“#FFCC66”“#AIECBF”，如图2-46所示。使用相同的方法渐变填充荷花，并设置滑块为“#FFC6A8”和“#CC728A”的线性渐变色。

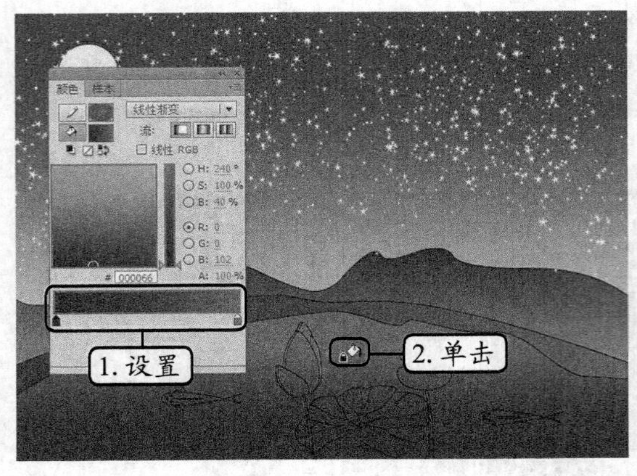

图2-45 填充池塘

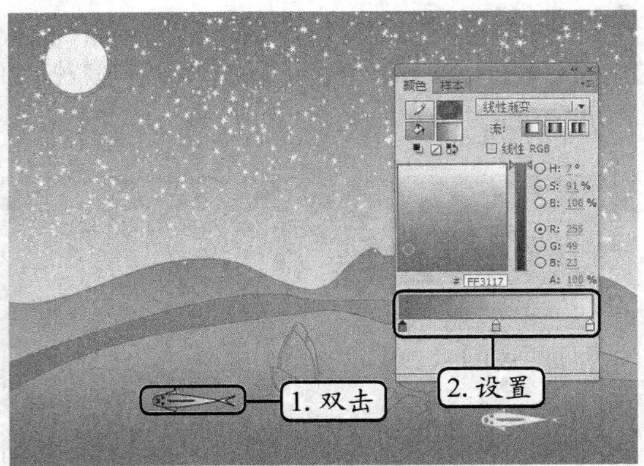

图2-46 填充鱼和荷花

（二）径向渐变填充

径向渐变填充适用于圆类图形的填充，下面将使用径向渐变填充工具填充月亮光环和荷叶，其具体操作如下（微课：光盘\微课视频\项目二\径向渐变填充.swf）。

STEP 1 在“颜色”面板中选择“径向渐变”选项，设置径向渐变色为“#003300”和“#00B63A”，填充荷叶和枝干，如图2-47所示。

STEP 2 设置滑块为“#FFFF99”和“#A8ECF3”的径向渐变色，Alpha值为“100%”，双击圆环对象打开编辑窗口，填充月亮颜色，如图2-48所示。

图2-47 填充荷叶和枝干

图2-48 填充月亮颜色

STEP 3 选择颜料桶工具，设置滑块为“#00B63A”“#008C2E”“#83EE8A”。双击荷叶对象打开编辑窗口，填充荷叶脉络线条，如图2-49所示。

图2-49 填充脉络

任务三 制作音乐节海报

海报具有快速吸引群众眼球、宣传的效果，并通过文本传达出需要表达的信息。本任务中将制作音乐节的海报，在制作过程中应注意文本的使用和文字颜色的搭配，使其能突出表达其主题。

一、任务目标

本任务练习制作一张音乐节的海报，在制作时主要包括输入文本并对文本进行样式设置。通过本任务的学习，用户可以学会使用文本工具输入文本的方法，以及对输入的文本进行美化设置的方法。本任务制作完成后的最终效果如图2-50所示。

图2-50　音乐节海报

二、相关知识

本任务中的制作主要通过文本工具和元件等工具完成，下面先对这些相关工具的使用方法进行介绍。

（一）文本工具

文本工具主要用于输入和设置动画中的文字。如果只需要输入简单的文字，可以选择“工具”面板中的文本工具T，在场景中需要输入文本的地方单击，将会出现一个文本的插入点，然后直接输入文字即可。

TLF是“文本布局格式”（Text Layout Format），相比传统的文本格式而言更强大，通常在需要对文本进行更复杂的控制，如多列、环绕文本等时，就可使用这种文本格式。

（二）设置文字样式

在选择文本工具T后，就可以输入文字，如果需要改变文本的设置，可在其“属性”面板中，对各个选项进行相应的修改，图2-51所示为文本工具的“属性”面板。

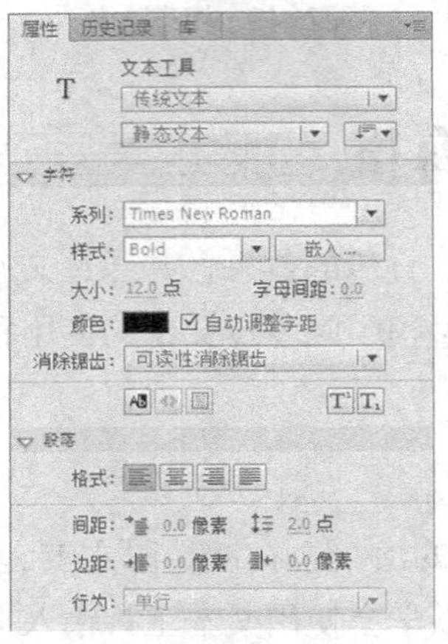

图2-51　文本工具的“属性”面板

文本工具的“属性”面板中各选项分别介绍如下。

- **“文本引擎”下拉列表框**：这是选择文本输入时所使用的文本引擎，除了“传统文本”这种引擎外，还增添了一个“TLF文本”的引擎，如图2-52所示，这种引擎相比“传统文本”引擎拥有更强的功能。
- **“文本类型”下拉列表框**：可选择创建文本的类型，有静态文本、动态文本和输入文本3种，如图2-53所示，其中静态文本为显示不能动态更新字符的文本；动态文本显示如日期、时间或天气报告等可动态更新的文本；输入文本则会创建一个表单，并允许使用者将文本输入到表单或调查表中。

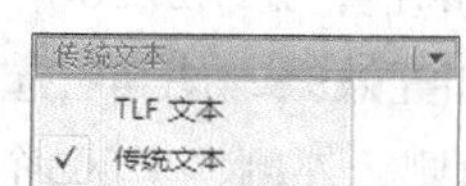

图2-52　文本引擎

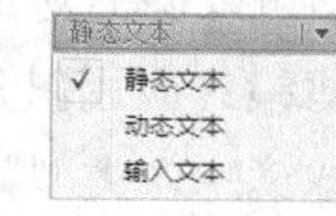

图2-53　文本类型

- **“改变文本方向”按钮**：单击该按钮可在弹出的列表中设置文本的方向，有“水平”“垂直”“垂直，从左向右”3个选项。
- **“系列”下拉列表框**：在该下拉列表框中可选择文本的字体，其中选项的多少根据电脑中安装的字体而定。
- **“样式”下拉列表框**：部分字体有多种样式，当选择有多种样式的字体时，才可使用该选项。
- **嵌入...按钮**：可以设置将字体嵌入到Flash动画中，这是为了避免同一个Flash动画在不同的电脑中因为字体安装不同而导致播放效果不同。
- **格式**：用于设置文本的对齐方式，主要包含左对齐、居中对齐、右对齐和两端对齐4种方式。
- **“间距”和“边距”数值框**：用于设置文本的间距和边距，可在数值框中直接输入间距大小。

（三）滤镜特效

在“文本工具”的“属性”面板中设置了不同的选项后，再在场景中输入文字，根据设置选项以及设置字体的不同，就可以得到不同效果的文本。当输入了文字后，在“属性”面板中，将出现“滤镜”栏，这是用于为所输入的文字添加不同效果的工具。

单击该栏左下角的“添加滤镜”按钮，然后在弹出的下拉列表中选择需要的滤镜效果，最后再对添加的滤镜进行设置即可为输入的文本添加滤镜。同样的文字使用不同的滤镜将会有不同的效果，而每一种滤镜都有单独的设置选项，下面分别进行介绍如下。

- **“投影”滤镜**：可以模拟对象向一个表面投影的效果。使用该滤镜可以分别调整投影的模糊效果、品质、角度、距离和颜色等，如图2-54所示。
- **“模糊”滤镜**：可以柔化对象的边缘和细节，使其变得模糊。使用该滤镜可以调整模糊的大小及品质，如图2-55所示。

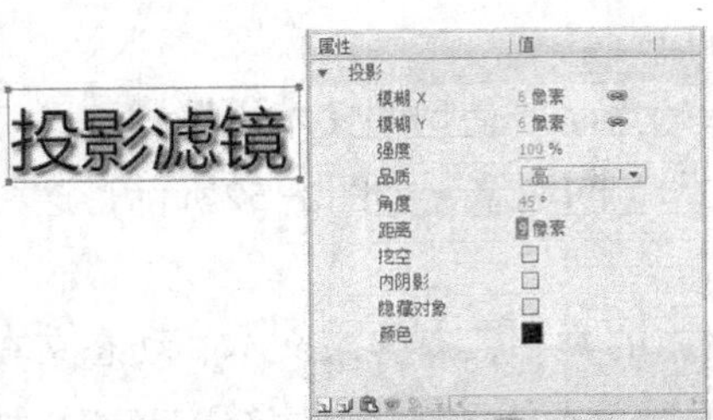

图2-54 投影滤镜

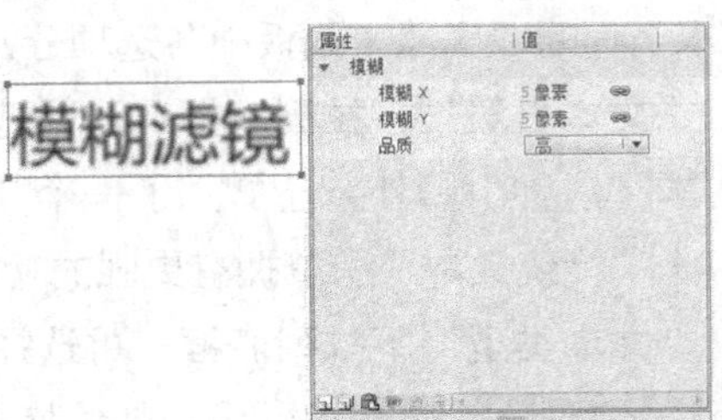

图2-55 模糊滤镜

- **“发光”滤镜：**可以为对象的整个边缘应用颜色，对于制作霓虹灯文字非常有用，使用该滤镜可以调整发光的模糊程度以及发光的颜色，如图2-56所示。
- **“斜角”滤镜：**应用斜角滤镜就是向对象应用加亮效果，使其看起来凸显于背景表面。在该滤镜的“类型”下拉列表框中，包含内侧、外侧、全部3个选项，分别用于创建内斜角、外斜角或完全斜角，如图2-57所示。

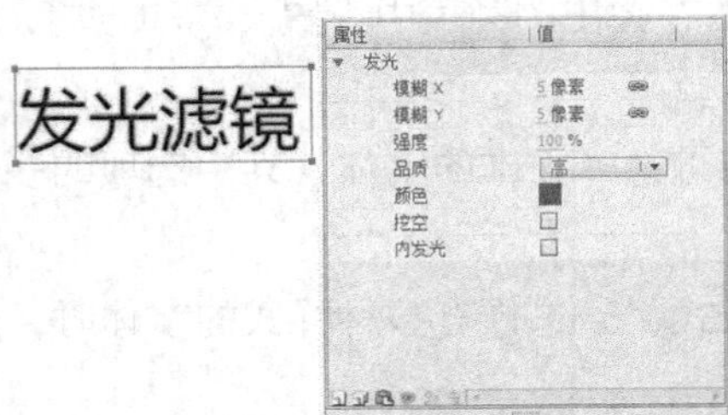

图2-56 发光滤镜

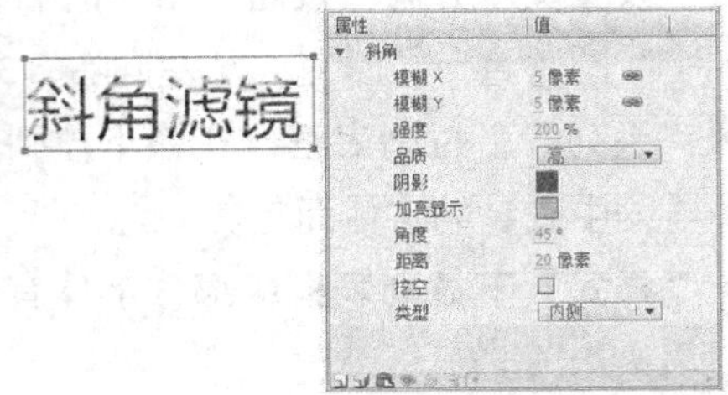

图2-57 斜角滤镜

- **“渐变发光”滤镜：**可在发光表面产生带渐变颜色的发光效果。渐变发光要求选择一种颜色作为渐变开始的颜色，所选颜色的Alpha值为“0”，且颜色位置无法移动，但可改变其颜色，如图2-58所示。
- **“渐变斜角”滤镜：**可产生一种类似于浮雕的效果，使对象看起来像是从背景上凸起，且斜角表面有渐变颜色。其设置与“渐变发光”类似，如图2-59所示。

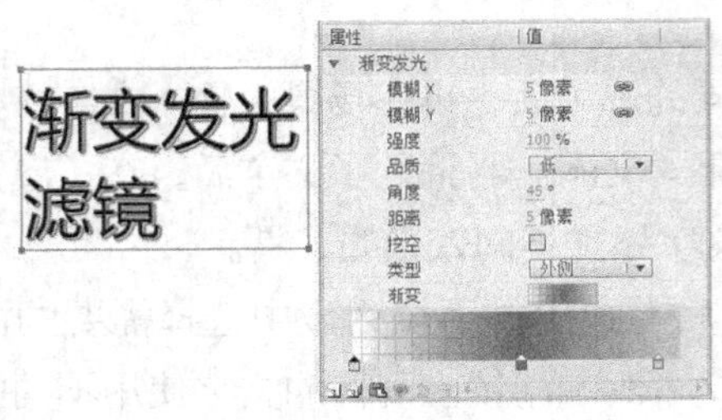

图2-58 渐变发光滤镜

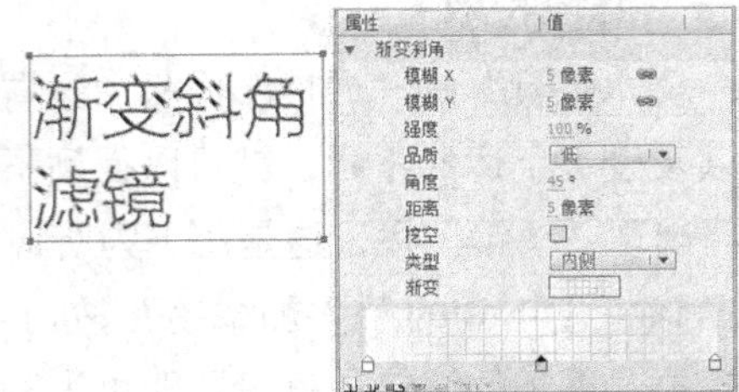

图2-59 渐变斜角滤镜

- **“调整颜色”滤镜：**可分别调整亮度、对比度、色相和饱和度，根据这几个值所调整的数值不同，其颜色将会发生多种变化，如图2-60所示。
- **使用多个滤镜：**在使用滤镜的时候，如果只用1个滤镜不能达到满意的效果，还可以使用多个滤镜同时作用于一个文本，使其拥有更丰富的样式，图2-61所示为同时添加4个滤镜的效果。

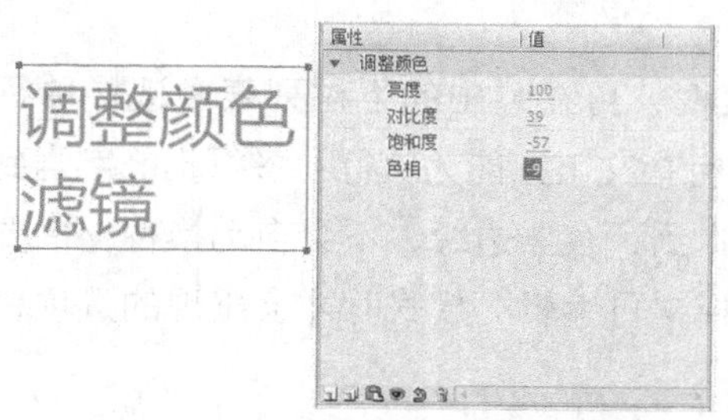

图2-60　调整颜色滤镜

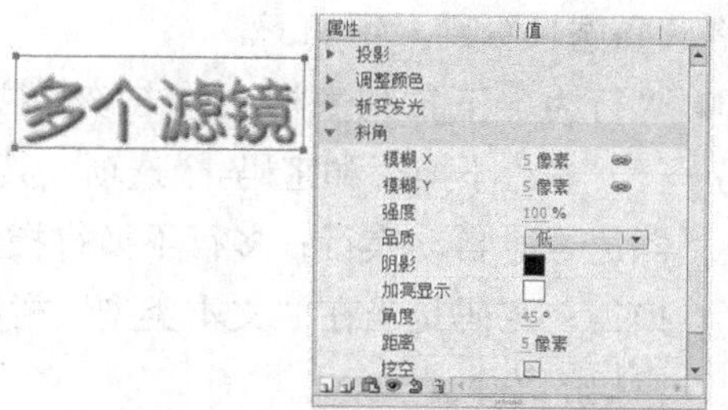

图2-61　多个滤镜

（四）设置字符属性

在使用“TLF文本”的过程中，如果需要对该文本进行修改，同样可以在“字符工具”的“属性”面板中进行。

在“属性”面板中对输入的“TLF文本”进行属性的设置，其方法与设置“传统文本”相似，只是其拥有更多的设置选项。当在场景中插入TLF文本容器，并处于输入状态时，只能在“属性”面板中进行字符、段落以及容器和流的相应设置，如图2-62所示；当“TLF文本”输入完成后，使用选择工具选择容器，还可以进行位置和大小、色彩效果、显示、滤镜等设置，如图2-63所示。

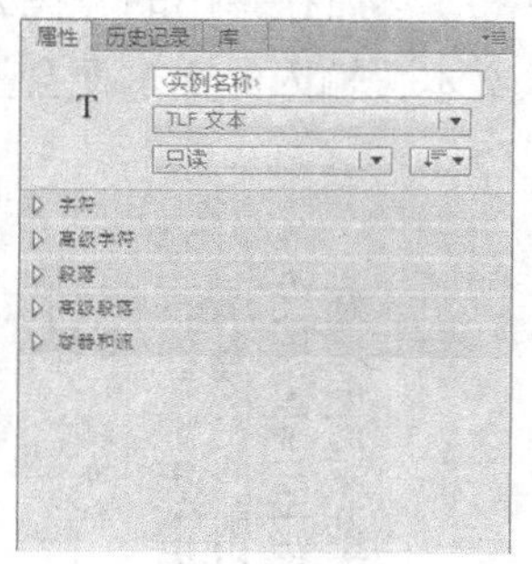

图2-62　输入状态

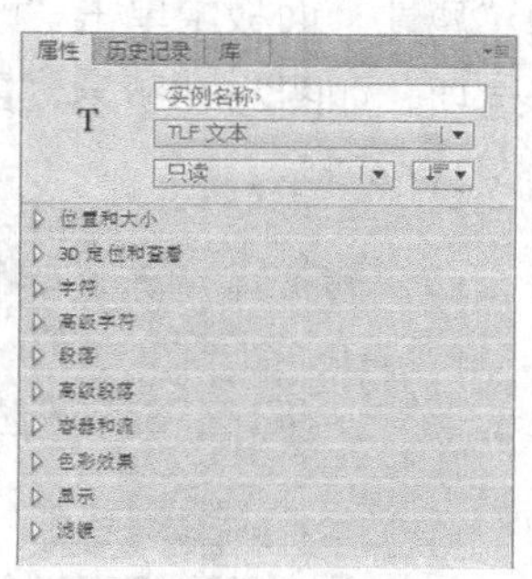

图2-63　非输入状态

（五）容器和流属性

与“传统文本”相比，“TLF文本”除了拥有更多的设置选项外，在输入文字时，其容器本身就与“传统文本”有所不同，其中最重要的一个特性便是容器和流。

容器和流包含多个设置项目，如行为、填充、区域设置等，如图2-64所示。

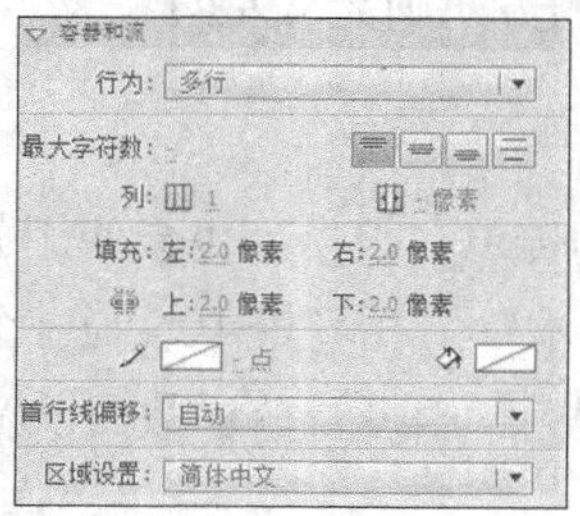

图2-64　容器和流设置栏

各设置选项分别介绍如下。

- **“行为”下拉列表框**：单击该下拉列表框，可在弹出的下拉列表中选择单行、多行、多行不换行和密码4个选项，其中单行指文字只能为单行；多行指文字当到了容器边缘时自动换行；多行不换行指当文本到了容器边缘，不会自动换行，需要手动换行；密码是当在“文本类型”栏中选择“可编辑”模式时才会出现的选项，用于密码的输入。
- **对齐方式**：指容器内文本的对齐方式，包括常见的顶对齐、居中对齐、底对齐和两端对齐等。
- **列**：指定的容器中文本的列数，通常用于分栏排版，其默认值是“1”，最大值是“50”；在列后面的列间距，当进行多列输入文本时，其每列文本之间的间距大小默认值是“20”，最大值是“1000”。
- **填充**：用于设置文本和容器之间的边距宽度，除了可以设置宽度外，还可以设置该容器的边框颜色以及背景颜色。

（六）创建竖排文本

竖排文本样式经常用于海报、广告、古诗词和传单等内容中。使用竖排文本的方法：在文本工具的“属性”面板中单击“改变文本方向”按钮，然后在弹出的下拉列表框中选择“垂直”选项，如图2-65所示，最后再创建容器并输入文本，输入的文本便会呈现竖排显示效果，如图2-66所示。

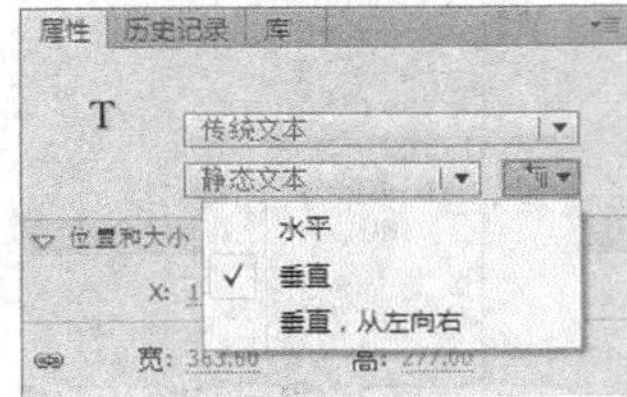

图2-65　选择“垂直”选项

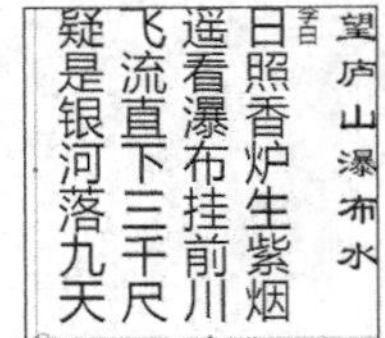

图2-66　文本竖排显示效果

使用传统文本和TLF文本都能创建竖排文本，其中，当使用传统文本时，只能使用“静态文本”这种文本类型才能创建竖排文本；在“改变文本方向”的下拉列表中，若选择“垂直，从左向右”选项，则文本依然是以竖排显示，但文本内容的方向则为从左向右。

（七）添加分栏文本

除了竖排文本，很多宣传用的传单、报告等也会使用分栏文本。使用分栏文本的方法：首先选择“文本引擎”为“TLF文本”，在场景中绘制一个容器，并输入文本，完成后再在“属性”面板“容器和流”栏的“列”中设置分栏数目以及分栏的间距，如图2-67所示，完成后的分栏文本如图2-68所示。

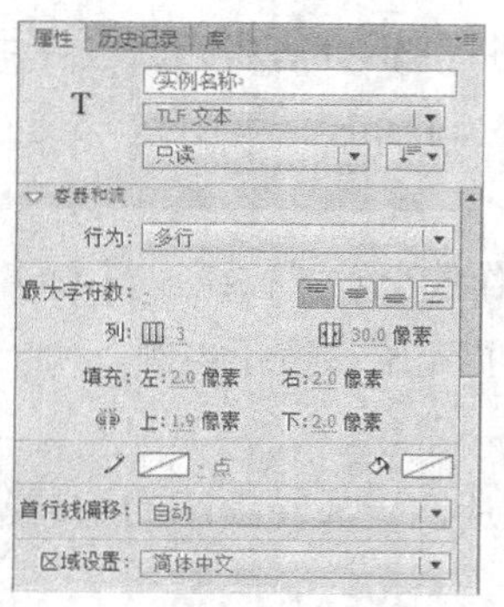

图2-67　设置分栏数目和间距

九寨沟

九寨沟位于岷江上游阿坝州南坪县境内，面积600平方公里，因沟内有九个藏族村寨而得名。九寨沟以三沟一百一十八海为代表，包括五滩十二瀑、十流数十泉等，以水为主境，与九寨十二峰组成高山河谷自然景观。1982年被国务院批准为国家级风景名胜区，1991年被联合国教科文组织列入《世界自然遗产名录》。

九寨的山水形成于第四纪古冰川时期，现保存着大量第四纪古冰川遗迹。九寨沟地下水富含大量的碳酸钙质，湖底、湖堤、湖畔水边均可见乳白色碳酸钙形成的白色晶体；而来自雪山、森林的活水泉又异常洁净，加之梯形状的湖泊过滤，其水色愈加透明，能见度高达20米。翠海、叠瀑、彩林、雪峰、藏情，被誉为九寨"五绝"。水乳交融，美不胜收。

"黄山归来不看云，九寨归来不看水"，九寨的精灵是水。湖（海子）、泉、溪、瀑、河、滩连缀一体，飞动与静谧结合，刚烈与温柔相济，千言万色、多彩多姿。高低错落的群瀑自丛林峭壁跌落，高唱低吟，热情洋溢。大大小小的群海置身于高山深谷之中，碧蓝澄澈、恬静秀美；水中倒映着红叶、绿树、雪峰、蓝天。一步一色，变换无穷，水在树间流，树在水中长，花树开在水中央，有"中华水景之王"的美誉。

九寨沟风景区地处四川北部九寨的万山丛中，总面积为6000公顷。因周围有9个藏族村寨而得名，总面积约620平方公里，大约有52%的面积被茂密的原始森林所覆盖。自然景色兼有湖泊、瀑布、雪山、森林之美。沟中地僻人稀，景物特异，富于原始自然风貌。有长海、剑岩、诺日朗、树正、扎如、黑海六大景区，以翠海、叠瀑、彩林、雪峰、藏情这五绝而驰名中外。其主沟呈"Y"字形，即由三条沟组成，总长50余千米。其间有114个湖泊、17个瀑布群、5处钙华滩流、47眼泉水、11段激流，以1000余米的高差，穿行于雪峰、林、谷之间，逶迤50千米。它是中国唯一、世界罕见的巨大的以高山湖泊群和瀑布群为特色，集群海、溪流、瀑布、雪峰、林莽、钙华滩流等自然景观和藏族风情为一体的风景名胜区。沟内最美的景致"海子"，是个有108个阶梯的彩色湖泊，这里飞泉流瀑，奔腾倾泻，山谷轰鸣，蔚为壮观。

图2-68　分栏文本效果

（八）认识元件和实例

在Flash动画中，元件和实例的应用非常广泛，是Flash不可缺少的重要部分。通过使用元件和实例能简化Flash动画的内部结构，让后期Flash动画的再次编辑变得更为轻松。

1. 元件

元件是指在Flash创作环境中或使用Button (AS 2.0)、SimpleButton (AS 3.0)和MovieClip等创建过的图形、按钮或影片剪辑。元件可以在整个文档或其他文档中重复使用。元件也可以包含从其他应用程序中导入的图像。创建的元件都会自动保存到当前文档的库中。

在创作或运行时，用户可以将元件作为共享库资源在文档之间共享。对于运行时共享的资源，可以把源文档中的资源链接到任意数量的目标文档中，而无需将这些资源导入目标文档；对于创作时共享的资源，还可以用本地网络上可用的其他任何元件更新或替换一个元件，十分便于批量管理素材。

2. 实例

实例是指位于舞台上或嵌套在另一个元件内的元件副本。实例可以与其父元件在颜色、大小和功能方面有差别。创建元件后，可以在文档的任何位置使用该元件的实例，包括可以放置在舞台上，也可以嵌套在别的元件中。当编辑元件时，会更新其所有实例，但对元件的一个实例应用效果则只更新该实例。

在文档中使用元件可以显著减小文件的大小，保存一个元件的几个实例比保存该元件内容的多个副本占用的存储空间小。如前面绘制的矢量图形，如果转换为元件后重新使用比直接使用占用的存储空间小。同时，使用元件还可以加快SWF文件的播放速度，因为元件只需下载一次到Flash Player中。

3. 元件类型

元件可以分为图形元件、影片剪辑元件和按钮元件3种类型。不同的元件所能使用的范围及其作用都有所不同，下面对各元件的类型进行介绍。

- **图形元件**：通常用于静态图像，可用来创建链接到主时间轴的可重复使用的动画片段。图形元件与主时间轴同步运行。交互式控件和声音在图形元件的动画序列中不起作用。由于没有时间轴，图形元件在FLA文件中的尺寸小于按钮或影片剪辑。

- **影片剪辑元件**：可以创建可重复使用的动画片段。影片剪辑拥有各自独立于主时间轴的多帧时间轴，可将多帧时间轴看作是嵌套在主时间轴内。其中包含交互式控件、声音甚至其他影片剪辑实例。
- **按钮元件**：可以创建用于响应鼠标单击、滑过或其他动作的交互式按钮。在ActionScript 3.0中可以定义与各种按钮状态关联的图形，然后将动作指定给该按钮实例。

编辑的影片剪辑一般都为多帧的动画，将影片剪辑放在动画的主时间轴上时，该影片剪辑在主时间轴上将只占一帧。

（九）“时间轴”面板

时间轴用于组织和控制一定时间内的图层和帧中的文档内容。与胶片一样，Flash 文档也将时长分为帧，图层就像堆叠在一起的多张幻灯胶片，每个图层都包含一个显示在舞台中的不同图像。选择【窗口】/【时间轴】菜单命令，打开“时间轴”面板，如图2-69所示。

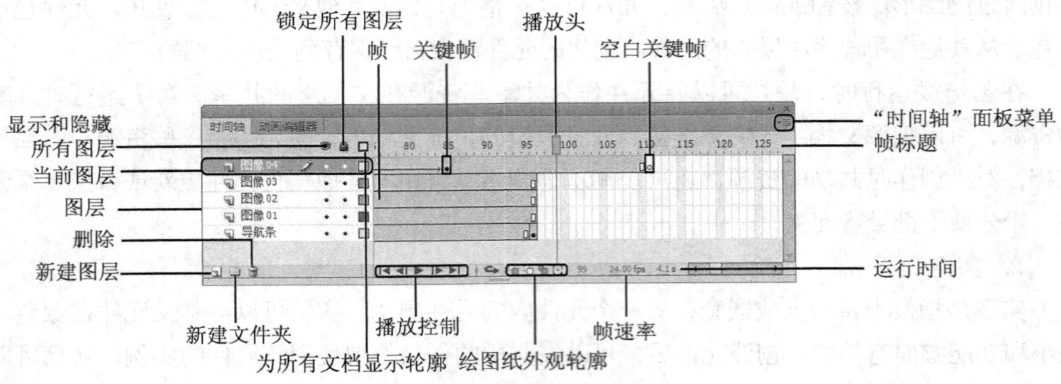

图2-69 “时间轴”面板

“时间轴”面板中各选项的含义如下。

- **帧**：Flash动画最基础的组成部分，播放时Flash是以帧的排列从左向右依次切换，每个帧都是存放于图层上的。
- **空白关键帧**：要在帧中创建图形，必须新建空白关键帧，此类帧在时间轴上以空心圆点显示。
- **关键帧**：在空白关键帧中添加元素后，空白关键帧将被转换为关键帧。此时，空心圆点将被转换为实心圆点。
- **帧标题**：位于时间轴顶部，用于提示帧编号，帮助用户快速定位帧位置。
- **播放头**：用于标识当前的播放位置，用户可以随意地对其进行单击或拖曳操作。
- **图层**：用于存放舞台中的元素，可一个图层放置一个元件，也可一个图层放置多个元件。

- **当前图层**：当前正在编辑的图层。
- **显示和隐藏所有图层**：单击图层列表左上方的按钮，所有图层都将被隐藏。再次单击该按钮将会显示所有的图层。
- **锁定所有图层**：单击图层列表左上方的按钮，所有图层都将不能被操作。再次单击该按钮将解锁所有图层。
- **为所有文档显示轮廓**：每个图层名称的最右边都有多个颜色块，表示该图层元素的轮廓色。单击图层列表左上方的按钮，所有图层中的元素都会显示轮廓色。再次单击该按钮，将会取消显示该轮廓色。显示图层轮廓色可以帮助用户更好地识别元素所在的图层。
- **新建图层**：单击按钮，可新建一个图层。
- **新建文件夹**：单击按钮，可新建一个文件夹。将相同属性和一个类别的图层放置在一个文件夹中以方便编辑管理。
- **删除**：单击按钮，可删除选中的图层。
- **播放控制**：用于控制动画的播放，从左到右依次为“转到第一帧”按钮、“后退一帧”按钮、“播放”按钮、“前进一帧”按钮和“转到最后一帧”按钮。
- **绘图纸外观轮廓**：用于在舞台中同时显示多帧的情况，一般用于编辑、查看有连续动作的动画。
- **帧速率**：用于设置和显示当前动画文档一秒中播放的帧数，动作越细腻的动画需要的帧速率越高。
- **运行时间**：用于显示播放的时间，帧速率不同，相同帧显示的运行时间也有所不同。
- **“时间轴”面板菜单**：单击按钮，在弹出的快捷菜单中提供了关于时间轴显示设置的命令。

三、任务实施

（一）设置元件属性

在进行制作前需要先创建文档，导入素材，然后创建元件并对元件属性进行设置，其具体操作如下（微课：光盘\微课视频\项目二\设置元件属性.swf）。

STEP 1 新建一个尺寸为1500×750像素的空白动画文档。将“音乐节”文件夹中的所有图像都导入到库（素材参见：光盘\素材文件\项目二\任务三\音乐节\），从“库”面板中将“背景”元件移动到舞台中，作为背景，然后锁定“图层1”，新建“图层2”，如图2-70所示。

STEP 2 将“素材2”图像移动到舞台中。使用任意变形工具调整大小使其与舞台匹配。按【F8】键，打开“转换为元件”对话框，设置“名称”和“类型”为“素材2”和“影片剪辑”，单击确定按钮，如图2-71所示。

图2-70 导入素材

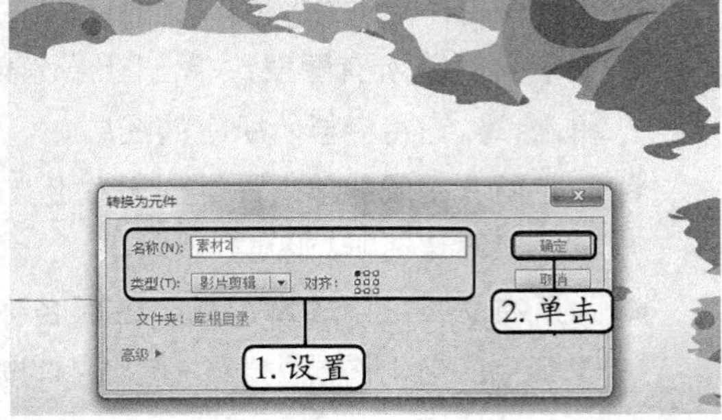

图2-71 新建元件

STEP 3 打开“属性”面板，在其中展开“显示”选项。设置“混合”为“叠加”，为选择的“素材2”元件设置混合效果，如图2-72所示。

STEP 4 从“库”面板中将“素材1”图像拖曳到舞台中间。使用任意变形工具调整大小，使其与舞台匹配，如图2-73所示。

图2-72 设置元件属性

图2-73 继续添加素材

职业素养

一张海报需要一个、多个兴趣点或主体，才能吸引浏览者的注意。

（二）输入并设置文本

下面进行文本的输入，然后对字符样式和段落样式进行设置，再使用文本工具添加文字，其具体操作如下（微课：光盘\微课视频\项目二\输入并设置文本.swf）。

STEP 1 选择文本工具，打开“属性”面板。在其中设置“系列、大小、颜色”分别为“汉真广标、24.0 点、#666666”，使用鼠标在舞台左边绘制一个文本容器，并输入文本，如图 2-74 所示。

STEP 2 选择输入的文本，在“属性”面板中展开“段落”选项。在其中设置“缩进、段后间距”分别为“45.0 像素、8.0 像素”，如图 2-75 所示。

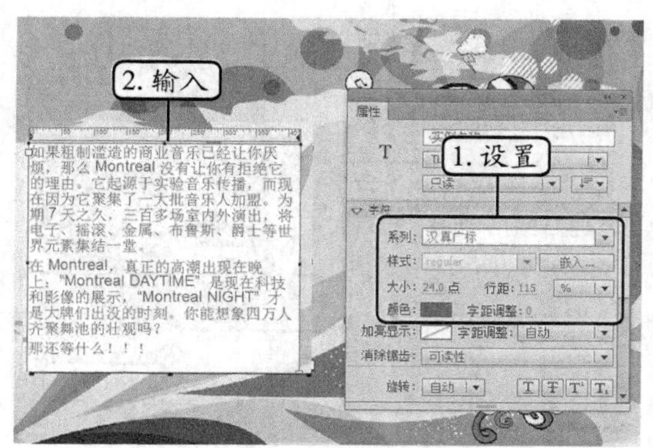

图2-74 设置字符格式

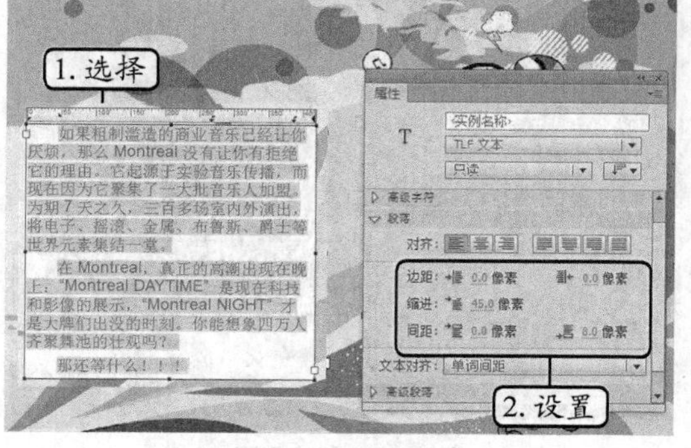

图2-75 设置段落格式

STEP 3 在舞台右上方绘制一个文本容器，在其中输入文本，并使用任意变形工具旋转文本。选择文本，在“属性”面板中设置其“系列、大小、行距、颜色、加亮显示”为“方正粗倩简体、38.0 点、93、#FFFFFF、#993399”，如图 2-76 所示。

STEP 4 在舞台右边下方绘制一个文本容器，在其中输入文本。选择文本，在“属性”面板中设置其“系列、大小、颜色、加亮显示”为“方正粗倩简体、21.0 点、#FFFFFF、#993399”，如图 2-77 所示。

图2-76 继续输入文本

图2-77 输入时间地点

STEP 5 新建“图层 3”，在舞台中间输入“MONTREAL”文本，选择文本，在“属性”面板中设置其“系列、大小、颜色”为“方正粗倩简体、95.0 点、#000000”，如图 2-78 所示。

STEP 6 复制“图层 3”，选择其中的文本。按两次【Ctrl+B】组合键，分离文本，并选择分离的文本，选择【窗口】/【颜色】菜单命令，打开“颜色”面板。在“颜色类型”下拉列表框中选择“位图填充”选项，单击导入...按钮，在打开的对话框中选择“背景.jpg”图像，在下方的填充列表中单击选择的图像，填充文本效果，如图 2-79 所示。

在“导入”对话框中导入“背景.jpg”图像时，Flash将打开“解决库冲突”对话框，在其中单击选中“不替换现有项目”单选项，然后再单击确定按钮。

图2-78　新建图层

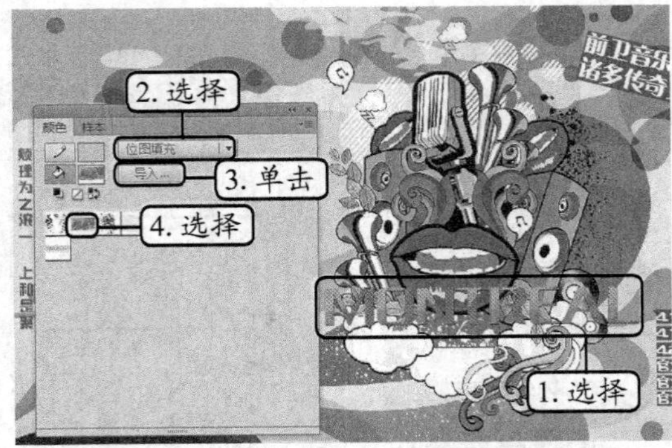

图2-79　分离文本

STEP 7 锁定“图层 1”~“图层 3”，选择“图层 3 复制”图层中的文本，并向左上角稍微移动文字，露出黑色的文本，制作出阴影的效果。选择【修改】/【形状】/【柔化填充边缘】菜单命令，打开“柔化填充边缘”对话框，在其中设置“距离、步长数”分别为“5 像素、4”，并单击选中“插入”单选项，单击 确定 按钮，如图 2-80 所示。

STEP 8 保持文字的选择状态，在“属性”面板中设置“笔触颜色”为“#FFFFFF”，设置“笔触”为“0.10”，如图 2-81 所示。

图2-80　柔化填充边缘

图2-81　设置填充边缘

STEP 9 按【F8】键，打开“转换为元件”对话框，设置“名称、类型”分别为“标题、影片剪辑”，单击 确定 按钮，将标题转换为元件，如图 2-82 所示。

STEP 10 进入“标题”元件编辑窗口，按两次【F6】键，插入两个关键帧，选择其中的文本，选择【窗口】/【变形】菜单命令，打开“变形”面板，在其中设置“缩放宽度、缩放高度”分别为“110.0%、110.0%”，如图 2-83 所示。

操作提示

这里为了使音乐节的名字更加显眼，所以为该文字填充了白色的边框。

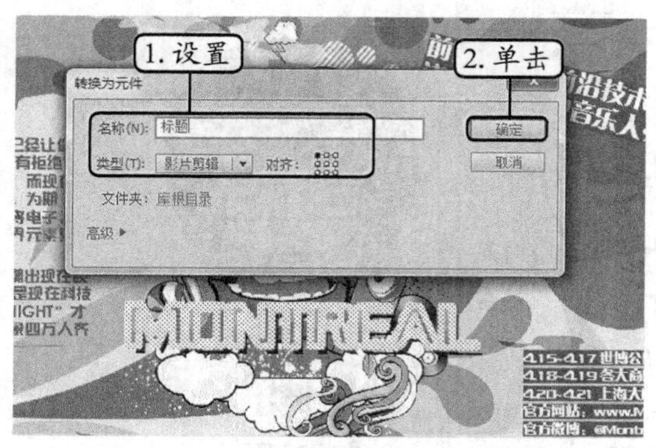

图2-82 转换为元件

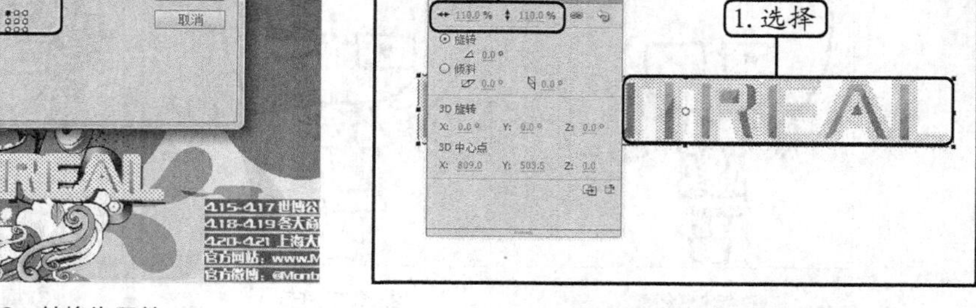

图2-83 编辑“标题”元件

STEP 11 按两次【F6】键，插入两个关键帧。在“变形”面板中设置“缩放宽度、缩放高度”为“120.0%、120.0%”。复制第1~5帧，选择第6帧并粘贴该帧，单击鼠标右键，在弹出的快捷菜单中选择“翻转帧”命令，完成制作（最终效果参见：光盘\效果文件\项目二\任务三\音乐节.fla），如图2-84所示。

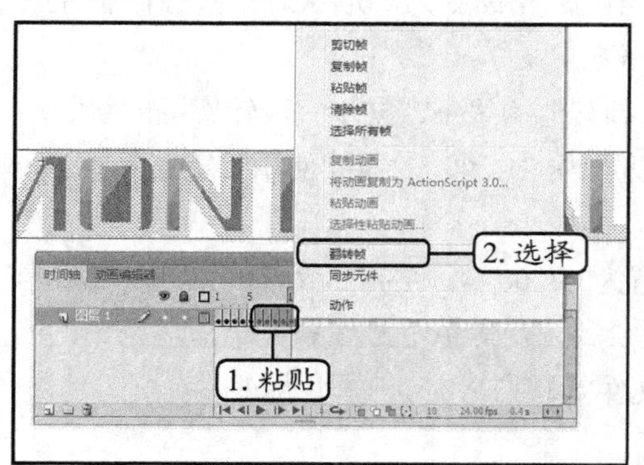

图2-84 翻转帧

实训一 绘制卡通女孩

【实训要求】

公司要制作一个Flash动画，让小白先绘制一个卡通女孩，为制作Flash动画做准备，要求人物有简单的轮廓，形象可爱。其完成后的效果如图2-85所示。

【实训思路】

本实训主要通过铅笔工具进行绘制，通过设置不同的“笔触”大小，完成细节和颜色的填充，其操作思路如图2-86所示。

图2-85 卡通女孩

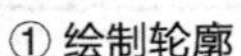
① 绘制轮廓

② 填充细节

③ 填充颜色

图2-86　绘制卡通女孩的操作思路

【步骤提示】

STEP 1 新建一个舞台大小为“290×400”像素的空白文档，选择铅笔工具，在“属性”面板中将“笔触”的大小设置为“4.00”像素，笔触颜色为“黑色（#000000）”。

STEP 2 移动鼠标光标至舞台中合适的位置，当鼠标光标变为形状时，按住鼠标左键不放并拖曳鼠标，在鼠标经过的地方将绘制出一条线条。

STEP 3 然后使用相同的方法，继续在场景中绘制其他的线条，初步完成轮廓图的绘制。

STEP 4 在“属性”面板中将“笔触”的大小设置为“1.00”，继续使用铅笔工具在场景中绘制女孩的细节和衣服上的图案。

STEP 5 在“属性”面板中将“笔触”大小设置为“6.00”，绘制出女孩的刘海，然后再设置不同的“笔触”大小，在女孩的头发和鞋子上绘制，使黑色笔触线条完全覆盖空白的区域，完成图像的绘制（最终效果参见：光盘\效果文件\项目二\实训一\小人.fla）。

实训二　对绘制的小人上色

【实训要求】

打开实训一绘制的卡通人物（素材参见：光盘\效果文件\项目二\实训二\小人.fla），为其上色，图2-87所示为上色后的效果。

图2-87　卡通女孩上色效果

【实训思路】

本实训操作较简单，只需通过选择颜料桶工具，在打开的“颜色”面板中选择颜色进行单色填充，在进行实际操作时，应注意颜色之间的搭配和协调性，其操作思路如图2-88所示。

① 填充皮肤

② 填充衣服

③ 其他填充

图2-88 对绘制的小人上色的操作思路

【步骤提示】

STEP 1 打开“小人.fla”文档，选择颜料桶工具，打开“颜色”面板，并在该面板中选择“黄色（#F2D1AE）”。

STEP 2 在颜料桶工具的选项区域中选择“封闭大空隙”模式，然后分别移动鼠标光标至小人的脸上、手臂上和腿上，再单击鼠标，填充皮肤的颜色。

STEP 3 重新在“颜色”面板中选择“紫色（#7710DB）”，然后在场景中将人物的衣服填充紫色。

STEP 4 再使用相同的方法，继续在“颜色”面板中分别选择“红色（#C40018）”和“褐色（#4D413F）”，最后分别对人物衣服上的星星和裙子填充颜色，完成图像颜色的填充（最终效果参见：光盘\效果文件\项目二\实训二\彩色的小人.fla）。

常见疑难解析

问：为什么无法使用颜料桶工具进行填充？

答：默认情况下，使用颜料桶工具进行填充时要求填充区域是封闭的，如果要填充的区域未封闭，则无法使用颜料桶工具进行填充。此时可放大图形，检查并修复使填充区域为全封闭区域，或者在工具箱面板底部单击按钮，在弹出的菜单中选择“封闭小空隙”或“封闭大空隙”选项，然后再使用颜料桶工具进行填充。

问：使用钢笔工具绘制曲线后无法绘制直线怎么办？

答：使用钢笔工具绘制曲线后，继续绘制时默认也是绘制曲线。若要绘制直线，需要先单击末端锚点使其转换为直线锚点，然后再进行绘制，如图2-89所示。

图2-89　绘制曲线后继续绘制直线

问：使用钢笔工具绘制对象另一部分时，自动与前一部分连接起来了该怎么处理？

答：使用钢笔工具绘制对象时，如果两个部分是不相连的，则绘制好第一部分时，应按【Esc】键退出绘制，然后再在其他位置进行绘制，如图2-90所示。

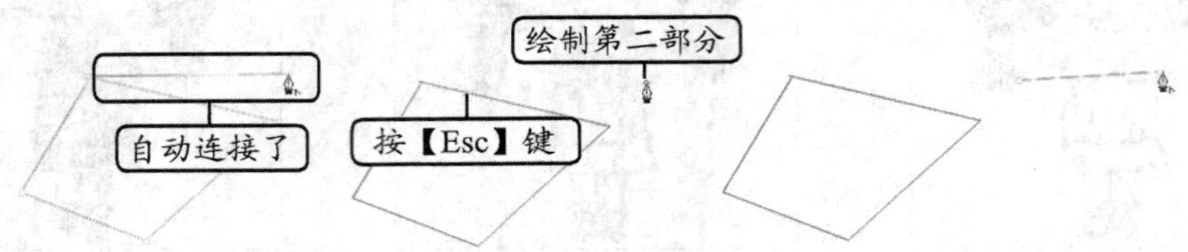

图2-90　绘制多个不相连的部分

问：在编辑对象时，如果想对已经群组的对象再次单独进行编辑，应该怎么办呢？

答：只需要取消群组的操作，其方法为选择已经群组的对象，按【Ctrl+Shift+G】组合键，或选择【修改】/【取消群组】菜单命令即可。

问：图形元件和影片剪辑元件有什么区别？

答：图形元件和影片剪辑元件都可以保存图形和动画，并可以嵌套图形或动画片段。但是，图形元件比影片剪辑元件文件小；图形中的动画必须依赖于主场景中的时间帧同步运行，而影片剪辑中的动画则不同，它可以独立运行；交互式控件和声音在图形元件的动画序列中不起作用，在影片剪辑中则起作用；可以将影片剪辑实例放在按钮元件的时间轴内，以创建动画按钮，而图形元件则不行；可以为影片剪辑元件定义实例名称，ActionScript可以通过实例名称对影片剪辑进行调用或改编，而图形元件则不能；在影片剪辑元件中可以添加ActionScript脚本，图形元件则不能应用。

拓展知识

1. 原位置粘贴

选择对象并复制后，按【Ctrl+Shift+B】组合键可以进行原位置粘贴，即粘贴的对象与原对象在同一位置。

2. 魔术棒取色范围

魔术棒工具会根据近似色选择对象，选择魔术棒工具后，在工具箱底部单击按钮，在打开的对话框的“阈值”文本框中输入相应的值可控制取色范围，取值越小，取色范围越窄。

3. 成比例缩放对象

使用任意变形工具选择对象后，按住【Shift】键的同时，将鼠标指针移动到选框4个角的任意一个角上，按住鼠标左键不放进行拖曳，即可成比例缩放对象，被缩放的对象会成比例缩放且不会变形。

课后练习

（1）使用钢笔工具 绘制一个Q版的卡通小人，并在绘制完成后，分别在其不同的部位上色，最后再使用径向渐变，制作一个背景，完成后最终效果如图2-91所示（最终效果参见：光盘\素材文件\项目二\课后练习\Q版卡通小人.fla）。

图2-91 绘制Q版卡通人物

（2）要求对“飞鸽.fla”文档（素材参见\光盘\素材文件\项目二\课后练习\飞鸽.fla），完成后填充图形的颜色，完成后的最终效果如图2-92所示（最终效果参见：光盘\素材文件\项目二\课后练习\飞鸽.fla）。

图2-92 为飞鸽上色

（3）新建大小为800像素×560像素的空白文档，绘制动画背景，并对其填充颜色，最后导入素材图像（素材参见：光盘\素材文件\项目二\课后练习\壁虎.png），然后调整其位置，完成后的最终效果如图2-93所示（最终效果参见：光盘\素材文件\项目二\课后练习\动画背景.fla）。

图2-93 绘制动画背景

PART 3

项目三 制作Flash基本动画

情景导入

小白：阿秀，公司要求制作一个15s的广告，并要求用一些动态效果进行图片的切换，那该怎么办呀？

阿秀：使用补间动画就可以实现了。

小白：这么简单啊，那你快教我吧！

阿秀：好啊，下面我就来教你制作Flash基本动画，包括逐帧动画、传统补间动画、补间动画和补间形状动画。

学习目标

- 掌握逐帧动画的的特点和效果
- 掌握传统补间动画与补间动画的差别
- 掌握各动画在时间轴中的标识
- 掌握动画编辑器的相关操作

技能目标

- 掌握添加动画的不同方式
- 掌握“飘散字”“数字变化动画”“商品广告动画”的制作方法

任务一　制作飘散字效果

制作飘散字效果主要通过对图层和帧的操作来实现，结合文字滤镜效果，可以使制作的文字比静态的文字更加生动具有活力。

一、任务目标

本例将新建一个空白动画文档，在其中导入背景并为图层重命名，然后在其中输入文字，并通过分离到图层和对帧的方法制作飘散字效果。本例制作完成后的最终效果如图3-1所示。

图3-1　飘散字效果

二、相关知识

在进行制作前，需要掌握帧的操作和图层的运用，然后进行制作，下面分别对这些知识进行介绍。

（一）帧的编辑

在时间轴中，使用帧来组织和控制文档的内容。用户在时间轴中放置帧的顺序将决定帧内对象在最终内容中的显示顺序。所以帧的编辑也很大程度地影响着动画的最终效果。下面详细讲解一些常见的编辑帧的方法。

1. 选择帧

在对帧进行编辑前，用户还需要对帧进行选择，图3-2所示深蓝色区域为被选择的帧。为了更加容易编辑，Flash提供了多种选择方法，下面分别进行介绍。

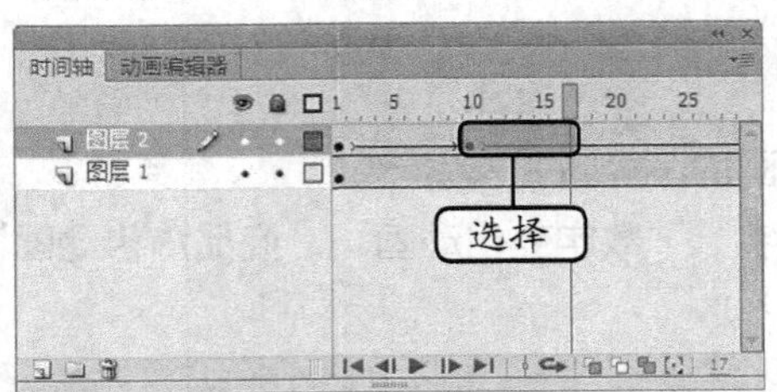

图3-2　选择帧

- 若要选择一个帧，可以单击该帧。
- 若要选择多个连续的帧，按【Shift】键并单击其他帧。
- 若要选择多个不连续的帧，可以按住【Ctrl】键并单击其他帧。
- 若要选择所有帧，可以选择【编辑】/【时间轴】/【选择所有帧】菜单命令。
- 若要选择整个静态帧范围，可双击两个关键帧之间的帧。

知识补充

若想通过单击图层中的某一帧来选择该图层中的所有帧，需要用户对首选参数进行设置。其方法：选择【编辑】/【首选参数】菜单命令，打开“首选参数”对话框，在“类别”列表框中选择“常规”选项，在右侧单击选中“基于整体范围的选择”复选框，如图3-3所示，最后单击 确定 按钮。需要注意的是，单击选中“基于整体范围的选择”复选框后，在时间轴中需要通过单击选择某帧时，需在按住【Ctrl】键的同时单击该帧。

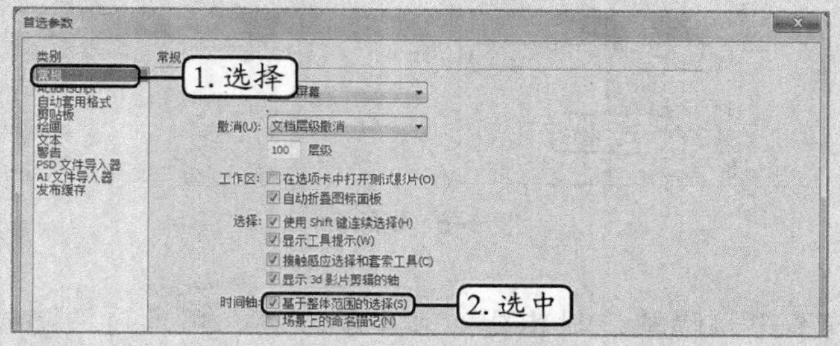

图3-3 快速选择一个图层中的所有帧

2. 插入帧

为了制作动画的需要，用户还需要自行选择插入不同类型的帧。下面讲解插入帧常见的3种方法。

- 若要插入新帧，选择【插入】/【时间轴】/【帧】菜单命令或按【F5】键。
- 若要插入关键帧，选择【插入】/【时间轴】/【关键帧】菜单命令或按【F6】键。
- 若要插入空白关键帧，选择【插入】/【时间轴】/【空白关键帧】菜单命令或按【F7】键。

3. 复制、粘贴帧

在制作动画时，根据实际情况有时也会需要复制帧、粘贴帧。如果用户仅仅只需要复制一帧，可在按【Alt】键的同时将该帧移动到需要复制的位置；若要复制多帧，则可在选择帧后，单击鼠标右键，在弹出的快捷菜单中选择“复制帧”命令，选择需要粘贴的位置后，单击鼠标右键，在弹出的快捷菜单中选择“粘贴帧”命令，如图3-4所示。

多学一招

在选择要复制的帧后，可选择【编辑】/【时间轴】/【复制帧】菜单命令复制帧，选择需要粘贴的位置后，选择【编辑】/【时间轴】/【粘贴帧】菜单命令粘贴帧。

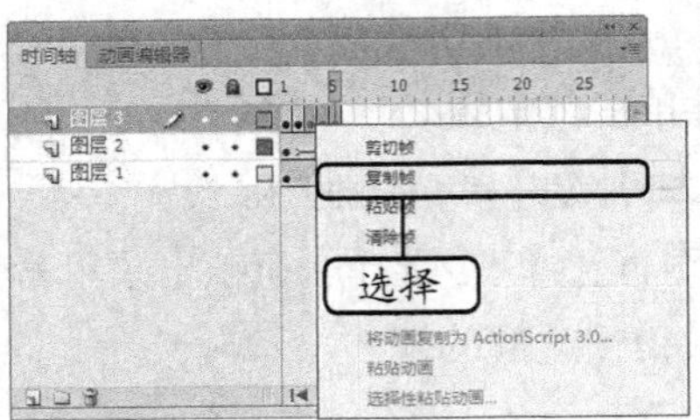

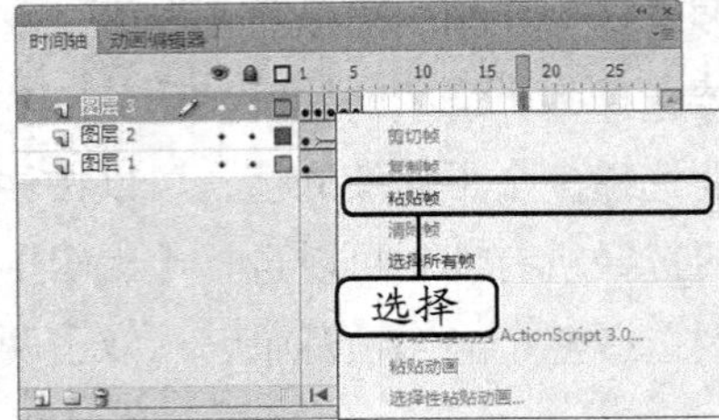

图3-4　复制与粘贴帧

4. 删除帧

对于不用的帧，用户也可以将其删除。删除帧的方法：选择需要删除的帧，单击鼠标右键，在弹出的快捷菜单中选择“删除帧”命令，或按【Shift+F5】组合键删除帧，如图 3-5 所示。

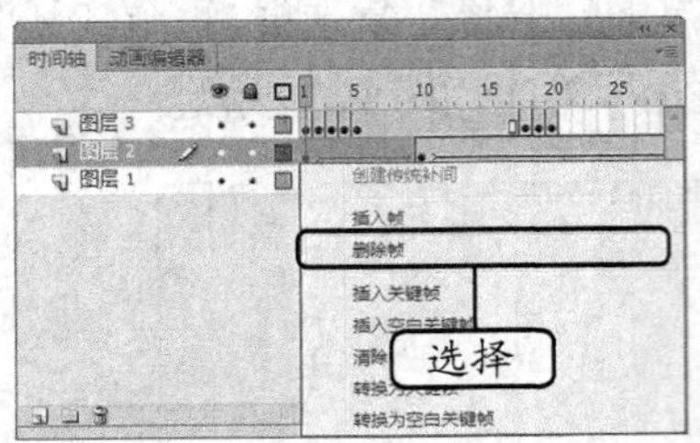

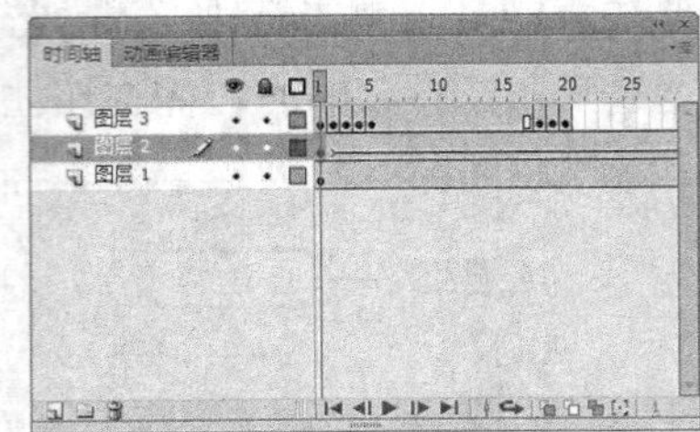

图3-5　删除帧

若不想删除帧，只想删除帧中的内容，可通过清除帧来实现。其方法，选择需清除的帧，单击鼠标右键，在弹出的快捷菜单中选择“清除帧”命令。

5. 移动帧

在编辑动画时，可能会遇到因为帧顺序不对需要移动帧的情况。移动帧的方法很简单，只需选择关键帧或含关键帧的序列，然后按住鼠标左键将其拖曳到目标位置，如图3-6所示。

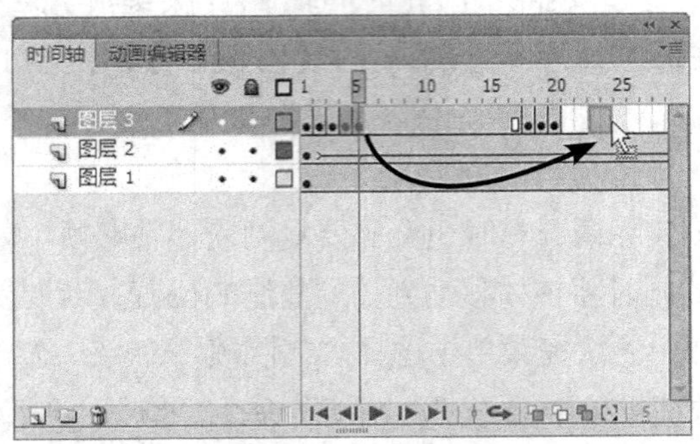

图3-6　移动帧

6. 转换帧

在Flash中，用户还可以在不同的帧类型之间进行转换，而不需要删除帧之后再重建帧。转换帧的方法：在需要转换的帧上单击鼠标右键，在弹出的快捷菜单中选择“转换为关键帧”或“转换为空白关键帧”命令，如图3-7所示。

此外，若想将关键帧、空白关键帧转换为帧。可选择需转换的帧，单击鼠标右键，在弹出的快捷菜单中选择“清除关键帧”命令。

7. 翻转帧

在制作一些特效时，如制作手写效果，用户需要执行翻转帧命令，通过翻转帧，用户可以将前面的帧内容翻转到结尾帧的位置。翻转帧的方法：选择含关键帧的帧序列，单击鼠标右键，在弹出的快捷菜单中选择“翻转帧”命令，将该序列的帧顺序进行颠倒，如图3-8所示。

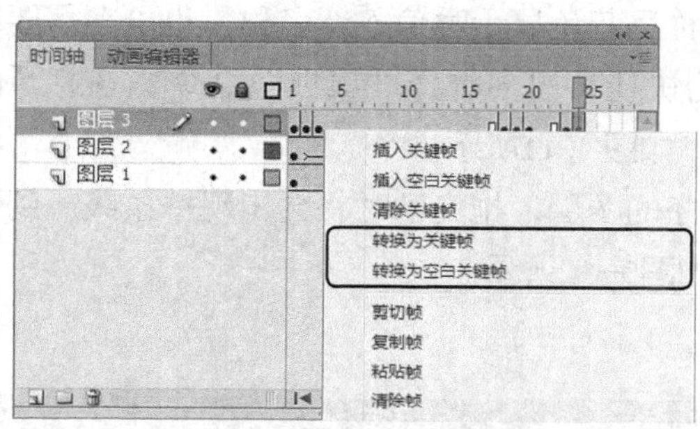

图3-7 转换帧

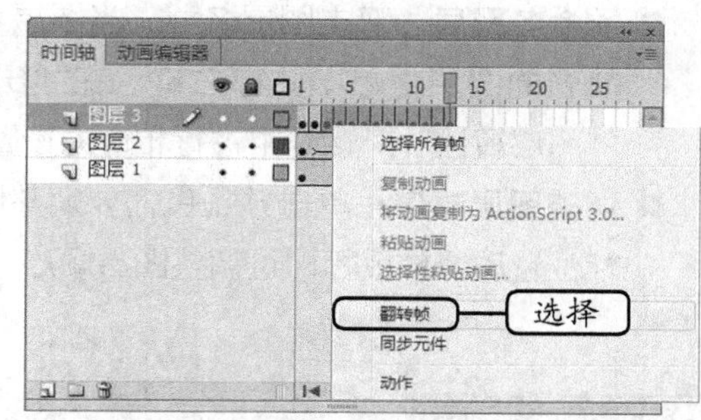

图3-8 翻转帧

（二）图层的运用

图层就像堆叠在一起的多张幻灯片，每个图层都包含一个显示在舞台中的不同图像。使用图层可以帮助用户组织文档中的插图，也可以在图层上绘制和编辑对象，而不会影响其他图层上的对象。在没有内容的舞台区域中，可以透过该图层看到下面的图层。

要绘制、涂色或者对图层或文件夹进行修改，可以在时间轴中选择该图层以激活。时间轴中显示了图层或文件夹名称，而旁边有铅笔图标表示该图层或文件夹处于活动状态。在图层中一次只能有一个图层处于活动状态。

1. 创建、使用和组织图层

创建Flash文档时，其中仅包含一个图层。要在文档中组织插图、动画和其他元素，需要添加更多的图层。创建的图层数量只受电脑内存的限制，而且图层不会增加发布的SWF文件的大小。

要组织和管理图层，可以创建图层文件夹，然后将图层放入其中。可以在“时间轴”面板中展开或折叠图层文件夹，而不会影响在舞台中看到的内容。下面分别介绍创建、使用和组织图层的一些操作方法。

- **创建图层**：单击时间轴底部的“新建层”按钮，或在任意图层上单击鼠标右键，在弹出的快捷菜单中选择“插入图层”命令可创建图层。创建一个图层之后，该图层将出现在所选图层的上方，如图3-9所示。新添加的图层将成为当前图层。
- **选择图层**：在“时间轴”面板中，单击图层的名称可直接选择图层。按住【Shift】键的同时单击任意两个图层，可选择两个图层之间的所有图层。按住【Ctrl】键的同时，单击鼠标可选择多个不相邻的图层，图3-10所示为选择不相邻的图层示例。

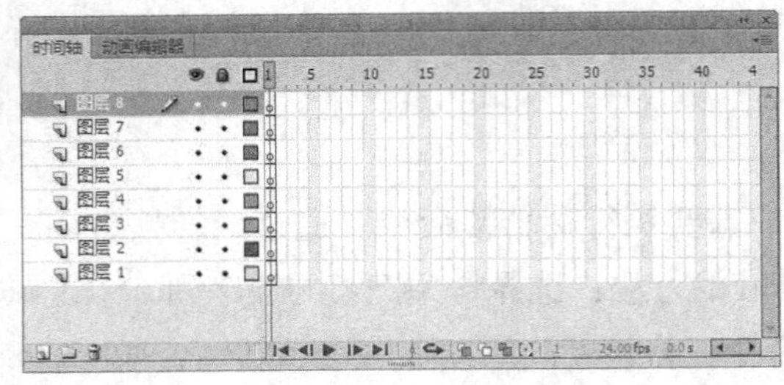

图3-9　新建图层

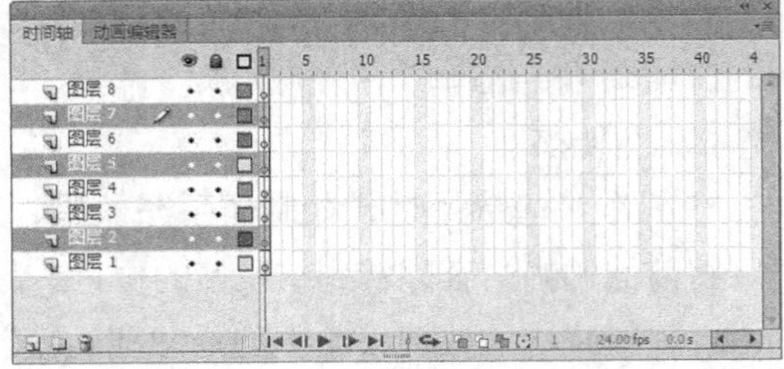

图3-10　选择图层

- **重命名图层**：双击图层名称，当图层名称呈蓝色显示时输入新名称。也可在需要重命名的图层上单击鼠标右键，在弹出的快捷菜单中选择“属性”命令，在打开的“图层属性”对话框中进行相应的设置，如图3-11所示。
- **调整图层顺序**：单击并拖曳需要调整顺序的图层，拖曳动时将会出现一条线。到目标位置后释放鼠标即可调整图层顺序，如图3-12所示。

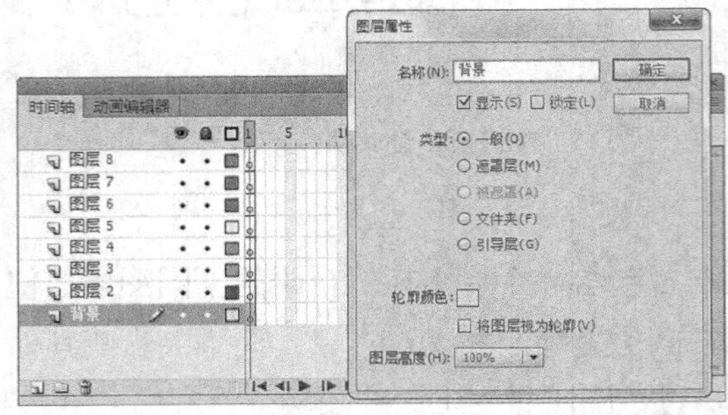

图3-11　重命名图层

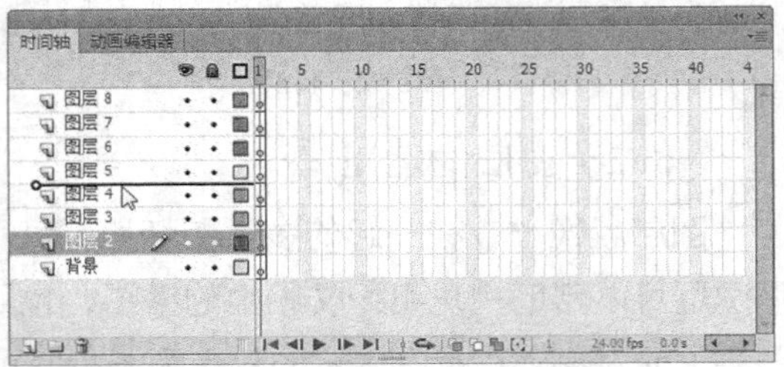

图3-12　调整图层顺序

- **复制、粘贴图层**：选择【编辑】/【时间轴】/【复制图层】菜单命令，或在需要复制的图层上单击鼠标右键，在弹出的快捷菜单中选择“复制图层”命令。选择需要粘贴图层位置下方的图层，选择【编辑】/【时间轴】/【粘贴图层】菜单命令，如图3-13所示。
- **删除图层**：选择需要删除的图层，单击“删除”按钮。也可在需要删除的图层上单击鼠标右键，在弹出的快捷菜单中选择“删除图层”命令，如图3-14所示。

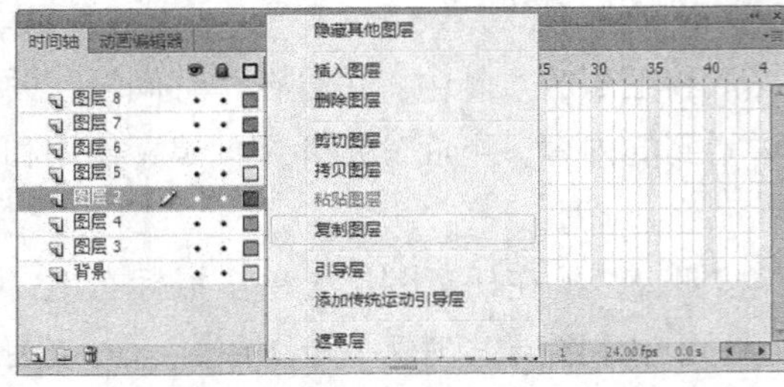

图3-13　复制图层

图3-14　删除图层

- **创建图层文件夹**：单击时间轴底部的“新建文件夹”按钮。新文件夹将出现在所选图层或文件夹的上方，如图3-15所示。

- **将图层放入文件夹中**：选择需要移动到文件夹中的图层，使用鼠标将其拖曳到文件夹图标上方，释放鼠标，如图3-16所示。

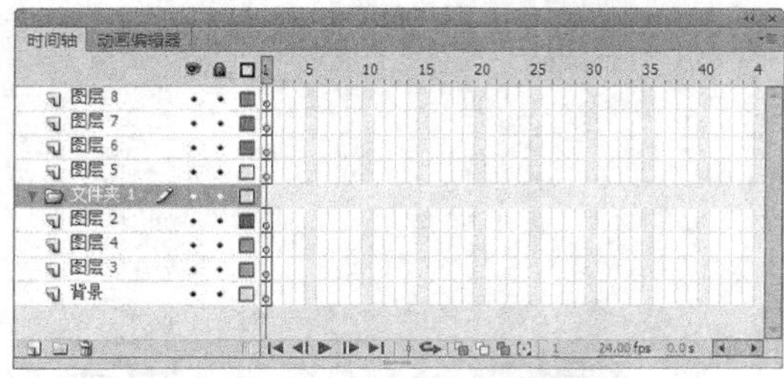

图3-15 创建图层文件夹

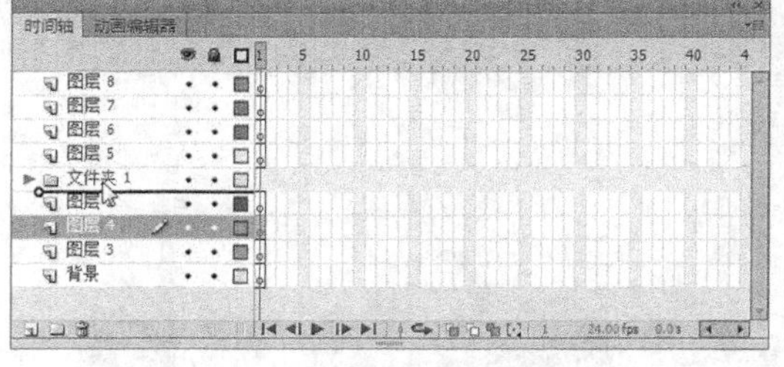

图3-16 将图层放入文件夹中

- **展开或折叠文件夹**：要查看文件夹包含的图层而不影响在舞台中可见的图层，需要展开或折叠该文件夹。要展开或折叠文件夹，可以单击该文件夹名称左侧的▼按钮，如图3-17所示。
- **将图层移出文件夹**：展开文件夹后，在其下方选择需要移出的文件，将其拖曳到文件夹外侧，如图3-18所示。

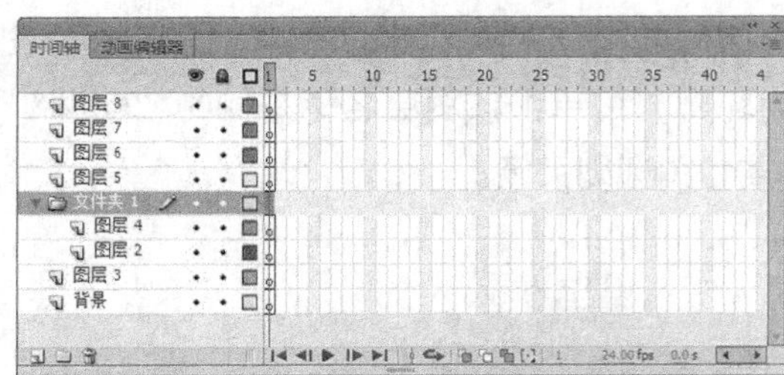

图3-17 展开或折叠文件夹

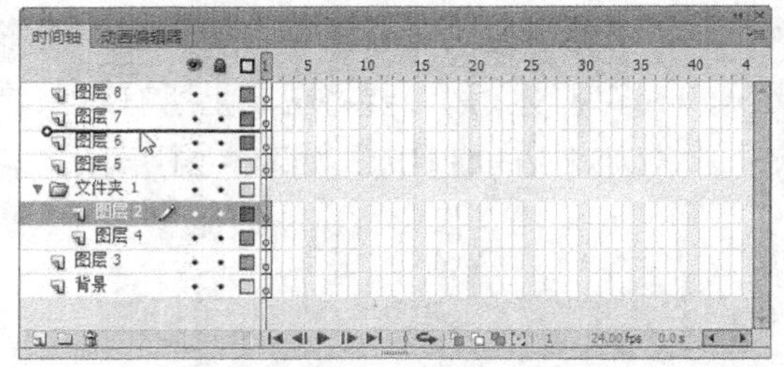

图3-18 将图层移出文件夹

2. 查看图层和图层文件夹

在制作多图层动画时，根据需要可以选择查看图层和图层文件夹的方式，包括显示或隐藏图层或文件夹、锁定与解锁图层或文件夹、以轮廓方式查看图层上的内容及改变图层轮廓色。下面具体对操作方法进行介绍。

- **显示或隐藏图层或文件夹**：时间轴中图层或文件夹名称旁边若有×图标，表示图层或文件夹处于隐藏状态。单击时间轴中该图层或文件夹名称右侧的👁图标，可在显示和隐藏状态之间切换，如图3-19所示。

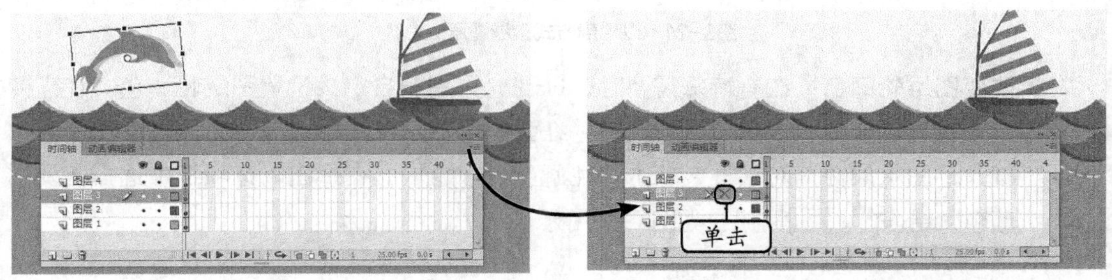

图3-19 隐藏图层或文件夹

● **锁定与解锁图层或文件夹**：在绘制复杂图形，或舞台中对象过多时，为了编辑方便可以将图层锁定。单击时间轴中该图层或文件夹名称右侧“锁定”列对应的图标可在锁定和解锁之间切换，如图3-20所示。

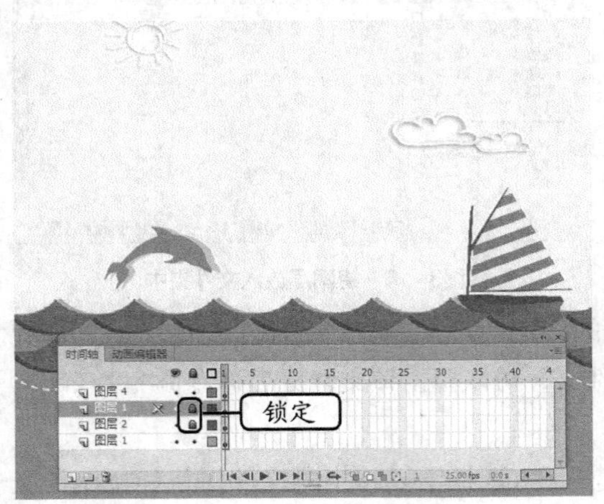

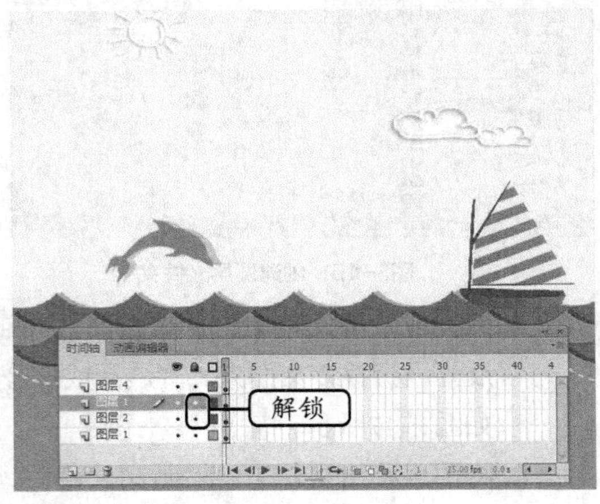

图3-20 锁定与解锁图层或文件夹

● **以轮廓方式查看图层上的内容**：用彩色轮廓可以区分对象所属的图层，这在图层很多时较实用。要将图层上所有对象显示为轮廓，可单击该图层名称右侧的“轮廓”列对应的图标，如图3-21所示，再次单击图标则关闭。

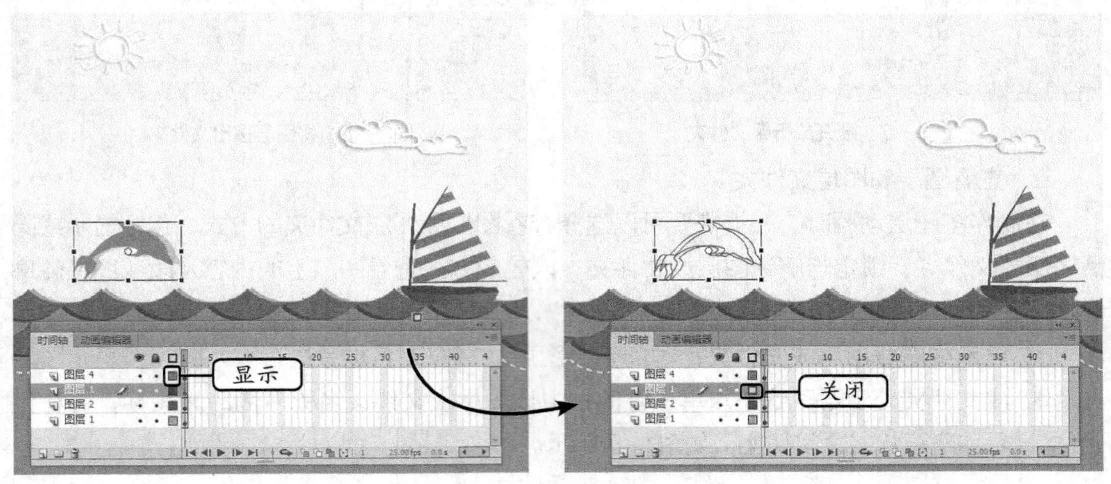

图3-21 以轮廓方式查看图层上内容

● **改变图层轮廓色**：在有特殊需要时，Flash允许用户自定义设置图层轮廓色。在需要设置轮廓色的图层上单击鼠标右键，在弹出的快捷菜单中选择“图层属性”命令。打开“图层属性”对话框，单击“轮廓颜色”色块，在弹出的选项框中选择需要的颜色，单击确定按钮，如图3-22所示。

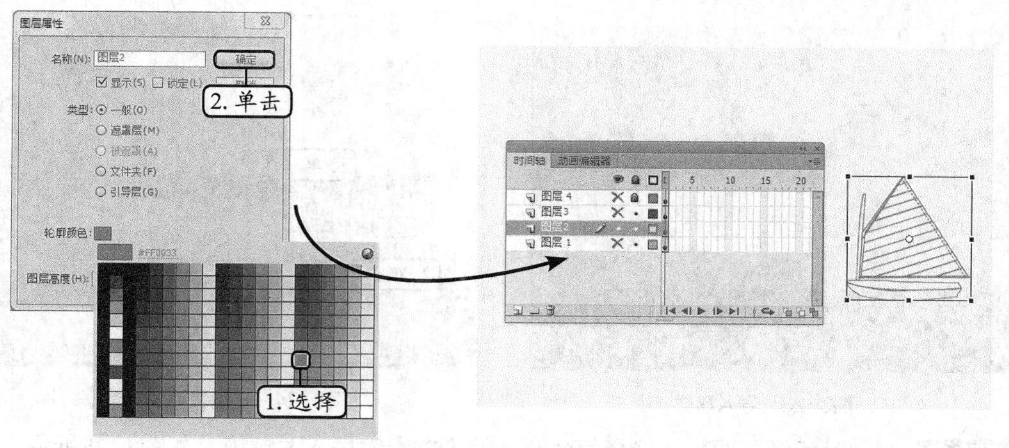

图3-22　改变图层轮廓色

（三）动画播放控制

在编辑动画时，为了查看播放时的效果以及时发现制作中的问题，用户可以通过“时间轴”面板快速对动画播放进行控制。下面具体讲解动画播放控制的方法。

- **播放**：将播放头移动到开始播放的起始帧，选择【控制】/【播放】菜单命令，或单击“时间轴”面板中的“播放”按钮，即可从播放头所在的帧开始播放。在播放过程中按【Enter】键或者单击“暂停”按钮可暂停播放。
- **转到第一帧**：选择【控制】/【后退】菜单命令，或单击“时间轴”面板中的“转到第一帧”按钮，播放头将回到动画第一帧。
- **转到结尾**：选择【控制】/【转到结尾】菜单命令，或单击“时间轴”面板中的“转到最后一帧”按钮，播放头将回到动画最后一帧。
- **前进一帧**：选择【控制】/【前进一帧】菜单命令，或单击“时间轴”面板中的“前进一帧”按钮，播放头将转到当前帧的前一帧。
- **后退一帧**：选择【控制】/【后退一帧】菜单命令，或单击“时间轴”面板中的“后退一帧”按钮，播放头将转到当前帧的后一帧。
- **循环播放**：在“时间轴”面板上单击“循环”按钮，并在帧标题上拖动出现的标记范围，可以对指定的范围进行循环播放。

三、任务实施

（一）插入关键帧

绘制飘散字效果需要对其添加关键帧，进行动画效果的制作，其具体操作如下（微课：光盘\微课视频\项目三\插入关键帧.swf）。

STEP 1　新建一个尺寸为1000×693像素的空白动画文档，然后在舞台中间导入“飘散字背景.jpg”图像（素材参见：光盘\素材文件\项目三\任务一\飘散字背景.jpg），如图3-23所示。

STEP 2　选择【窗口】/【时间轴】菜单命令，打开“时间轴”面板。单击按钮，将图层锁定。双击“图层1”图层名称，将该图层重命名为“背景”，如图3-24所示。

图3-23 导入素材

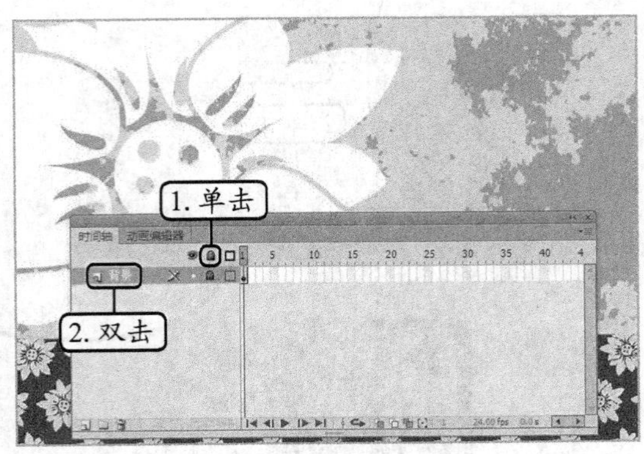

图3-24 重命名图层

STEP 3 在“时间轴”面板上选择第60帧，按【F6】键插入关键帧，如图3-25所示。

STEP 4 单击“新建图层”按钮，新建图层。选择“图层2”的第1帧，并输入文本“下一秒”，如图3-26所示。

图3-25 插入关键帧

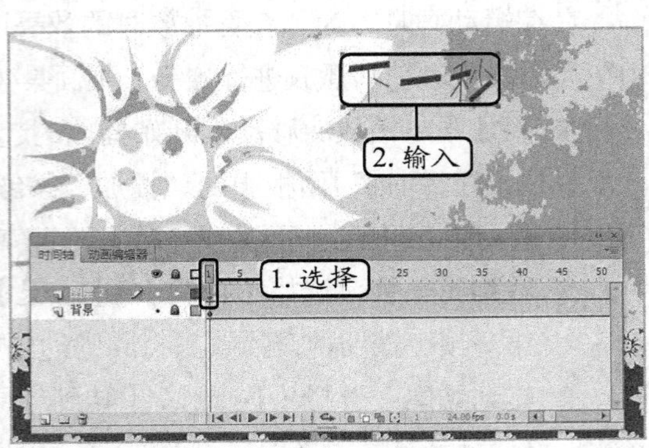

图3-26 新建图层并输入文本

STEP 5 选择“图层2”的第2~60帧，单击鼠标右键，在弹出的快捷菜单中选择“删除帧”命令。选择“图层2”的第1帧，按【Ctrl+B】组合键分离文字，如图3-27所示。

STEP 6 在“下”图层的第15、25帧插入关键帧，选择第15帧，将15帧中的“下”字向上移动一些，如图3-28所示。

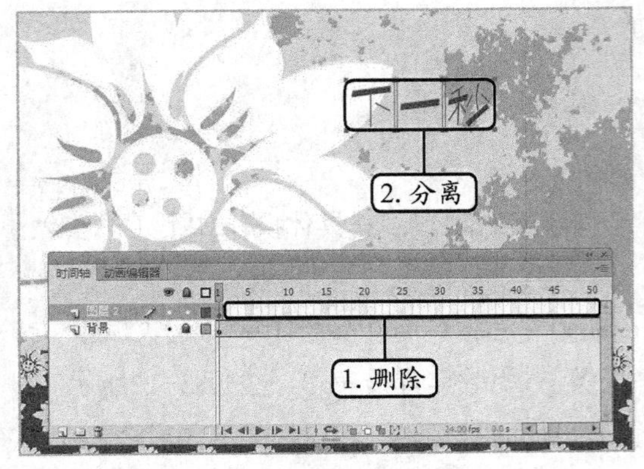

图3-27 删除多余帧

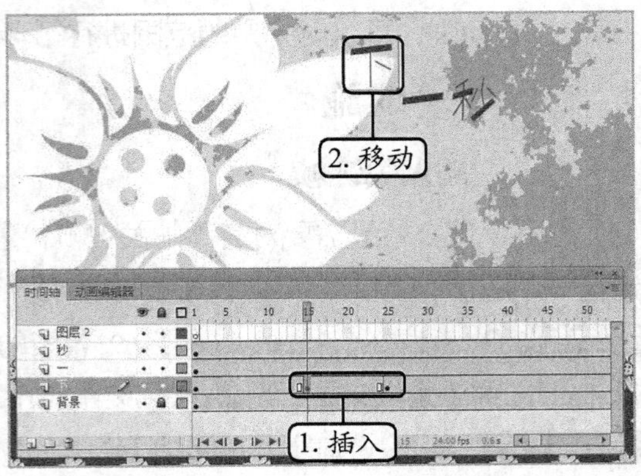

图3-28 插入关键帧

知识提示

在第60帧插入关键帧是为了使动画播放期间一直都有背景图案。一般在制作动画前，都要大致预判动画帧数，再为背景图层插入对应的帧数。

（二）添加效果

在进行关键帧插入后，还需对其文字添加滤镜效果，并设置帧速率，使其效果更加生动，其具体操作如下（微课：光盘\微课视频\项目三\添加效果.swf）。

STEP 1 选择“下”字，按【Ctrl+F3】组合键，打开“属性”面板，在“属性”面板中展开“滤镜”栏，单击“添加滤镜”按钮，在弹出的下拉列表中选择“模糊”选项，如图3-29所示。

STEP 2 在“一”图层的第25、第35帧插入关键帧。选择第25帧，将25帧中的“一”字向上移动。并使用相同的方法为“一”图层第25帧中的“一”字添加模糊滤镜，如图3-30所示。

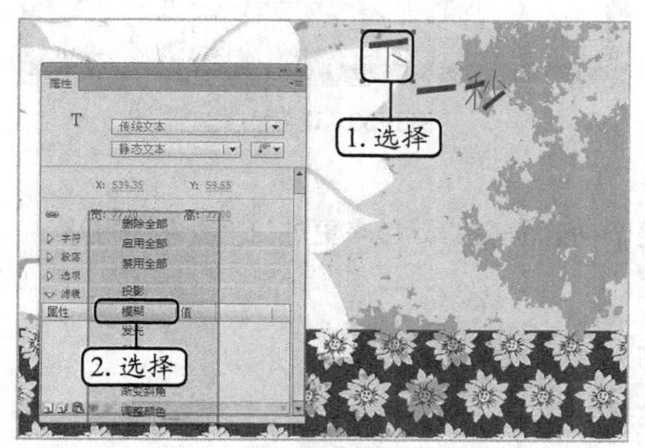

图3-29 添加滤镜效果

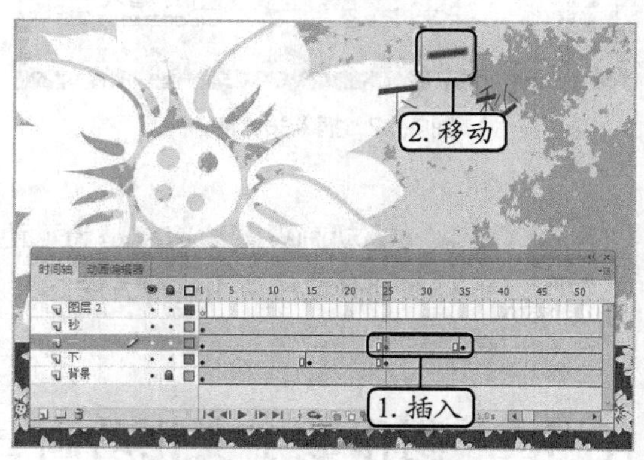

图3-30 编辑“一”图层

STEP 3 在“秒”图层的第35、第45帧插入关键帧。选择第35帧，将35帧中的“秒”字向上移动。并使用相同的方法为“秒”图层中第35帧中的“秒”字添加模糊滤镜，如图3-31所示。

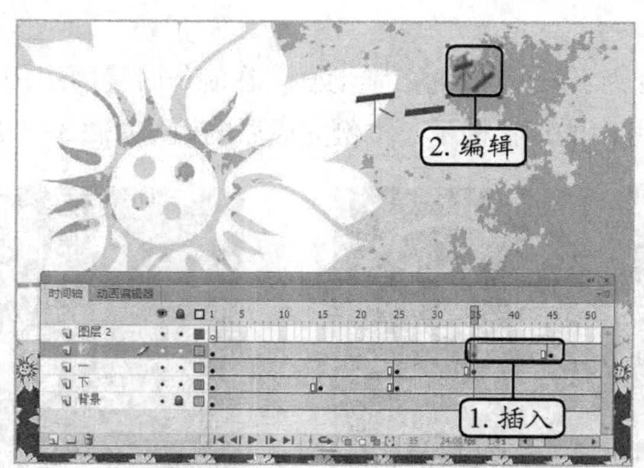

图3-31 编辑“秒”图层

STEP 4 选择“图层 2”的第 50 帧，按【F7】键，插入空白关键帧，在图层中输入“一起聆听心跳的声音”文本。分别选择第 55、第 60 帧，按【F6】键，在第 55 帧和第 60 帧插入关键帧，如图 3-32 所示。

STEP 5 选择第 50 帧中的文本，将其向下移动一些。打开“属性”面板，为文字添加模糊效果，在“时间轴”面板下方，设置帧速率为“12.00fps”，如图 3-33 所示（最终效果参见：光盘 \ 效果文件 \ 项目三 \ 任务一 \ 飘散字 .jpg）。

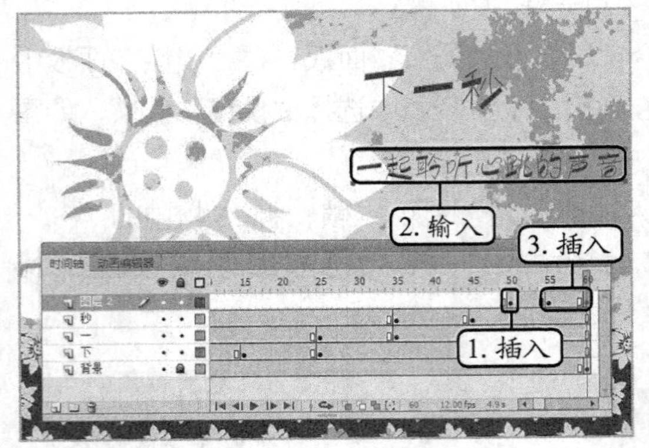

图3-32 插入关键帧

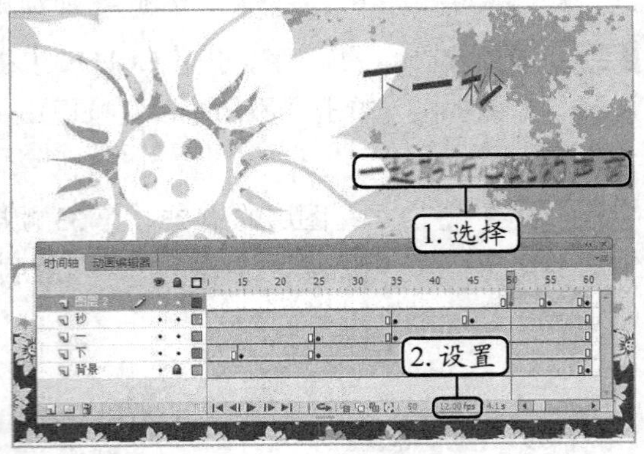

图3-33 设置帧速率

为动画设置帧速率是为了使整个动画的运动看起来更加自然。但并不是任何动画都能使用这个方法。

任务二 制作数字变化动画

在Flash CS4中还有一类补间动画叫做形状补间，如花朵的开放动画（由花蕾变为盛开的花）、文字的变换动画（由A变为B）等，这类动画是由矢量形状变化而形成的动画，本例将创建由1变为2，2变为3的数字变化动画，这是由补间形状动画实现的。

一、任务目标

本任务将创建由1变为2，2变为3的数字动画，在制作时需要运用分离文字和创建补间形状，并设置1和2变化过程中的形状提示。本例完成后的效果如图3-34所示。

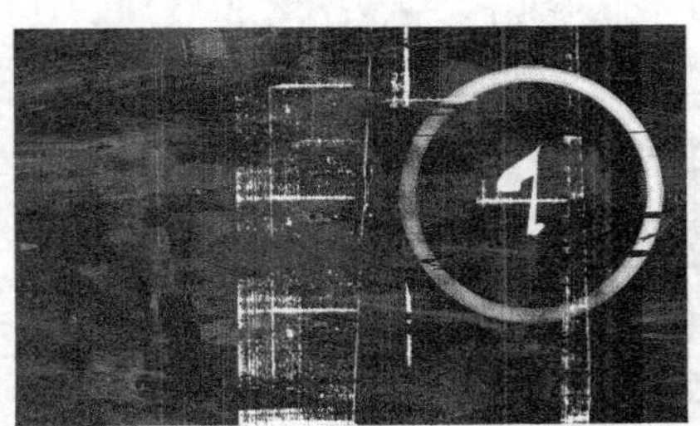

图3-34 数字变化动画

二、相关知识

本例中的动画制作时需要先对文本分离使其变为矢量图才能创建补间形状动画，然后使用形状提示。下面先对这些知识进行介绍。

（一）Flash基本动画类型

Flash CS6提供了多种方法用来创建动画和特殊效果，通过Flash可制作逐帧动画、补间形状动画、传统补间动画和补间动画等。这些方法在Flash中经常被使用，且操作起来也相对简单。各种动画的特点和效果如下。

- **逐帧动画**：通常由多个连续关键帧组成，通过连续表现关键帧中的对象，从而产生动画的效果，如图3-35所示。
- **补间形状动画**：通过Flash计算两个关键帧中矢量图形的形状差异，并在关键帧中自动添加变化过程的一种动画类型，如图3-36所示。

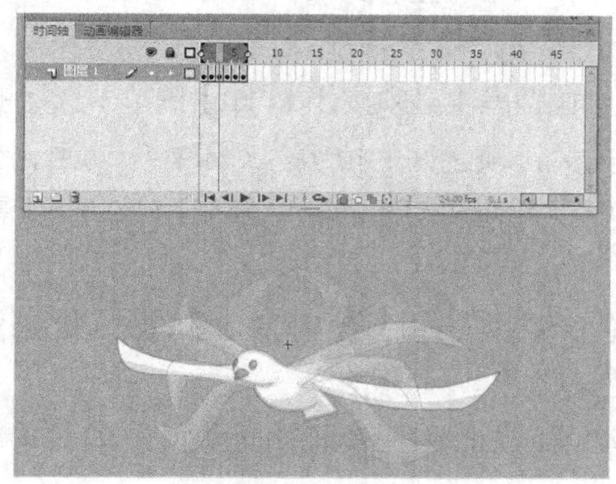

图3-35 逐帧动画

图3-36 补间形状动画

- **传统补间动画**：根据同一对象在两个关键帧中的位置、大小、Alpha和旋转等属性的变化，由Flash计算自动生成的一种动画类型，其结束帧中的图形与开始帧中的图形密切相关，如图3-37所示。
- **补间动画**：使用补间动画可设置对象的属性，如大小、位置和Alpha等。补间动画在时间轴中显示为连续的帧范围，默认情况下可以作为单个对象进行选择，如图3-38所示。

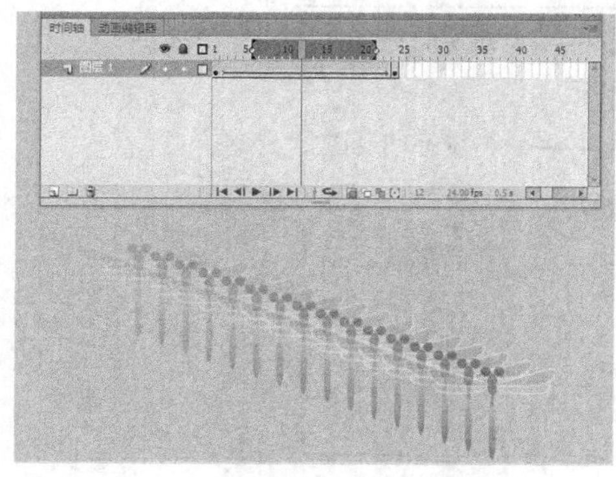

图3-37 传统补间动画

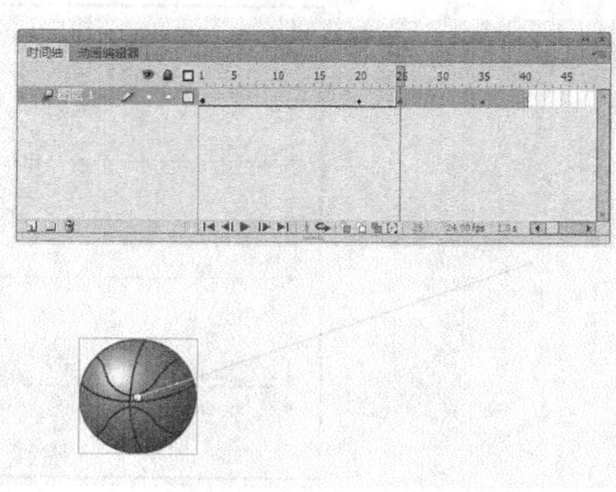

图3-38 补间动画

（二）传统补间动画与补间动画的差别

传统补间动画与补间动画虽然名字相似，但其原理和效果都有所区别，二者的差别主要有以下几点。

- 传统补间动画使用关键帧，关键帧是其中显示对象的帧。补间动画只能具有一个与之关联的对象实例，并使用属性关键帧，而不是关键帧。
- 补间动画在整个补间范围中由一个目标对象组成。传统补间动画在整个补间范围上由多个对象组成。
- 补间动画和传统补间动画都只允许对特定类型的对象进行补间。在创建补间动画时会将所有不允许的对象类型转换为影片剪辑，而应用传统补间动画会将这些对象类型转换为图形元件。
- 在补间动画范围内不允许有帧脚本，而传统补间动画允许存在帧脚本。
- 可以在时间轴中对补间动画范围进行拉伸和大小调整，并将其视为单个对象。传统补间动画的时间轴中可分别选择帧和组。
- 有补间动画才能保存为动画预设。在补间动画范围中必须按住【Ctrl】键单击选择帧。
- 对于传统补间动画，缓动可应用于补间内关键帧之间的帧组。对于补间动画，缓动可应用于补间动画范围的整个长度。若要仅对补间动画的特定帧应用缓动，则需要创建自定义缓动曲线。
- 利用传统补间动画，可以在两种不同的色彩效果（如色调和Alpha透明度）之间创建动画。补间动画可以对每个帧应用一种色彩效果。
- 只可以使用补间动画来为 3D 对象创建动画，无法使用传统补间动画为3D对象创建动画。
- 补间动画无法交换元件或设置属性关键帧中显示的图形元件的帧数。应用了这些技术的动画要求使用传统补间动画。

（三）各动画在时间轴中的标识

Flash通过在包含内容的每个帧中显示不同的指示符来区分时间轴中的逐帧动画和补间动画，如图3-39所示。各类型动画的时间轴特征如下。

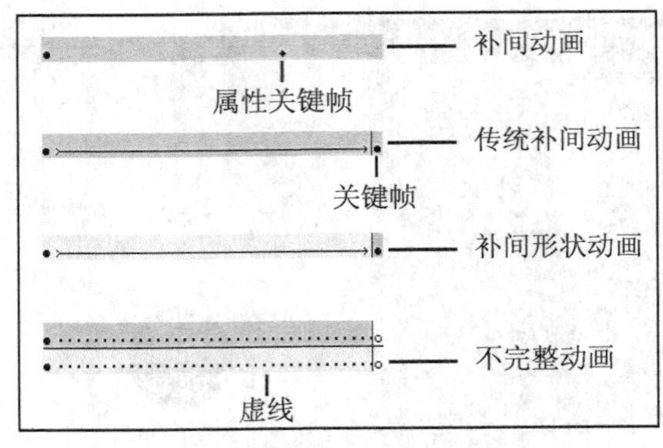

图3-39　各动画在时间轴中的标识

- **补间动画**：一段具有蓝色背景的帧。范围的第1帧中的黑点表示补间范围分配有目标对象。黑色菱形表示最后一个帧和任何其他属性关键帧。
- **传统补间动画**：带有黑色箭头和浅紫色背景，起始关键帧处为黑色圆点。
- **补间形状动画**：带有黑色箭头和淡绿色背景，起始关键帧处为黑色圆点。
- **不完整动画**：用虚线表示，是断开或不完整的动画。

三、任务实施

（一）创建补间形状动画

在时间轴中的一个特定帧上绘制一个矢量形状，然后进行补间形状动画的创建，其具体操作如下（微课：光盘\微课视频\项目三\创建补间形状动画.swf）。

STEP 1 新建一个尺寸为1000×707像素的空白文档。按【Ctrl+R】组合键，在打开的对话框中选择“数字背景.jpg”图像（素材参见：光盘\素材文件\项目三\任务二\数字背景.jpg），再将其移动到舞台中间，如图3-40所示。

STEP 2 新建“图层2”，选择文本工具T，在“属性”面板中设置“文本引擎、系列、大小、颜色”为“TLF文本、Tekton Pro、250.0点、#FFFFFF”，使用文本工具在舞台右边输入数字1，如图3-41所示。

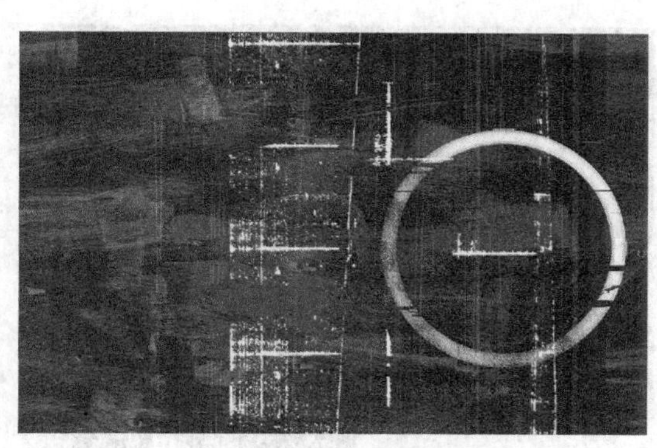

图3-40 导入素材

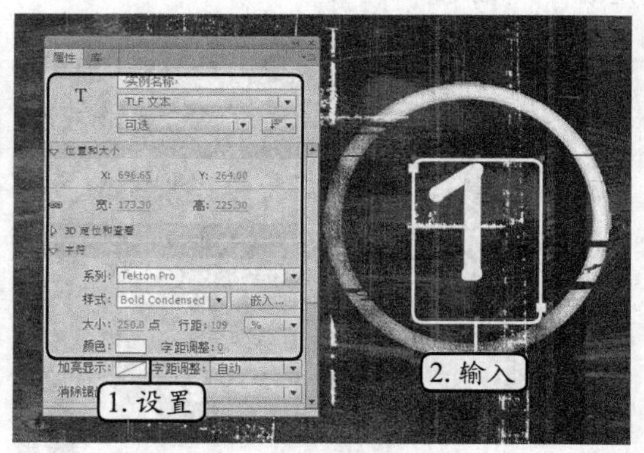

图3-41 制作初始帧

STEP 3 选择文字，然后按两次【Ctrl+B】组合键，分离文字。再选择第20帧，按【F7】键插入空白关键帧，在舞台上与第1帧处相同的位置输入数字2。使用相同的方法分离数字2。选择“图层1”图层，选择第50帧，按【F6】键插入关键帧，如图3-42所示。

STEP 4 选择“图层2”图层，在第40帧插入空白关键帧。再使用相同的方法输入数字3，并将其分离，如图3-43所示。

知识提示

在“图层1”的第50帧插入关键帧，而不是在第40帧插入关键帧，是为了在循环播放动画时，为变换的数字产生间隔效果。

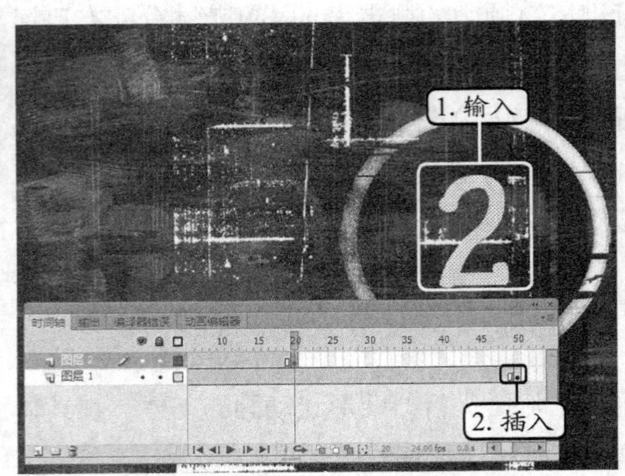

图3-42　制作结束帧

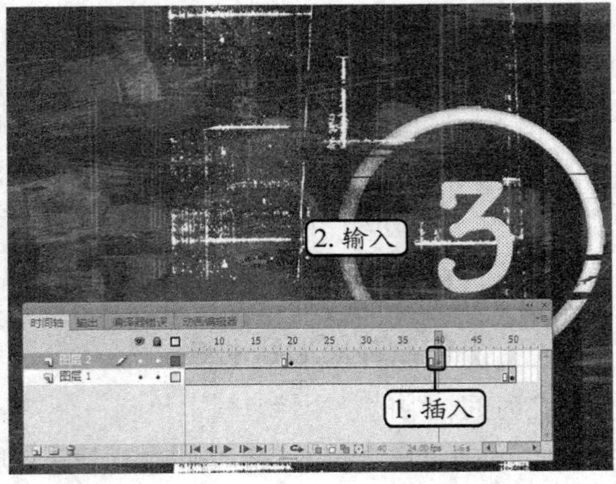

图3-43　输入数字3

STEP 5 在第1~19帧处单击鼠标右键，在弹出的快捷菜单中选择"创建补间形状"命令，便可在第1~19帧创建补间动画。使用相同的方法，为第20~39帧创建补间动画，如图3-44所示。

STEP 6 选择第1~19帧，在"属性"面板的"补间"栏中设置"缓动、混合"为"-43、角形"，如图3-45所示。

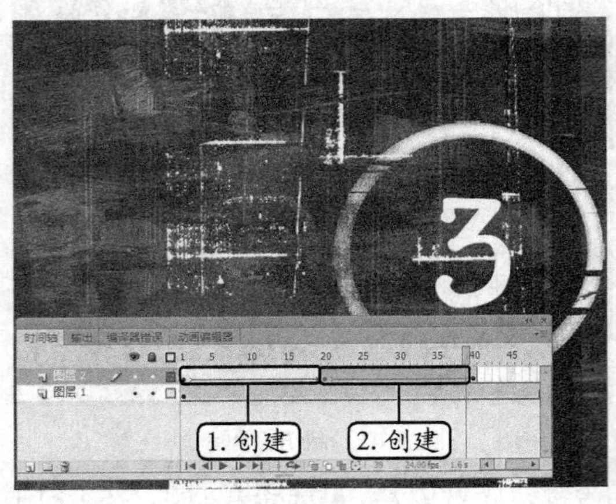

图3-44　创建补间形状

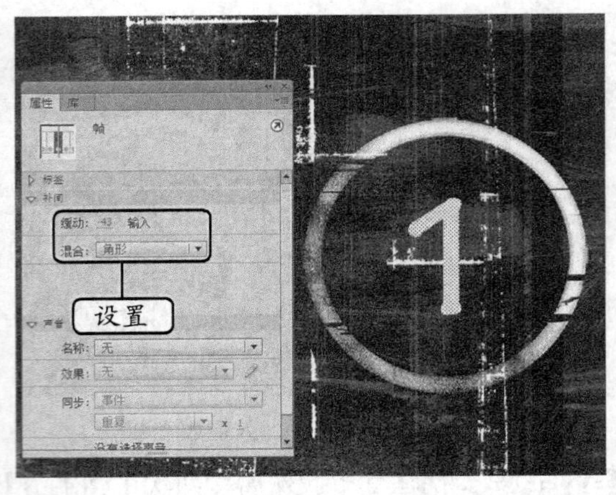

图3-45　设置补间属性

知识补充

缓动值若为负值，则在补间开始处缓动；若为正值，则在补间结束处缓动。"混合"模式中的"分布式"选项可使形状过渡得更加自然、流畅；"角形"选项可在形状变化过程中保持图形中的棱角。

STEP 7 使用相同的方法，为第20~39帧设置属性。按【Ctrl+Enter】组合键测试动画，看到数字从1变为2，2变为3，如图3-46所示。

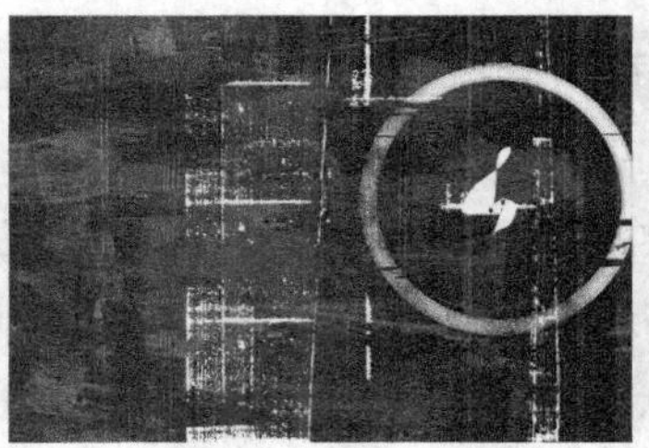

图3-46 测试动画

（二）使用形状提示

形状提示会标识起开始形状和结束形状中相对应的点，并从a~z的字母进行形状标识，其具体操作如下（微课：光盘\微课视频\项目三\使用形状提示.swf）。

STEP 1 选择“图层2”的第1帧，选择【修改】/【形状】/【添加形状提示】菜单命令，或按【Ctrl+Shift+H】组合键，此时将出现红色“提示a”。将提示a移动到要标记的位置。执行相同的命令，添加红色“提示b”移动到要标记位置，如图3-47所示。

STEP 2 单击第20帧，将绿色提示a移动到与第1帧a对应b的位置，将绿色提示b移动到与第1帧b对应的位置，如图3-48所示。

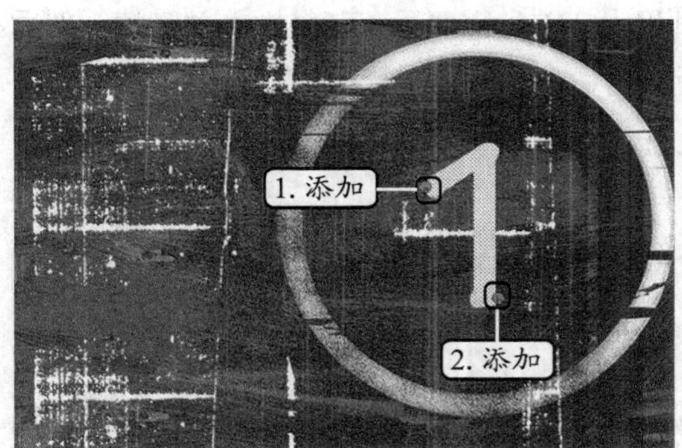

图3-47 添加开始形状提示

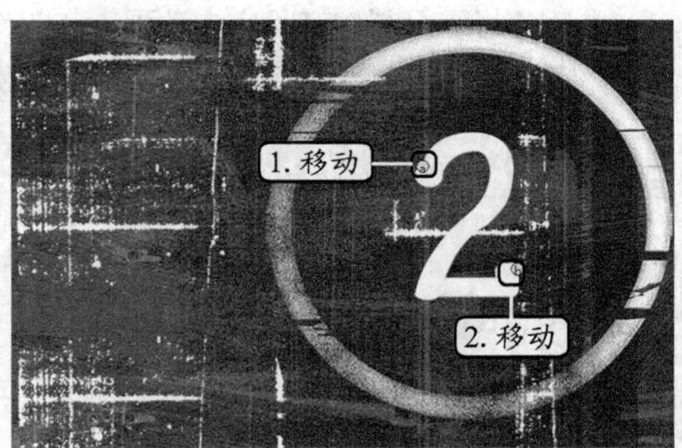

图3-48 添加结束形状提示

知识提示

将形状提示拖离舞台可以将其删除；若选择【修改】/【形状】/【删除所有提示】菜单命令，将删除所有形状提示。

STEP 3 按【Ctrl+Enter】组合键，浏览动画会发现1变为2时，形状发生了变化，如图3-49所示（最终效果参见：光盘\效果文件\项目三\任务二\添加形状提示.fla）。

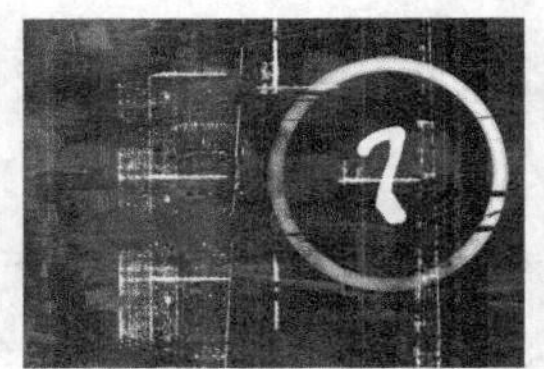

图3-49 测试动画

多学一招

为确保创建的补间形状动画达到最佳效果，添加形状提示时用户应遵循以下原则。

① 在创建复杂的形状提示时，要先创建中心形状再创建补间，而不能只定义起始和结束形状。

② 要确保形状提示的顺序相同，不能一个关键帧是abc，另一个关键帧是cab。

③ 如果添加的形状提示是按逆时针顺序从形状左上角开始摆放，这样得到的效果将最理想。

任务三 制作商品广告动画

公司要求为产品制作一个商品广告动画，要求体现产品的特点和优点，下面介绍具体的制作方法。

一、任务目标

本任务将练习制作商品广告动画。在制作过程中，首先需要导入素材插入关键帧，然后创建补间动画。本例完成后的效果如图3-50所示。

图3-50 商品广告动画

二、相关知识

本例中的动画制作，涉及动画编辑器、曲线、缓动属性等相关知识。下面先对这些知识进行详细介绍。

（一）认识动画编辑器

“动画编辑器”面板是用于对补间动画进行编辑操作的，并且还可以先对补间动画的编辑进行补充，再通过该面板实现对补间动画更高级的变化操作。

1. 认识“动画编辑器”面板

通常“动画编辑器”面板位于“时间轴”面板的后方，也可以选择【窗口】/【动画编辑器】菜单命令，打开该面板，如图3-51所示。

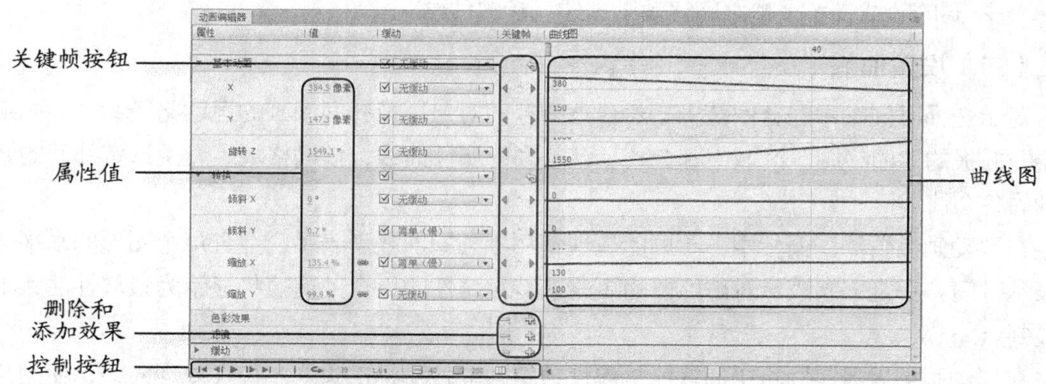

图3-51 “动画编辑器”面板

下面将对“动画编辑器”面板中各选项的功能进行介绍。

- **关键帧按钮**：包括“转到上一个关键帧”按钮◀、“添加或删除关键帧”按钮◇、“转到下一个关键帧”按钮▶，分别用于对关键帧的控制。另外，除了控制关键帧的按钮外，还包括一个“重置值”按钮，主要用于将该面板中各项值重置。
- **属性值**：用于设置补间动画中对象的各个值，包括位置、旋转、色彩和滤镜等多个选项。
- **删除和添加效果**：单击“添加颜色、滤镜或缓动”按钮+，将会弹出一个快捷菜单，在该菜单中进行选择可以添加颜色、滤镜或缓动等效果，如果不需要这些效果，则可单击“删除颜色、滤镜或缓动”按钮−，将添加的颜色、滤镜或缓动删除。
- **控制按钮**：部分按钮与“时间轴”面板中的按钮类似，用于设置并查看帧的位置。另外还包括几个用于设置面板视图大小的按钮，用户可以根据需要调整面板的大小。
- **曲线图**：用于显示补间的属性曲线，该区域中的帧与“时间轴”面板中的帧对应。

2. 为什么要使用动画编辑器

在简单的补间动画制作过程中，可以利用实例和动作属性面板来给实例增加缓动和调整属性。也可以添加关键帧，做各种各样的改变，来实现一个补间动画，然而有一些效果只能使用“动画编辑器”面板才能制作出来。

“动画编辑器”包含面板一个多列的列表，提供了已选的补间和缓动所能提供的所有属性的信息。编辑器也能够调整动画，添加新的颜色效果，或者给接下来的补间添加新的缓动。当然，它包含了一张图表使用户能够控制补间的属性关键帧的值，了解Flash动画是如何利用关键帧之间的曲线来实现的，分别介绍如下。

- **复合定义缓动**：在动作属性面板中，只能添加“简单（慢）”的缓动，而“动画编辑器”面板能添加不同的预定义、复合定义，或创建一个自定义缓动。

- **个体属性**：可以给个体属性添加缓动，然后在个体属性图表中查看这些缓动的效果。
- **调整曲线**：使用贝塞尔控件可以对大多数单个属性的补间曲线的形状进行微调。
- **设置浮动**：对 X、Y和Z属性的关键帧启用浮动，通过浮动可以将属性关键帧移动到不同的帧或在各个帧之间移动以创建流畅的动画。

（二）设置曲线

对于选择时间轴中的补间范围、舞台上的补间对象以及补间动画的运动路径，“动画编辑器”面板的“曲线图”区域中都会显示该补间的属性曲线，该网格表示发生选定补间的时间轴的各个帧。

在“动画编辑器”面板中，不同的属性使用不同的曲线来表示，并且每个图形的水平方向表示时间，垂直方向表示对属性值的更改。特定属性的每个关键帧将显示为该属性曲线上的控制点。

在“动画编辑器”面板中通过添加属性关键帧并使用标准贝塞尔控件处理曲线，使用户可以精确控制大多数属性曲线的形状。其中对于基本动画的X、Y和Z属性，可以在属性曲线上添加和删除关键帧的控制点，但不能使用贝塞尔控件。

1. 控制动画编辑器显示

在“动画编辑器”面板中，可进行设置的选项较多，而且为了方便控制不同选项的曲线，默认情况下将各个选项所占用的位置都设置得较大，为了方便在编辑该面板的过程中更好地观察和控制，就需要随时对该面板的大小、显示的内容和显示的范围等进行控制。

控制“动画编辑器”面板中显示内容的方法：单击各个选项前面的▼按钮，将会收缩该选项的属性，如图3-52所示；当收缩后，▼按钮将会变为▶按钮，单击该按钮，又将展开该面板。若需要在“曲线图”区域中观察更多的帧，以便了解曲线的走向，可以单击该面板下方的“可以观察的帧”数值框，并在该数值框中输入相应的数字，即可在“曲线图”区域中显示相应数量的帧，如图3-53所示。

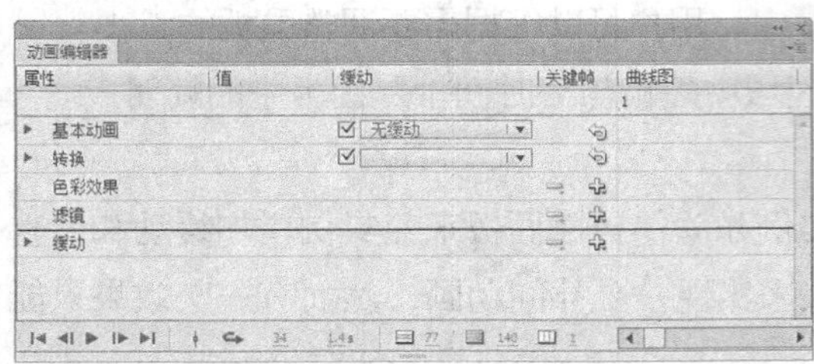

图3-52　收缩面板

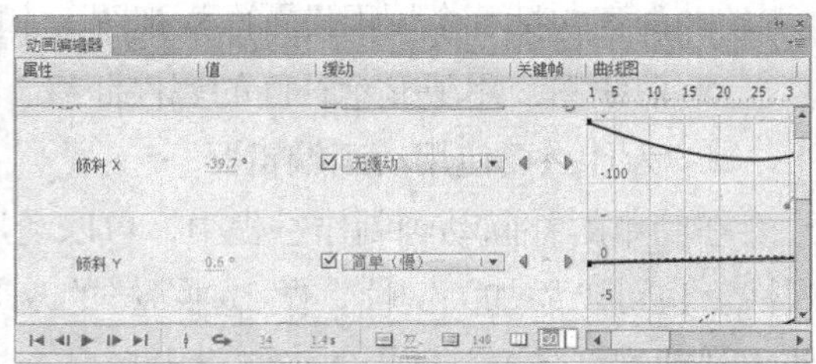

图3-53　调整曲线图的显示

2. 编辑属性曲线的形状

“动画编辑器”面板“曲线图”区域中的曲线可以分别进行不同的调整，其调整的结果将会直接反映到补间动画中。通过动画编辑器可以使用标准贝塞尔控件精确控制补间中除了基本动画外的每条属性曲线的形状。

对该面板中的曲线进行控制的方法和控制钢笔工具的方法类似，都是在曲线的关键点上通过拖曳鼠标来移动关键点的位置或改变曲线的走向，如图3-54所示。

在不同的位置添加关键点可以更好地控制曲线，曲线中的关键点与“时间轴”面板中的关键帧对应，所以可以通过在“时间轴”面板中添加关键帧来添加关键点，另外也可以通过该面板中的“添加或删除关键帧”按钮◇来添加或删除关键点，其方法是将红色的播放头定位到指定的位置，然后单击曲线对应的“添加或删除关键帧”按钮◇，如果红色播放头所在的位置没有关键点，则会在曲线中添加关键点，如果红色播放头所在的位置有关键点，则会删除该关键点，如图3-55所示。

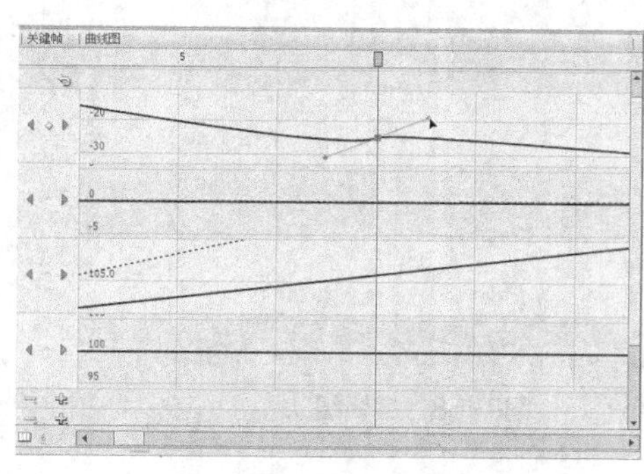

图3-54 调整曲线

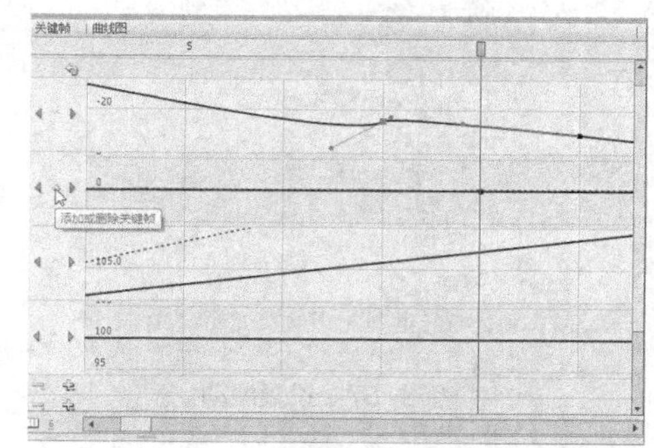

图3-55 添加关键点

（三）缓动属性

缓动是用于修改Flash计算补间过程中每个帧之间的变化时间的一种技术，如果不使用缓动，则补间过程中每帧的变化时间都是相同的。在某种意义上来说，缓动可以视作加速和减速。

1. 通过“动画编辑器”面板添加缓动

在“动画编辑器”面板中添加缓动的方法：单击“缓动”栏后方的“添加颜色、滤镜或缓动”按钮✚，在打开的下拉列表中选择需要的缓动类型，再单击其他需要添加缓动的属性栏中的“已选缓动”下拉列表框，并在打开的列表中选择需要添加的缓动，如图3-56所示。

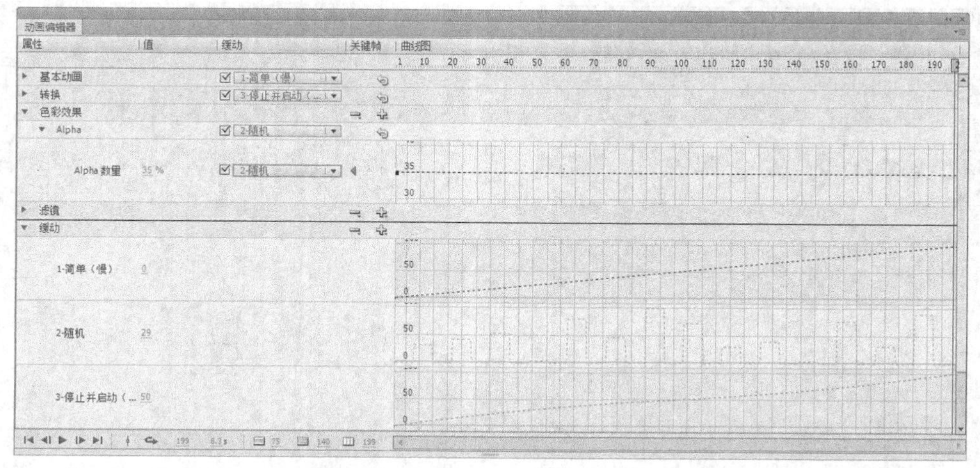

图3-56 添加缓动

2. 通过“属性”面板设置缓动值

通过“属性”面板同样可以设置缓动，其方法：选择补间过程，打开“属性”面板，在

“补间”栏的“缓动”数值框中输入数值，如图3-57所示。若输入的值为正值，则为输出缓动；若为负值，则为输入缓动。

单击“缓动”数值框后面的“编辑缓动”按钮，打开“自定义缓入/缓出”对话框，通过拖曳对话框中的曲线即可编辑缓动，如图3-58所示。其中，曲线的斜率表示变化速率，曲线为水平时，变化速率为零；曲线为垂直时，变化速率最大。

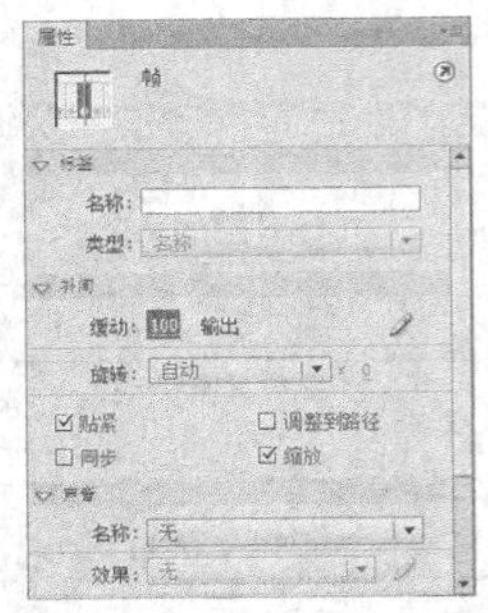

图3-57　设置缓动

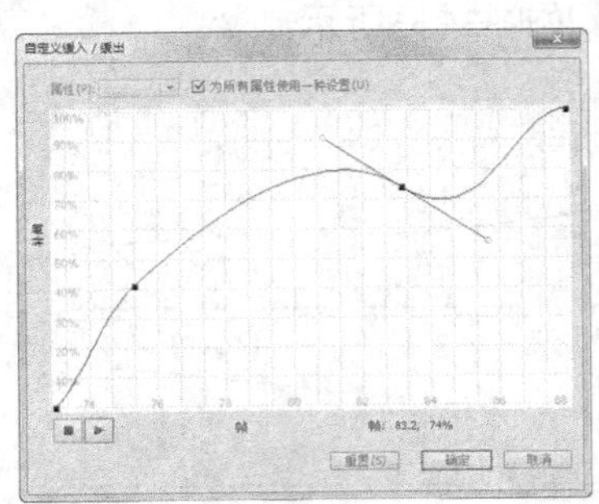

图3-58　编辑缓动

三、任务实施

（一）创建补间动画

下面将讲解创建补间动画的方法，其具体操作如下（微课：光盘\微课视频\项目三\创建补间动画.swf）。

STEP 1 启动Flash，打开“广告背景.fla”文档（素材参见：光盘\素材文件\项目三\任务三\广告背景.fla），新建一个“图层2”图层，如图3-59所示。

STEP 2 在第20帧处插入关键帧，将“兔子公仔.jpg”图像（素材参见：光盘\素材文件\项目三\任务三\兔子公仔.jpg）导入到舞台中，然后将其缩小，如图3-60所示。

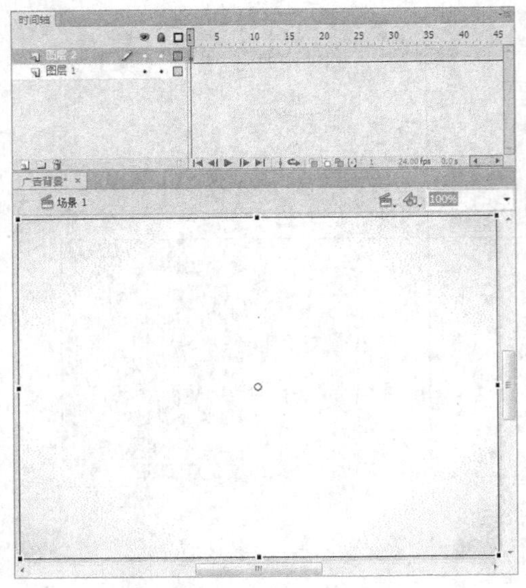

图3-59　打开文档

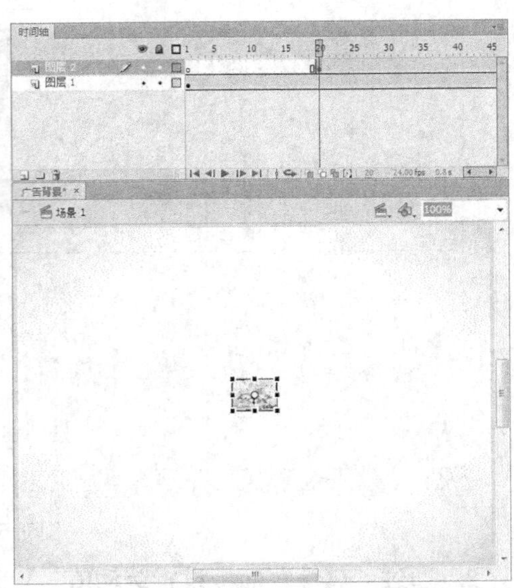

图3-60　导入素材

STEP 3　在图层2的第50帧处插入关键帧，将兔子公仔图像的大小设置为与舞台相同的“550×400”像素，并与舞台对齐，然后添加传统补间动画，如图3-61所示。最后在图层2第86帧处添加空白关键帧。

STEP 4　新建“图层3”图层，将已创建好的“花1”元件添加到场景中，然后继续新建“图层4”图层，将“花2”元件添加到场景中，移动其位置和调整大小，如图3-62所示。

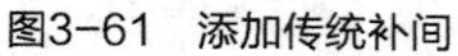

图3-61　添加传统补间

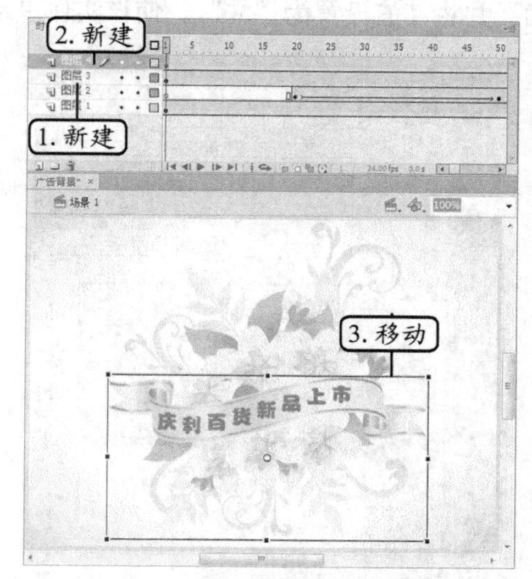

图3-62　添加元件

STEP 5　在图层3和图层4的第20帧添加关键帧，在第51帧添加空白关键帧，然后在这两个图层上分别单击鼠标右键，在弹出的快捷菜单中选择“补间动画”命令，为这两个图层添加补间动画，如图3-63所示。

STEP 6　选择第50帧，然后分别将图层3和图层4中的实例向上或向下进行拖动，将其拖曳到舞台的外侧，使图层3和图层4的补间动画效果为移动花元件的实例，如图3-64所示。

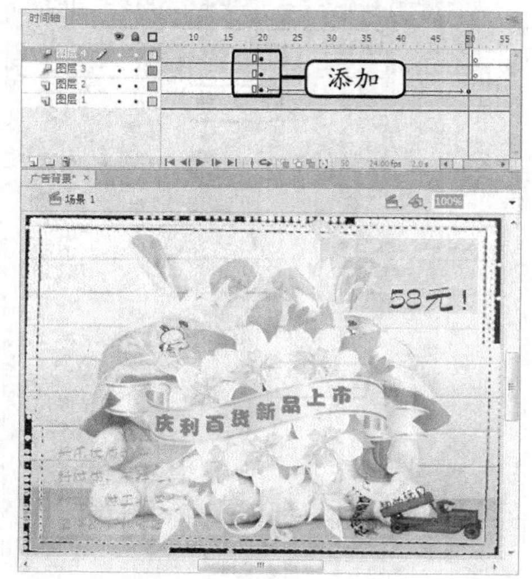

图3-63　添加实例

图3-64　拖动实例

STEP 7 新建"图层5"图层，在第55帧处添加关键帧，然后将"运动鞋.jpg"图像（素材参见：光盘\素材文件\项目三\任务三\运动鞋.jpg）导入到舞台中，适当地调整大小后，使该图像的上边和舞台上边对齐，最后按【F8】键，将该图片新建为名为"运动鞋"的元件，如图3-65所示。

STEP 8 打开"属性"面板，在"色彩效果"栏的"样式"下拉列表框中选择"Alpha"选项，并将其值设置为"30"，使该实例呈现半透明，如图3-66所示。

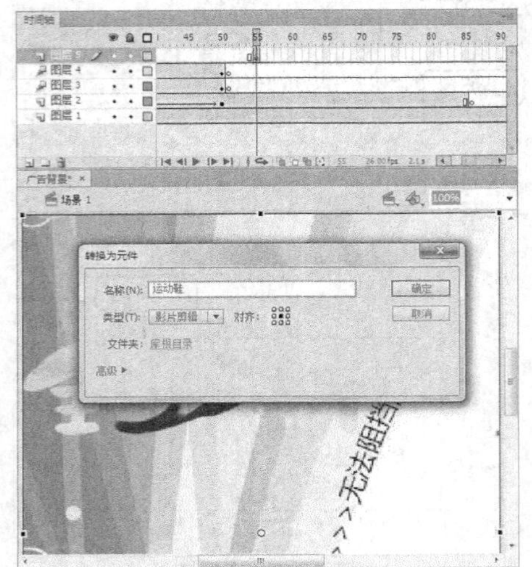

图3-65　新建元件

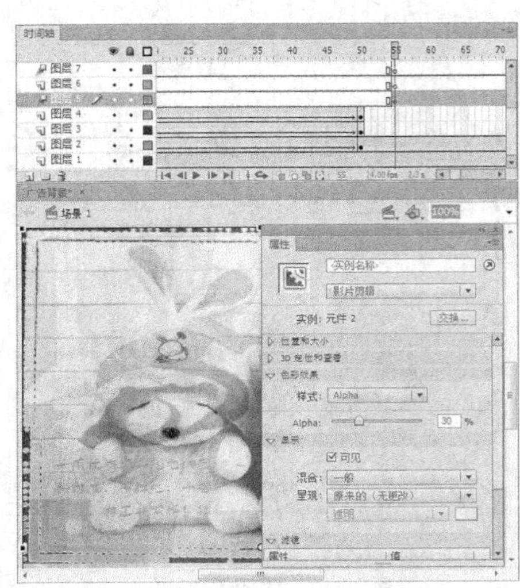

图3-66　设置透明度

STEP 9 在图层5的第85帧处添加普通帧，然后创建补间动画，并将实例向上拖动，最后在"属性"面板中将"Alpha"值设置为"100"，如图3-67所示。

STEP 10 继续在图层5的第105帧和135帧添加关键帧，然后选择第135帧中的实例，并将其向右上方拖动，如图3-68所示。

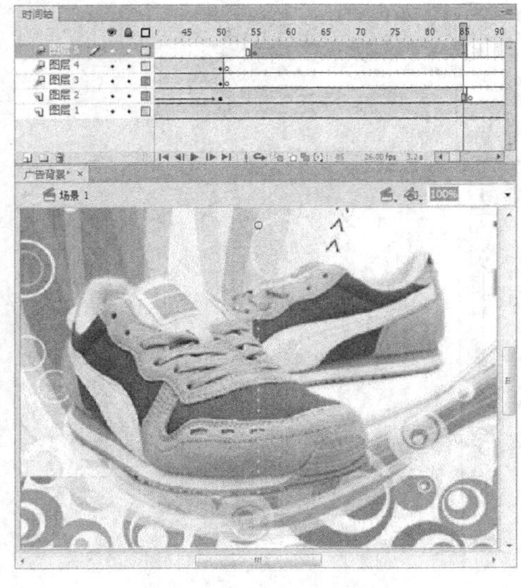

图3-67　添加补间动画

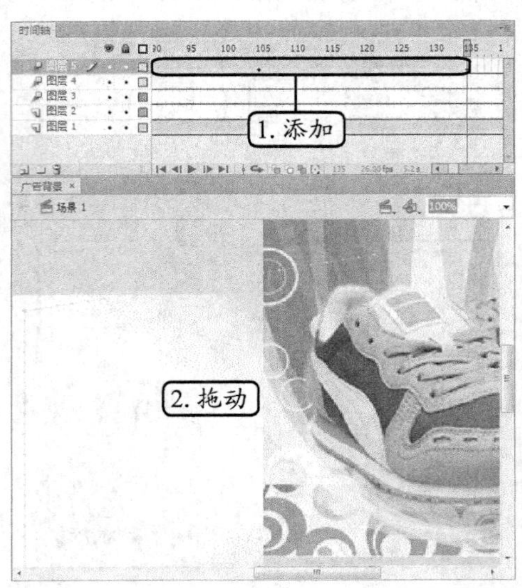

图3-68　移动实例

STEP 11 继续新建“图层6”图层，导入“衣服.jpg”图像（素材参见：光盘\素材文件\项目三\任务三\衣服.jpg），然后使用相同的方法创建从左到右的补间动画，并在第155帧处添加关键帧，如图3-69所示。

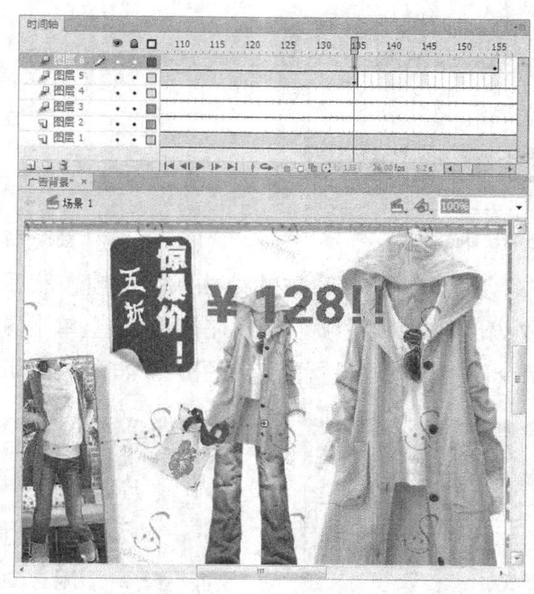

图3-69 添加补间动画

（二）制作百叶窗效果

下面制作百叶窗过渡效果，完成该动画的制作，其具体操作如下（微课：光盘\微课视频\项目三\制作百叶窗效果.swf）。

STEP 1 选择【插入】/【新建元件】菜单命令，新建一个名为“矩形”的影片剪辑元件，然后在该元件图层1的第1帧中使用矩形工具绘制一个高度为1像素的线。在第20帧处插入关键帧，然后使用任意变形工具将使用矩形工具绘制的线拖宽，并创建形状补间动画，如图3-70所示。

STEP 2 选择【插入】/【新建元件】菜单命令，新建一个名为“百叶窗”的影片剪辑元件，然后将“矩形”元件拖曳到该元件的舞台中，并根据“矩形”实例的高度进行排列，如图3-71所示。

知识补充

这里制作的百叶窗是从上到下进行展开的不透明矩形，目的是为了模仿百叶窗展开的效果。

STEP 3 返回到场景中，新建“图层7”，在第135帧处插入关键帧，并导入“宝贝照片.jpg”（素材参见：光盘\素材文件\项目三\任务三\宝贝照片.jpg），适当调整后，在该图层的第196帧处插入空白关键帧，如图3-72所示。

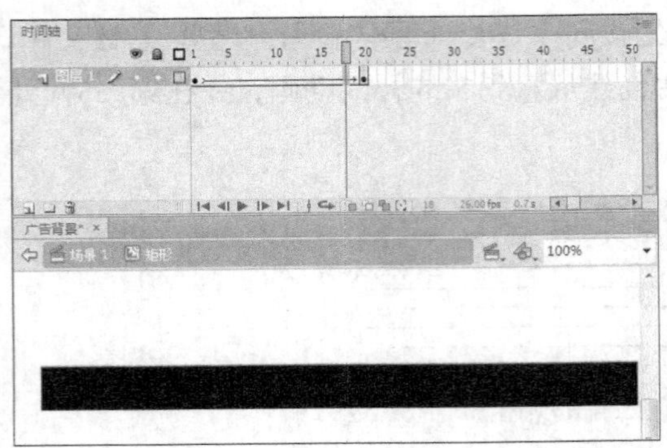

图3-70　创建形状补间动画

图3-71　制作百叶窗

STEP 4 新建“图层8”图层，在其第135帧处插入关键帧，然后将“百叶窗”元件拖曳到场景中，并在第156帧处添加空白关键帧，最后在该图层8上单击鼠标右键，在弹出的快捷菜单中选择“遮罩层”命令，将该图层设置为遮罩图层，如图3-73所示。

图3-72　添加图像

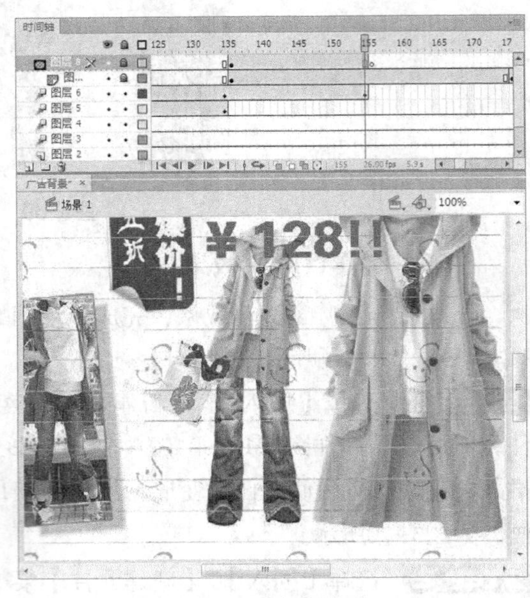

图3-73　添加遮罩

STEP 5 选择图层7的第176帧，按【F6】键添加关键帧，然后在176帧之后添加补间动画，使该图像的Alpha值逐渐变小，直到消失，如图3-74所示。

STEP 6 继续新建“图层9”图层，并在其第196帧处添加关键帧，然后打开“花车.fla”文档的库（素材参见：光盘\素材文件\项目三\任务三\花车.fla），将其中的“花车”元件拖曳到场景中，并添加从左到后的补间动画，如图3-75所示。

STEP 7 最后新建“图层10”图层，添加文本，并为添加的文本添加“发光”滤镜，最后删除“时间轴”图层中多余的帧，完成制作（最终效果参见：光盘\效果文件\项目三\任务三\促销广告.fla）。

图3-74 添加补间动画

图3-75 添加花车动画

实训一 制作汽车行驶动画

【实训要求】

本实训要求制作汽车行驶动画，即用户在预览动画时，可以看到汽车在地图上沿公路行驶的动作。本实训的参考效果如图3-76所示。

图3-76 汽车行驶动画

【实训思路】

本实训将新建一个Flash动画文档，在其中导入素材，并新建元件、绘制运动路径制作补间动画。

【步骤提示】

STEP 1 新建一个尺寸为1000×658像素的空白动画文档。按【Ctrl+R】组合键，打开“导入”对话框，在其中选择“地图.png”图像导入。将图像移动到舞台中间，并在第60帧插入关键帧，新建“图层2”。

STEP 2 选择“图层2”的第1帧。按【Ctrl+R】组合键，将“汽车.png”图像（素材参见：光盘\素材文件\项目三\实训一\汽车行驶\）导入到舞台中，并调整其大小和方向。选择导入的图像，按【F8】键，打开“转换为元件”对话框，在其中设置“名称、类型”为“汽车、图形”，单击 确定 按钮。

STEP 3 选择【插入】/【补间动画】菜单命令，创建补间动画。选择第60帧，按【F6】键，插入属性关键帧。使用鼠标将汽车元件移动到最后停放的位置。

STEP 4 新建“图层3”，使用黑色的铅笔工具，在舞台中绘制出汽车行驶的路线。

STEP 5 使用选择工具，选择绘制的路径。按【Ctrl+C】组合键复制路径，再选择“图层2”的第1帧，选择所有的补间。

STEP 6 按【Ctrl+Shift+V】组合键粘贴路径，使补间路径与绘制的路径完全重合。

STEP 7 在“属性”面板中单击选中“调整到路径”复选框，使元件在路径上运动时，会根据路径调整角度。删除“图层3”，去掉绘制的铅笔路径。

实训二 制作风筝飞舞动画

【实训要求】

本实训要求制作风筝在空中飞舞的动画，即风筝在空中进行来回飞舞的效果。本实训的参考效果如图3-77所示。

图3-77 风筝飞舞效果

【实训思路】

本实训操作较简单，只需传统补间动画，便可制作风筝在天上飘动的效果。

【步骤提示】

STEP 1 新建一个尺寸为1000×673像素的空白动画文档。按【Ctrl+R】组合键，在打开的对话框中选择“背景.jpg”图像（素材参见：光盘\效果文件\项目三\实训二\风筝飞舞\）导入，再将其移动到舞台中间。然后在第30帧插入关键帧。新建“图层2”。

STEP 2 选择“图层2”的第1帧，将“风筝.png”图像导入到舞台中，选择导入的图像。按【F8】键，打开“转换为元件”对话框，在其中设置“名称、类型”为“风筝、图形”，单击[确定]按钮。

STEP 3 使用任意变形工具旋转元件，并将其移动到舞台右边。选择第14帧，按【F6】键插入关键帧，继续使用任意变形工具旋转元件。在第30帧插入关键帧，在其中继续旋转元件。

STEP 4 选择“图层2”的第1帧，选择【插入】/【传统补间】菜单命令，为第1~14帧创建传统补间动画，选择第15帧，使用相同的方法为第15~29帧创建传统补间动画。

STEP 5 按【Ctrl+Enter】组合键测试动画，可看见风筝在天空中飘动。

常见疑难解析

问：如何删除补间动画？

答：在补间动画的起始帧上单击鼠标右键，在弹出的快捷菜单中选择“删除补间”菜单命令，即可删除已有的补间动画。

问：“动画编辑器”面板为何不可用？

答：要使用“动画编辑器”面板必须先选择补间动画范围，然后再切换到“动画编辑器”面板方可正常使用。

问：同一段补间动画可以同时添加多个属性吗？

答：可以。同一段补间动画可以同时添加位置、转换、色彩效果、滤镜等效果。添加效果时可在“动画编辑器”面板中完成，也可选择动画对象，然后在“属性”面板中进行设置。

拓展知识

1. 使用动画预设

动画预设能够通过最少的步骤来添加动画。在舞台上选中影片剪辑元件实例，选择【视图】/【动画预设】菜单命令打开“动画预设”面板，选择需要的动画预设并应用即可。如有一段蝴蝶飞舞的动画预设，当选择舞台中的蝴蝶影片剪辑元件并应用该动画预设后，即可实现蝴蝶飞舞的效果。

2. 分散到图层

在制作动画时常需要分层处理，即将各个动画对象放置不同的图层中。如果在绘制动画对象时绘制在了同一图层中，可选择动画的各个部分，然后单击鼠标右键，在弹出的快捷菜单中选择“分散到图层”命令，将所选的各个部分分散到单独的图层中。

课后练习

（1）应用补间动画创建一个“篮球”动画，该动画的特点是模拟打篮球过程的运行速度和状态。通过制作主要练习补间动画的创建、应用缓动编辑补间动画属性的操作。最终效果如图3-78所示（最终效果参见：光盘\效果文件\项目三\课后练习\篮球宣传动画.fla）。

图3-78　篮球宣传动画

（2）根据提供的图形素材（素材参见：光盘\素材文件\项目三\课后练习\蜻蜓.fla），制作蜻蜓在花丛中飞舞的动画效果，通过制作主要练习绘制运动路径制作补间动画和逐帧动画的方法。其最终效果如图3-79所示（最终效果参见：光盘\效果文件\项目三\课后练习\蜻蜓飞舞.fla）。

图3-79　蜻蜓飞舞动画

PART 4

项目四 制作遮罩与引导层动画

情景导入

小白：阿秀，你这是什么动画技术，小狗居然可以乖乖地沿着小路走?

阿秀：这是引导层动画。沿着小路绘制一条引导线，然后在小狗图层创建传统补间动画，分别在起始帧和结束帧中调整小狗元件，将其移动到引导线的两端，就完成了小狗沿着小路行走的动画了。

小白：是这样啊，那过山车动画也可以这样做了?

阿秀：当然可以。今天我就教你如何制作引导层动画，另外还教你一项更加强大的动画技术——遮罩动画。

小白：遮罩动画？是用东西将动画遮盖起来吗?

阿秀：是的，就像用望远镜看东西一样，你只能看到望远镜两个镜孔中的东西，镜孔外的世界就无法看到了。使用遮罩动画可以制作展开画卷、旋转地球等动画。

学习目标

- 掌握引导层动画的原理及基本制作方法
- 掌握遮罩动画的原理及基本制作方法

技能目标

- 理解遮罩动画和引导层动画的制作原理，并能够熟练制作相关动画
- 掌握“小鸟飞行”和“流水”动画的制作方法

任务一 制作小鸟飞行动画

使用补间动画制作动画，在编辑运动路径时可能不太方便、准确，本任务将使用引导层来实现小鸟沿着引导线飞行的动画效果。

一、任务目标

本例将采用引导层实现小鸟飞行动画效果。先在舞台中使用钢笔工具或铅笔工具绘制飞行路径，然后将图层转换为引导层，在其下方的图层中创建小鸟飞行的动画效果。通过本例的学习，可以掌握引导层动画的制作方法。本例制作完成后的最终效果如图4-1所示。

图4-1 小鸟飞行动画效果

二、相关知识

制作本例时，涉及引导层动画原理、引导层动画分类、取消引导层等相关知识，下面先对这些知识进行介绍。

（一）引导层动画原理

引导层动画即动画对象沿着引导层中绘制的线条进行运动的动画。绘制的线条通常是不封闭的，以便于Flash系统找到线条的头和尾（动画开始位置及结束位置）从而进行运动。被引导层通常采用传统补间动画来实现运动效果，被引导层中的动画可与普通传统补间动画一样，设置除位置变化外的其他属性，如Alpha、大小等属性的变化。

（二）引导层的分类

引导层被分为普通引导层和运动引导层两种，它们的作用以及产生的效果都有所不同，下面分别进行介绍。

1. 普通引导层

普通引导层在影片中起辅助静态对象定位的作用，选中要作为引导层的图层，单击鼠标右键，在弹出的快捷菜单中选择“引导层”命令，即可将该图层创建为普通引导层。在图层区域以 图标表示，如图4-2所示。

2. 运动引导层

在Flash动画中，为对象建立曲线运动或使它沿指定的路径运动是不能够直接完成的，需要借助运动引导层来实现。运动引导层可以根据需要与一个图层或任意多个图层相关联，这些被关联的图层称为被引导层。被引导层上的任意对象将沿着运动引导层上的路径运动，创建的引导层在图层区域以 图标表示，如图4-3所示。

创建运动引导层后，在“时间轴”面板的图层编辑区中被引导层的标签向内缩进，上方的引导层则没有缩进，非常形象地表现出了两者之间的关系。默认情况下，任何一个新创建的运动引导层都会自动放置在用来创建该运动引导层的普通图层的上方。移动该图层则所有同它相连接的图层都将随之移动，以保持它们之间的引导和被引导的关系。

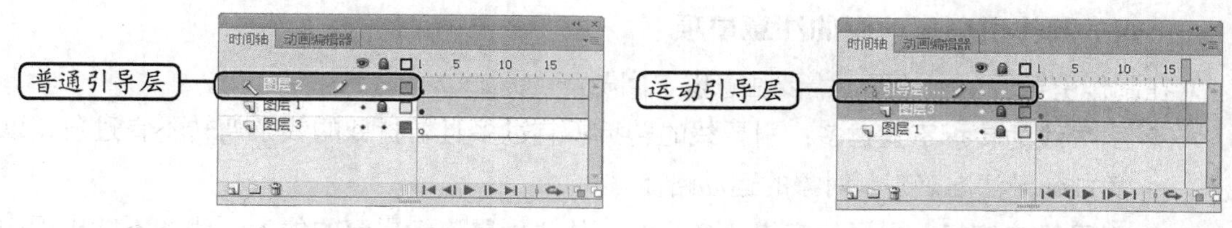

图4-2　普通引导层　　　图4-3　运动引导层

知识补充

被引导层可以有多层，也就是允许多个对象沿着同一条引导线进行运动，一个引导层也允许有多条引导线，但一个引导层中的对象只能在一条引导线上运动。

3. 普通引导层和运动引导层的相互转换

普通引导层和运动引导层之间可以相互转化。要将普通引导层转换为运动引导层，只需给普通引导层添加一个被引导层即可。其方法：拖曳普通引导层上方的图层到普通引导层的下面。同样道理，如果要将运动引导层转换为普通引导层，只需将与运动引导层相关联的所有被引导层拖曳到普通引导层的上方即可轻松转换。

在实现普通引导层和运动引导层的相互转换时，需要拖曳图层，等普通引导层的图标变暗时再释放鼠标，这样才能成功转换。

（三）引导动画的“属性”面板

在引导动画的“属性”面板中可以对动画进行精确地调整，使被引导层中的对象和引导层中的路径保持一致。引导层动画的“属性”面板如图4-4所示。“属性”面板中主要参数的含义分别介绍如下。

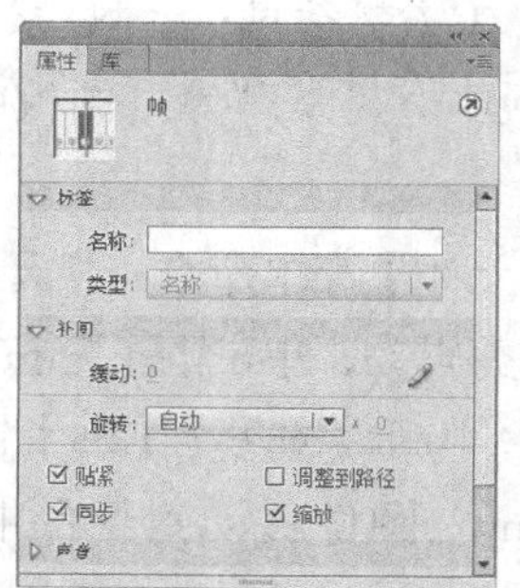

图4-4　引导层动画的“属性”面板

- **“贴紧”复选框：**单击选中该复选框，元件的中心点将会与运动路径对齐。
- **“调整到路径”复选框：**单击选中该复选框，对象的基线就会自动地调整到运动路径。
- **“同步”复选框：**单击选中该复选框，对象的动画将和主时间轴一致。
- **“缩放”复选框：**在制作缩放动画时，单击选中该复选框，对象将随着帧的变化而缩小或放大。

（四）制作引导层动画的注意事项

在制作引导层动画过程中需要注意以下问题。

- **引导线的转折不宜过多：**引导线的转折不宜过多且转折处的线条弯转不宜过急，以免Flash无法准确判判对象的运动路径。
- **引导线应流畅：**引导线应为一条流畅、从头到尾连续贯穿的线条，线条不能出现中断的现象。
- **引导线不能交叉：**引导线中不能出现交叉、重叠的现象，否则会导致动画创建失败。
- **必须吸附在引导线上：**被引导对象必须吸附到引导线上，否则被引导对象将无法沿着引导路径运动。
- **必须为未封闭线条：**引导线必须是未封闭的线条。
- **灵活使用“调整到路径”复选框：**在属性面板中单击选中“调整到路径”复选框，可让运动对象根据路径情况进行调整，从而达到更真实的运动效果。如小鸟沿着引导线平行飞行后转向下飞行，此时如果单击选中“调整到路径”复选框，则Flash会调整小鸟的倾斜度使其头及身体有一个稍向下倾的效果，让小鸟的动作更加真实。

知识补充

在引导层上单击鼠标右键，在弹出的快捷菜单中选择“引导层”命令可取消引导层。

三、任务实施

下面将具体讲解制作小鸟飞行动画的方法，其具体操作如下（微课：光盘\微课视频\项目四\制作小鸟飞行动画.swf）。

STEP 1 新建一个尺寸为1024像素×768像素，颜色为“#00CCCC”的空白动画文档。按【Ctrl+R】组合键，将“小鸟”（素材参见：光盘\素材文件\项目四\任务一\小鸟\）文件夹中的图像都导入到“库”面板中。再从“库”面板中将“背景.png”图像移动到舞台中，如图4-5所示。

STEP 2 选择【插入】/【新建元件】菜单命令，打开“创建新元件”对话框，设置“名称、类型”分别为“鸟飞行、影片剪辑”，单击确定按钮，进入元件编辑窗口，从“库”面板中将“1.png”图像移动到舞台中间。按两次【F6】键，插入两个关键帧。然后再插入空白帧，从“库”面板中将“2.png”图像移动到舞台中间。按两次【F6】键，插入两个关键帧，如图 4-6 所示。

图4-5 导入素材

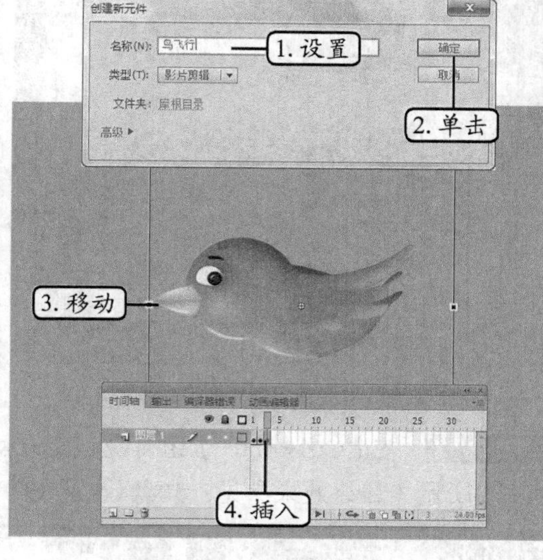

图4-6 新建元件

STEP 3 返回“场景1”，新建“图层2”，在第1帧处导入“鸟飞行”元件，然后在“图层1”和“图层2”的第60帧处插入关键帧，在“图层2”的第1~59帧处单击鼠标右键，在弹出的快捷菜单中选择“创建传统补间”命令，创建传统补间动画，如图4-7所示。

STEP 4 在“图层2”上单击鼠标右键，在弹出的快捷菜单中选择“添加传统引导图层”命令，创建引导图层，选择“引导层”图层的第1帧，在引导层上使用铅笔工具绘制一条曲线，作为飞行路径，如图4-8所示。

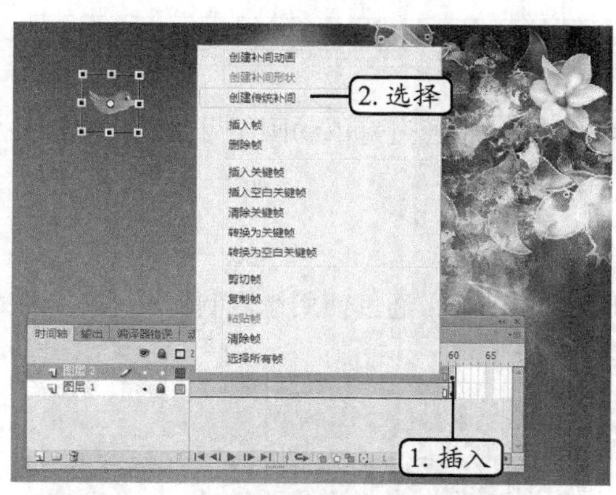

图4-7 创建传统补间

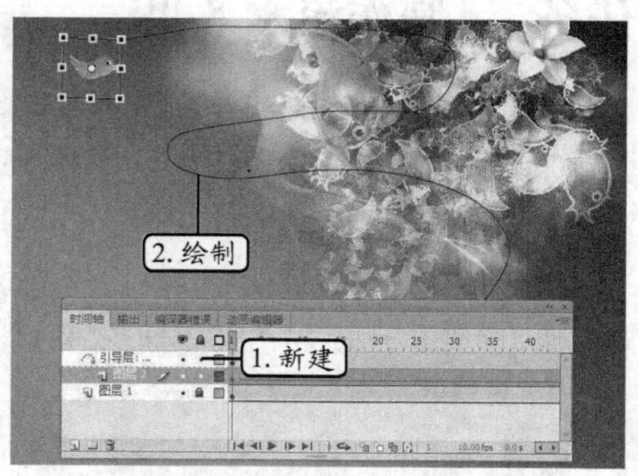

图4-8 创建引导图层

STEP 5 在第1帧处拖曳“鸟飞行”元件到曲线左端，使其紧贴到引导线上。在第60帧处拖曳元件到曲线右端，使其紧贴到引导线上，如图4-9所示。

STEP 6 选择“图层2”中的传统补间区间，在“属性”面板中的“补间”栏中设置“缓动、旋转”分别为“74、无”，单击选中“贴紧”和“调整到路径”复选框，如图4-10所示。

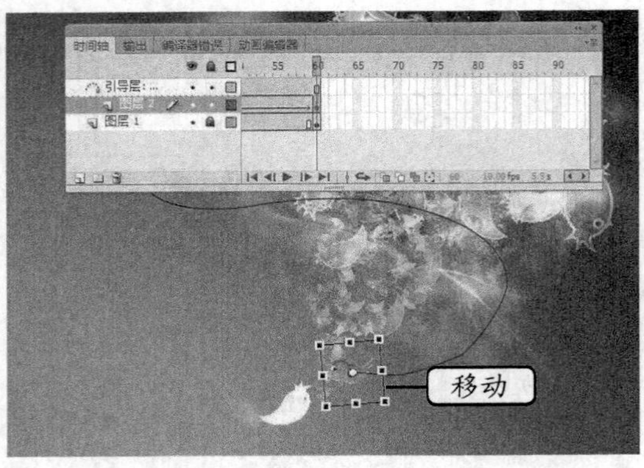

图4-9　拖曳元件到引导线

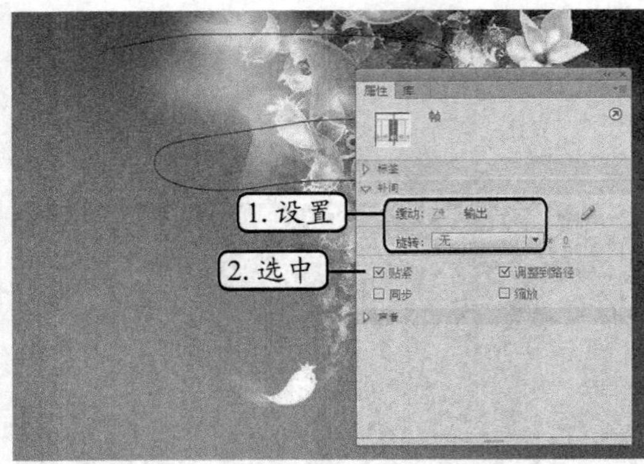

图4-10　设置引导属性

STEP 7 按【Ctrl+Enter】组合键，测试动画。可看到小鸟沿着引导层中的线条飞行，如图4-11所示（最终效果参见：光盘\效果文件\项目四\项目一\小鸟飞行.fla）。

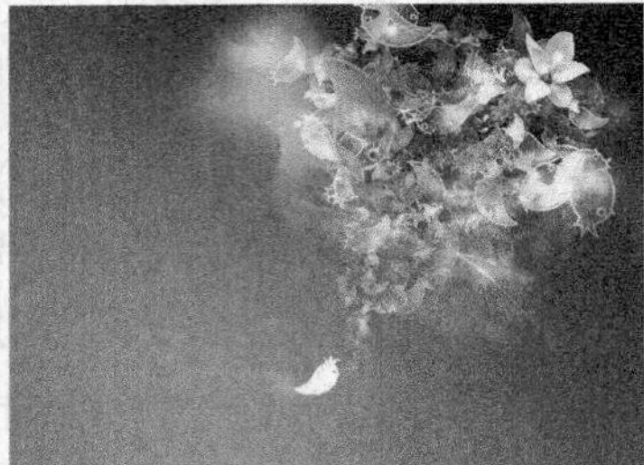

图4-11　测试动画

任务二　制作流水效果

在日常生活中，觉得流水潺潺的景象很唯美，在Flash中通过遮罩动画便可实现，本任务将制作流水流动的动画。

一、任务目标

本任务将制作流水效果，主要涉及遮罩动画及补间动画，通过使用遮罩制作流水效果，掌握遮罩的使用方法。本例完成后的效果如图4-12所示。

图4-12　流水效果

二、相关知识

在制作本例过程中用到了遮罩动画技术，下面分别对其相关知识进行介绍。

（一）遮罩动画原理

遮罩动画是比较特殊的动画类型，遮罩动画主要包括遮罩层及被遮罩层，其中遮罩层主要控制形，即所能看到的范围及形状，如遮罩层中是一个月亮图形，则用户只能看到这个月亮中的动画效果。被遮罩层则主要实现动画效果，如移动的风景等。图4-13所示是创建一个静态的遮罩动画效果的前后对比图。

由于遮罩层的作用是控制形状，因此在该层中绘制具有一定形状的矢量图形，形状的描边或填充颜色则无关紧要，因为不会被显示出来。

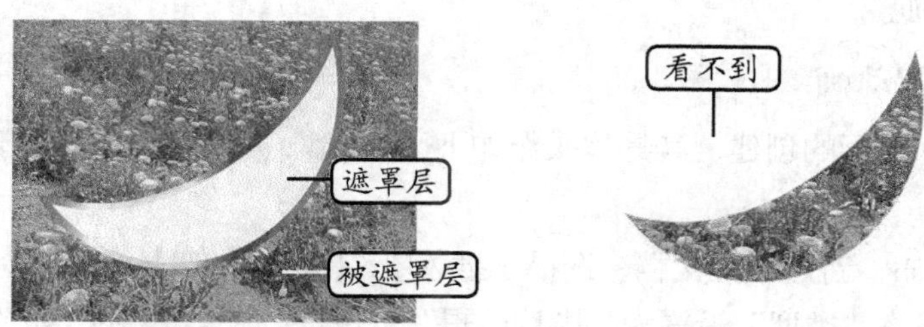

图4-13 遮罩动画层原理示意图

在遮罩动画中，遮罩层与被遮罩层都可以创建动画效果，如在遮罩层中绘制两个圆以表示望远镜中的两个镜头，并通过创建传统补间动画实现移动效果，而被遮罩层则放置一张放大了的图像，这样就可以模拟真实的使用望远镜看风景的效果。

（二）创建遮罩层

在Flash中创建遮罩层的方法主要有用菜单命令创建和通过改变图层属性创建两种，分别介绍如下。

- **用菜单命令创建**：用菜单命令创建遮罩层是创建遮罩层最简单的方式，在要作为遮罩层的图层上单击鼠标右键，在弹出的快捷菜单中选择“遮罩层”命令即可将当前图层转换为遮罩层。转换后若紧贴它下面有一个图层，则会被自动转换为被遮罩层。
- **通过改变图层属性创建**：在图层区域中双击要转换为遮罩层的图层，在打开的“图层属性”对话框的“类型”栏中单击选中“遮罩层”单选项，然后单击 确定 按钮即可。创建遮罩层后，还需要双击遮罩层下方的图层，在打开的“图层属性”对话框的“类型”栏中单击选中“被遮罩”单选项，再单击 确定 按钮，将该图层转换为被遮罩层才能使遮罩层和被遮罩层之间建立一种链接关系。

（三）创建遮罩动画的注意事项

虽然用户可以在遮罩层中绘制任意图形并用于创建遮罩动画，但为了能使创建的遮罩动画更具美感，在创建遮罩动画时应注意以下事项。

- **遮罩的对象**：遮罩层中的对象可以是按钮、影片剪辑、图形和文字等，但不能使用笔触，被遮罩层中则可以是除了动态文本之外的任意对象。在遮罩层和被遮罩层中可使用形状补间动画、动作补间动画、引导层动画等多种动画形式。
- **编辑遮罩**：在制作遮罩动画的过程中，遮罩层可能会挡住下面图层中的元件，要对遮罩层中的对象进行编辑，可以单击“时间轴”面板中的“显示图层轮廓”按钮□，使遮罩层中的对象只显示边框形状，以便对遮罩层中对象的形状、大小和位置进行调整。
- **遮罩不能重复**：不能用一个遮罩层来遮罩另一个遮罩层。

三、任务实施

（一）创建补间动画

下面先进行补间动画的创建，其具体操作如下（微课：光盘\微课视频\项目四\创建补间动画.swf）。

STEP 1 启动Flash，新建一个文档，选择【插入】/【新建元件】菜单命令，将元件名称命名为“风景”，并将“类型”设置为“影片剪辑”，单击 确定 按钮，如图4-14所示。

STEP 2 创建元件后，选择【文件】/【导入】/【导入到舞台】菜单命令，将“风景.jpg”图像（素材参见：光盘\素材文件\项目四\任务二\风景.jpg）导入到舞台中。

STEP 3 返回到场景中，将新建的元件拖曳到场景中，创建实例，然后将场景的舞台大小修改为与实例相同，这里将舞台大小修改为“640×400”像素，如图4-15所示。

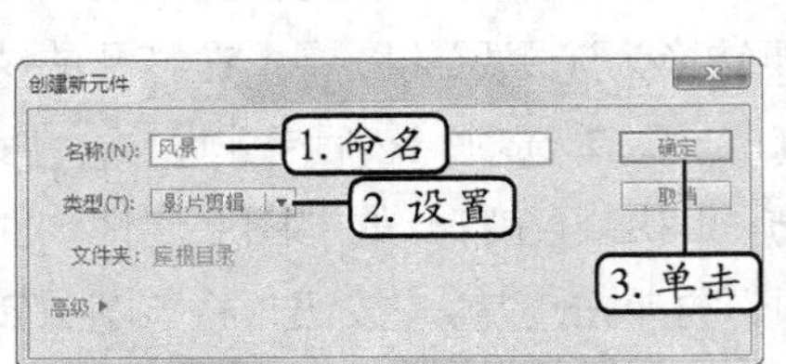

图4-14　创建元件

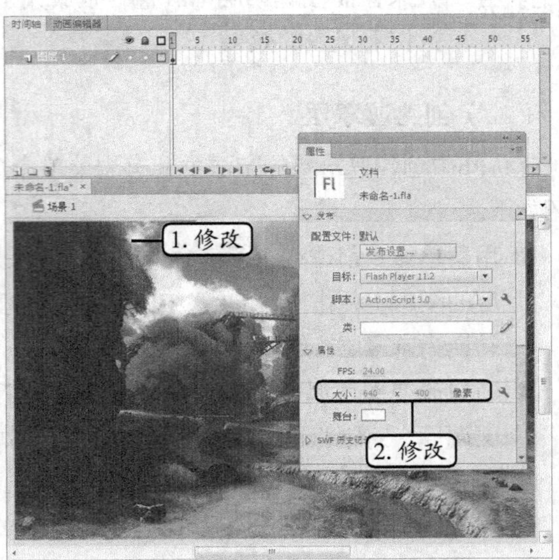

图4-15　创建实例

STEP 4 选择实例，然后在“属性”面板中将该实例的大小修改为“1280×400”像素，使该实例变为拉伸状态，然后按【Ctrl+T】组合键，在打开的“对齐”面板中单击选中“与舞台对齐”复选框，再单击“左对齐”按钮，将实例的左侧与舞台对齐，如图4-16所示。

STEP 5 选择图层1的第40帧，按【F6】键添加关键帧，并选择第40帧中的实例，按【Ctrl+T】组合键，在打开的“对齐”面板中单击选中“与舞台对齐”复选框，再单击“右对齐”按钮，为图层1的第1帧～第40帧添加传统补间动画，如图4-17所示。

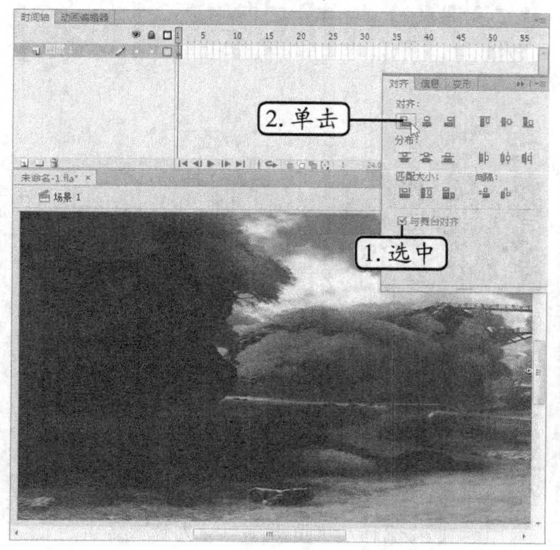

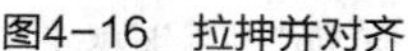

图4-16 拉抻并对齐

图4-17 创建补间动画

（二）创建遮罩动画

下面将创建遮罩动画，其具体操作如下（微课：光盘\微课视频\项目四\创建遮罩动画.swf）。

STEP 1 新建一个“图层2”图层，选择图层2的第1帧，然后选择矩形工具，在场景中绘制一个完全覆盖舞台的矩形。在图层2上单击鼠标右键，在弹出的快捷菜单中选择“遮罩层”命令，将图层2变为遮罩层，此时图层1将自动变为被遮罩层，如图4-18所示。

STEP 2 新建一个“图层3”图层，将“风景”元件拖曳到图层3的第1帧，创建一个实例，并将该实例与舞台对齐，然后在图层3上单击鼠标右键，在弹出的快捷菜单中选择“复制图层”命令，复制图层3，如图4-19所示。

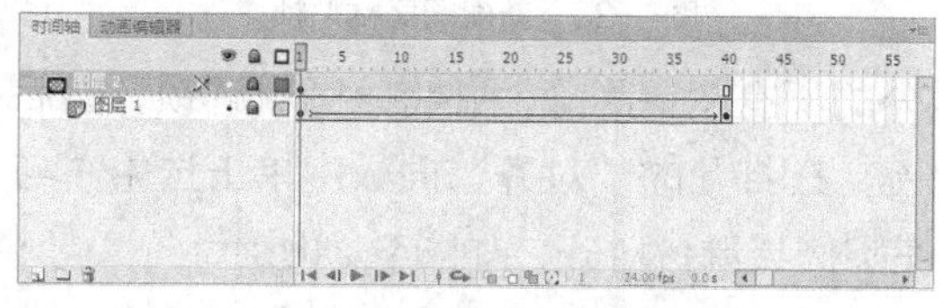

图4-18 设置遮罩层

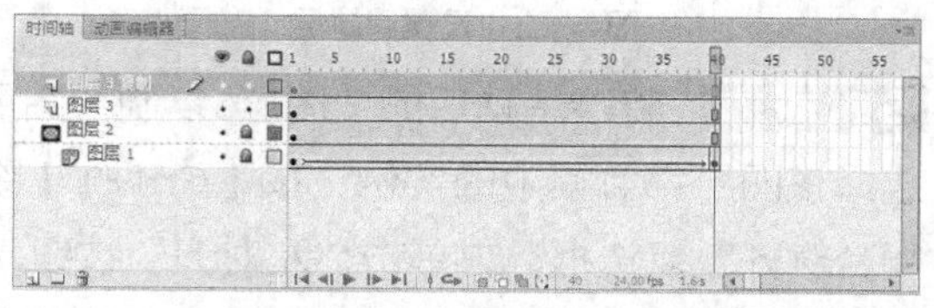

图4-19 新建并复制图层

STEP 3 隐藏图层1、图层2和图层3，调整场景的大小，选择“图层3复制”图层的第40帧，按【F6】键添加关键帧。选择“图层3复制”图层第1帧中的实例，并将该实例的左侧边缘与舞台的左侧边缘对齐，最后为“图层3复制”图层添加传统补间动画，如图4-20所示。

STEP 4 将被隐藏的图层1、图层2、图层3都显示出来，然后在“图层3复制”图层上单击鼠标右键，在弹出的快捷菜单中选择“遮罩层”命令，将复制图层转换为遮罩层，如图4-21所示。

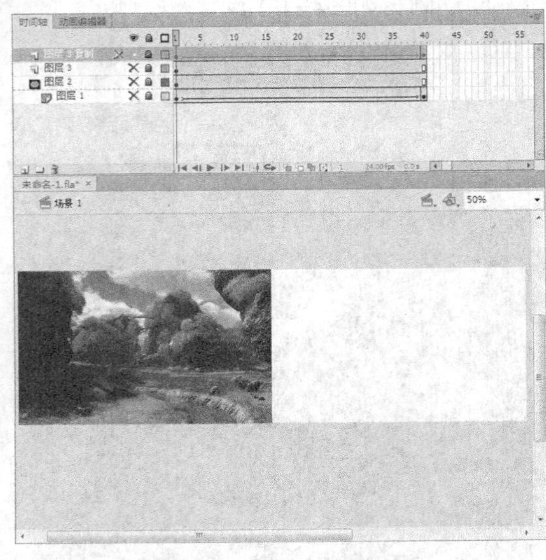

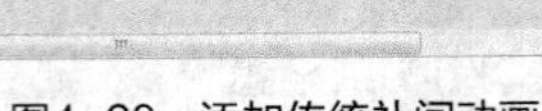

图4-20 添加传统补间动画

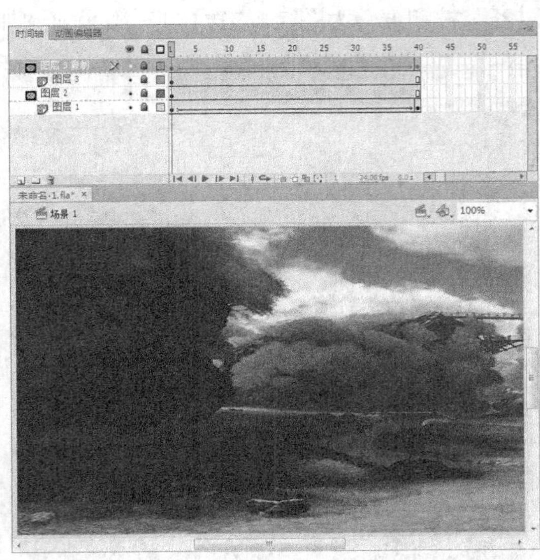

图4-21 复制图层并转化为遮罩层

STEP 5 此时就完成了从左至右的流水效果，在“时间轴”面板的任意帧上单击鼠标右键，在弹出的快捷菜单中选择“选择所有帧”命令，在选择的所有帧上单击鼠标右键，在弹出的快捷菜单中选择“复制帧”命令，如图4-22所示。

STEP 6 在图层3上新建4个图层，然后选择这新建的4个图层的第41帧～第80帧，并单击鼠标右键，在弹出的快捷菜单中选择“粘贴帧”命令，将复制的帧粘贴，如图4-23所示。

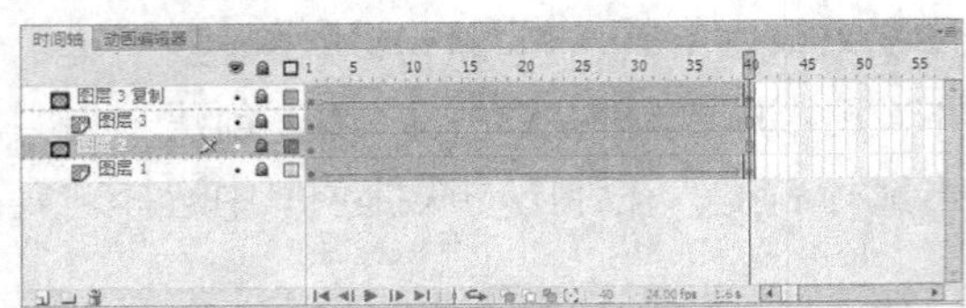

图4-22 设置遮罩层

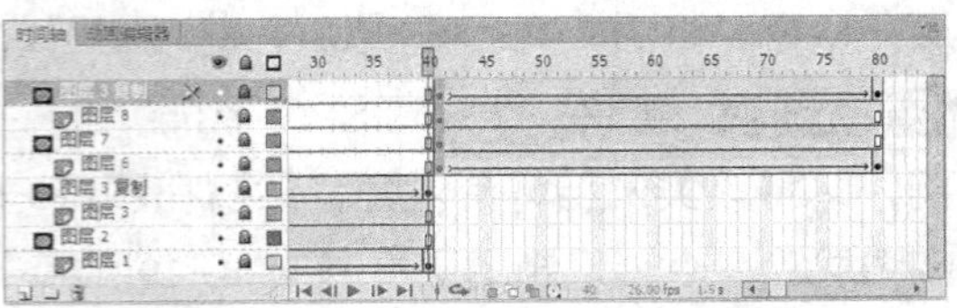

图4-23 新建图层粘贴帧

STEP 7 将除粘贴后的“图层3复制”图层以外的所有图层隐藏，并将该图层解锁，然后选择该图层第41帧中的实例，按【Ctrl+T】组合键，在打开的“对齐”面板中单击选中“与舞台对齐”复选框，再单击“左对齐”按钮，使实例与舞台对齐，如图4-24所示。

STEP 8 选择粘贴后的图层3，复制图层第80帧中的实例，然后将其右侧与舞台的右侧对齐，如图4-25所示，完成动画的制作（最终效果参见：光盘\效果文件\项目四\项目二\风景.fla）。

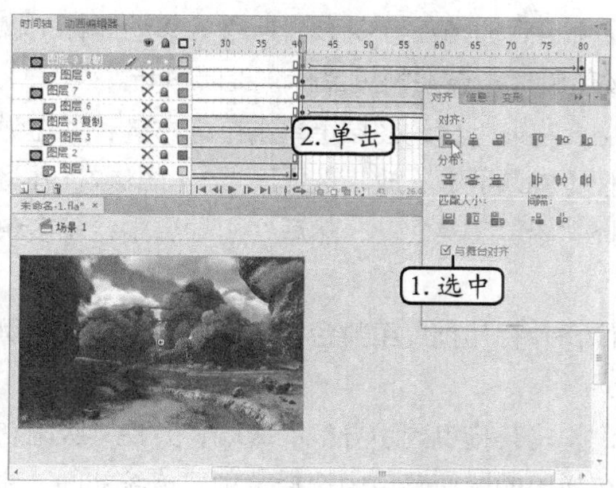

图 4-24 对齐实例

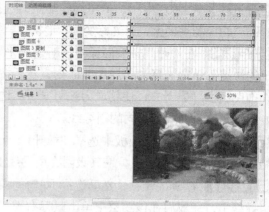

图4-25 完成动画制作

实训一 制作枫叶飘落动画

【实训要求】

本例要求制作枫叶飘落的动画效果。本实训的参考效果如图4-26所示。

图4-26 枫叶飘落效果

【实训思路】

要成功地制作引导动画，首先需要在引导层中添加引导线，然后将需要被引导的对象吸附到引导线上，最后添加传统补间动画。

【步骤提示】

STEP 1 打开“枫树.fla”文档（素材参见：光盘\素材文件\项目四\实训一\枫树\），然后选择【插入】/【新建元件】菜单命令，添加元件。

STEP 2 选择【文件】/【导入】/【导入到舞台】菜单命令，将素材导入到舞台中，并分别在图层中选择第8帧和第15帧，为其添加关键帧。

STEP 3 在图层中添加传统补间动画，选择帧然后选择任意变形工具，移动光标至枫叶四周的控制手柄上，当光标变为↻形状时，按住鼠标不放并拖曳鼠标，旋转枫叶。

STEP 4 在"时间轴"面板中，新建7个图层，在最上面的图层上单击鼠标右键，并在弹出的快捷菜单中选择"引导层"命令，然后按住【Shift】键不放，选择图层2~图层7，并将其拖曳到引导层下方，使其成为被引导层。选择"铅笔工具"，然后在引导层中绘制多条方向、长度、曲线都不同的引导线。

STEP 5 在"库"面板中选择"枫叶1"元件，并将其拖曳至舞台中，然后将创建的实例拖曳至1条引导线的一段，使其吸附在引导线上。

STEP 6 添加关键帧，然后选择枫叶1的实例，将其拖曳到引导线的末端，并使其吸附在引导线上，完成后在该图层上单击鼠标右键，在弹出的快捷菜单中选择"创建传统补间"命令，创建传动补间。

STEP 7 使用相同的方法，在图层3~图层7之间添加不同的关键帧，并分别添加不同的元件实例，然后将添加的实例分别吸附在不同的引导线上，最后为所有的图层创建传统补间，选择【文件】/【保存】菜单命令，完成动画的制作（最终效果参见：光盘\效果文件\项目四\实训一\枫树.fla）。

实训二 制作绵羊遮罩动画

【实训要求】

本实训将通过遮罩层制作绵羊遮罩动画，使其绵羊达到身上的花纹随着时间的变化而变化的效果。本实训的最终效果如图4-27所示。

图4-27 绵羊遮罩动画

【实训思路】

本例将新建动画文档，并导入素材，最后新建元件和补间动画，用于遮罩动画。

【步骤提示】

STEP 1 新建一个颜色为#FFFFCC，大小为1200×850像素的空白动画文档。按【Ctrl+R】组合键，在打开的对话框中将"背景.png"图像（素材参见：光盘\素材文件\项目四\实训二\绵羊\）导入到"库"面板中。

STEP 2 选择【插入】/【新建元件】菜单命令，打开"创建新元件"对话框，在其中分别设置“名称、类型”。进入元件编辑窗口，在其中导入“皮肤.png”图像。按【F8】键，打开“转换为元件”对话框，分别设置“名称、类型”。

STEP 3 选择【插入】/【补间动画】菜单命令，选择第100帧，按F6键，在第100帧插入属性关键帧，选择图像，使用鼠标将其向左边移动。

STEP 4 按【Ctrl+R】组合键，选择导入“羊毛.ai”图像，将导入图像后生成的“图层1”，重命名为“图层2”，并调整其大小，使其大小与皮肤元件高度相同，根据羊毛的位置调整“图层1”中第100帧，皮肤元件的位置，使蓝色区域位于“羊毛”图像下方。

STEP 5 选择“羊毛”图像，选择【修改】/【位图】/【转换位图为矢量图】菜单命令，将羊毛图像转换为矢量图。在“图层2”上单击鼠标右键，在弹出的快捷菜单中选择“遮罩图层”命令。将“图层2”转换为遮罩图层，“图层1”将变为被遮罩图层。

STEP 6 返回“场景1”，新建“图层2”。从“库”面板中，将“羊毛”元件移动到舞台中间羊的身上，并缩放其大小。新建“图层3”，将“羊角.png”图像导入到舞台中，缩放图像大小将其移动到羊头的位置。（最终效果参见：光盘\效果文件\项目四\实训二\绵羊.fla）。

常见疑难解析

问：创建引导层动画时，动画对象为什么不沿引导线运动？

答：产生这种情况的原因可能是引导线有问题，如转折太多、有交叉、断点等；或是运动对象未吸附到引导线上，在创建引导层动画时，一定要确保运动对象的中心点吸附在了引导线上。

问：引导层动画创建好后还能否对引导线进行修改？

答：可以，但一定要注意同时调整运动对象，且一定要保证运动对象吸附在引导线上。

问：遮罩动画中遮罩层中的形状是不是必须是规则形状？

答：也可以是非规则形状，比如使用文字作为遮罩层时，文字明显是非规则形状。遮罩形状可以是任意形状，但一定要注意，形状要保持在一定区域范围内。

拓展知识

1. 运动轨迹有交叉怎么使用引导层动画实现

同一组引导层动画中的引导线是不允许交叉的，如果运动轨迹不可避免地需要交叉，则可分为多个引导层来实现，根据交叉情况分成多个引导层组，分别绘制不交叉的引导线并创建相应的运动动画。

2. 如何实现圆形轨迹的引导层动画

要实现这种效果，可以先绘制出圆形引导线，然后使用橡皮擦工具将圆形引导线擦出一个小小的缺口，在创建运动动画效果时，分别将运动对象放置于缺口的两端就可使运动对象进行圆形轨迹运动。

3. **遮罩动画中显示遮罩形状**

例如，在创建放大镜动画时，放大镜需要同时显示出来，因此可以先制作放大镜移动的动画效果，以及放大显示的背景图，然后复制放大镜移动层并作为遮罩层，将原始放大镜移动层及放大背景图层作为被遮罩层。最底层放置原始背景图层即可。

课后练习

（1）本例将通过遮罩图层制作海浪效果。首先新建影片剪辑元件，在元件编辑窗口中绘制形状，创建补间动画。返回主场景，导入“海浪背景”素材（素材参见：光盘\素材文件\项目四\课后练习\海浪背景.jpg）并复制图层，最后创建遮罩图层，完成后的最终效果如图4-28所示（最终效果参见：光盘\效果文件\项目四\课后练习\海浪.fla）。

图4-28　海浪效果

（2）本例将制作蜗牛滚动动画。首先导入“蜗牛滚动”素材（素材参见：光盘\素材文件\项目四\课后练习\蜗牛滚动\），新建图层并制作元件。创建补间动画，调整运动路径，再在“动画编辑器”面板中添加属性关键帧，调整属性关键帧位置，添加缓动类型。再次新建图层，使用相同的方法新建第二段补间动画，完成后的最终效果如图4-29所示（最终效果参见：光盘\效果文件\项目四\课后练习\蜗牛滚动.fla）。

图4-29　蜗牛滚动动画

PART 5

项目五 制作有声动画

情景导入

小白：阿秀，今天客户让做一个Flash MTV，我还不知道怎么在动画里添加声音，你可以教我吗?

阿秀：在Flash中添加声音还是比较简单的，现在就教你如何在lash中添加声音，并对声音进行相应的设置吧!

小白：对了，在Flash中可以直接添加视频吗?

阿秀：当然可以。使用Adobe Media Encoder CS6可以将AVI等格式的视频转换为Flash中可以使用的FLV等格式，使其在Flash中直接播放视频动画，并进行播放、停止等操作。

小白：那我回家就将上周家庭聚餐拍的视频做成Flash放到我的个人网站上去秀秀。

阿秀：那好啊，我很期待哦!

学习目标

- 了解Flash支持的声音格式
- 掌握导入与添加声音的方法
- 掌握修改或删除声音的方法
- 掌握导入视频到Flash并进行优化的方法

技能目标

- 加强对在Flash中添加声音和视频的理解，并按要求熟练编辑Flash中的声音和视频
- 掌握“有声飞机动画”和“电视节目预告”制作的方法

任务一　制作有声飞机动画

制作Flash动画时常常需要为其添加声音，如卡通短剧、Flash MTV、Flash游戏等，执行这些动画都需要添加声音。另外，Flash中的一些动态按钮也需要添加生动的音效，以便更能吸引观众。本任务将制作一个有声动画——有声飞机动画。下面分别介绍其制作方法。

一、任务目标

本例将为飞机动画添加背景音乐，使观看Flash动画的过程更加有趣。制作过程包括背景动画的制作，声音的添加与优化等。通过本例的学习，可以掌握声音的导入及优化方法。本例制作完成后的最终效果如图5-1所示。

图5-1　有声飞机动画的最终效果

二、相关知识

制作本例时，涉及声音的格式、导入与添加声音的方法、设置声音、修改或删除声音、设置声音的属性、压缩声音文件等相关知识，下面分别对这些知识进行介绍。

（一）声音的格式

声音的格式有很多，从品质较低的到品质较高的格式都有。通常我们在听歌时，接触最多的有MP3、WMA、AAC等格式，如果是对声音要求较高的用户会接触到WAV、FLAC等多种格式。但是并不是所有格式的声音文件都能导入到Flash中，所以在导入声音文件之前需要认识不同的声音格式。

Flash可以导入WAV、MP3、AIFF、AU、ASND等多种格式的声音文件，下面分别对其进行介绍。

- **WAV**：微软和IBM公司共同开发的PC的标准声音格式，这种声音格式将直接保存对声音波形的采样数据。因为数据没有经过压缩，所以声音的品质很好，但是这种格式所占用的磁盘空间很大，通常一首5分钟左右的歌曲将会占用50MB左右的磁盘空间。
- **MP3**：大家熟知的一种音频格式，这是一种压缩的音频格式。相比WAV要小很多，通常5分钟左右的歌曲只会占用5~10MB的磁盘空间。虽然MP3是一种压缩格式，但这种格式拥有较好的声音质量，加上体积较小，所以被广泛地应用于各个领域，并且在网络上传输也十分方便。

- AIFF：苹果公司开发的一种声音文件格式，这种声音格式可以支持MAC平台，以便在MAC平台上制作有声音的Flash动画。
- AU：SUN公司开发的压缩声音文件格式，只支持8bit的声音，是网上常用到的声音文件格式。
- ASND：Adobe Soundbooth的本机硬盘文件格式，具有非破坏性。ASND文件还可以包含应用了效果的声音数据。

（二）导入与添加声音的方法

准备好声音素材后就可以在Flash动画中导入声音。一般可将外部的声音先导入到“库”面板中。选择【文件】/【导入】/【导入到库】菜单命令，在打开的“导入到库”对话框中选择要导入的声音文件，然后单击 打开(O) 按钮，即可完成导入声音操作。

导入完成后，打开“库”面板，选择需要添加的声音文件，并将其拖曳到场景中，即可完成添加声音的操作，如图5-2所示。

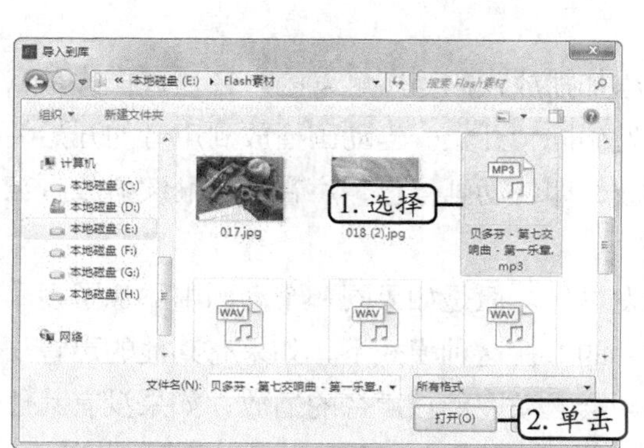

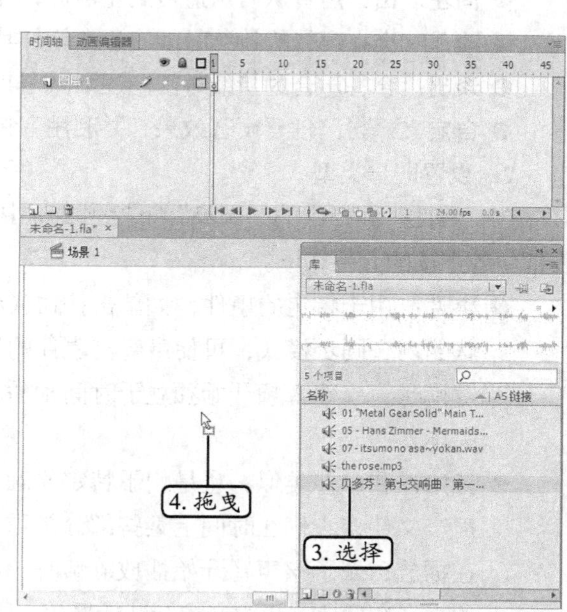

图5-2 添加声音

（三）设置声音

在为动画文档添加声音文件后，选择“时间轴”面板中包含声音文件的任意一帧，在“属性”面板中还可对声音的声道、音量等进行设置，图5-3所示为对声音效果进行设置，图5-4所示为对声音同步进行设置。

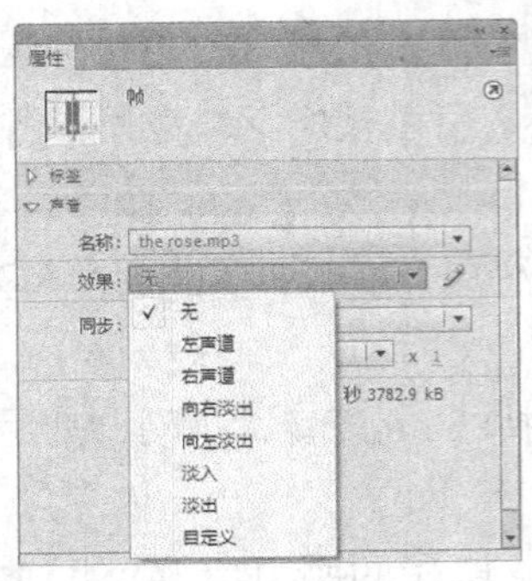

图5-3　设置效果

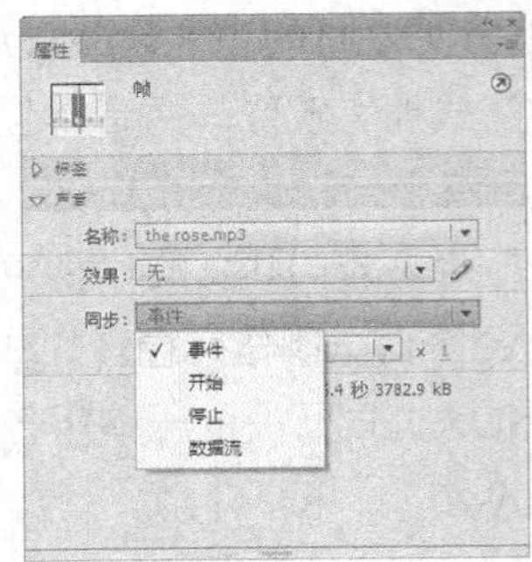

图5-4　设置同步

1. 设置效果

在“效果”下拉列表框中包含了8个选项，分别介绍如下。

- **无**：不使用任何效果。选择此选项将删除以前应用过的效果。
- **左声道**：只在左声道播放音频。
- **右声道**：只在右声道播放音频。
- **向右淡出**：声音从左声道传到右声道，并逐渐减小其幅度。
- **向左淡出**：声音从右声道传到左声道，并逐渐减小其幅度。
- **淡入**：会在声音的持续时间内逐渐增加其幅度。
- **淡出**：会在声音的持续时间内逐渐减小其幅度。
- **自定义**：自己创建声音效果，并利用音频编辑对话框编辑音频。

2. 设置同步类型

在“属性”面板中的“同步”下拉列表框中对声音同步属性进行设置，“同步”下拉列表框中各选项的介绍如下。

- **事件**：用于特定的事件，如单击按钮或添加播放代码等所触发的声音，该模式是默认的声音同步模式，可使声音与事件的发生同步开始。当动画播放到声音的开始关键帧时，事件音频开始独立于时间轴播放，即使动画停止，声音也会继续播放直至完毕。
- **开始**：和事件类似，也是用于特定的触发事件。但是如果同一个动画中添加了多个声音文件，它们在时间上某些部分是重合的，在这种模式下，如果有其他的声音正在播放，到了该声音开始播放的帧时，则会自动取消该声音的播放；如果没有其他的声音在播放，该声音才会开始播放。因此使用该选项，将不会出现重复的声音。
- **停止**：用于停止播放指定的声音，如果将某个声音设置为停止模式，当动画播放到该声音的开始帧时，该声音和其他正在播放的声音都会在此时停止。
- **数据流**：用于在Flash中自动调整动画和音频，使它们同步。主要用于在网络上播放流式音频。在输出动画时，流式音频将混合在动画中一起输出。

（四）修改或删除声音

在图层中添加了声音文件后，还可以通过“属性”面板将声音文件替换为其他的声音或将其删除。修改声音的方法：在图层中选择已添加的声音文件，打开“属性”面板，并在“属性”面板的“声音”栏中单击“名称”栏右侧的下拉按钮，在弹出的下拉列表中选择其他声音文件即可替换声音，若选择“无”选项则可删除声音，如图5-5所示。

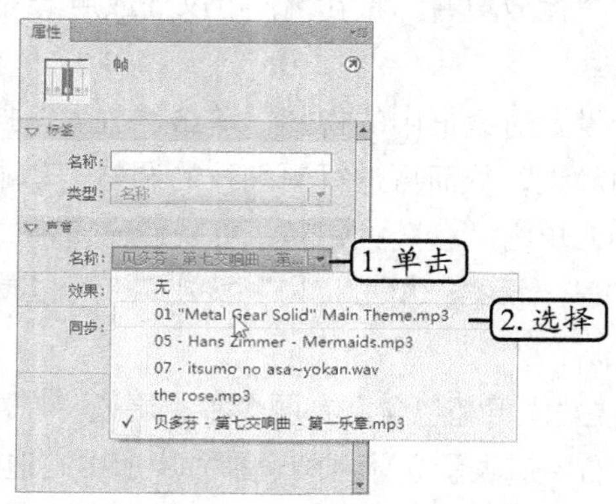

图5-5 替换声音或删除声音

（五）“编辑封套”对话框

选择声音文件后，直接在“属性”面板中对声音进行修改的选项较少，如果添加的歌曲等文件较长，就需要对声音文件进行剪辑，如果音量不合适，就需要调整音量，通常这些操作都可以在“编辑封套”对话框中进行设置，如图5-6所示。打开“编辑封套”对话框的方法：在“时间轴”面板中选择声音文件的帧后，单击“属性”面板中的“编辑声音封套”按钮，打开“编辑封套”对话框。

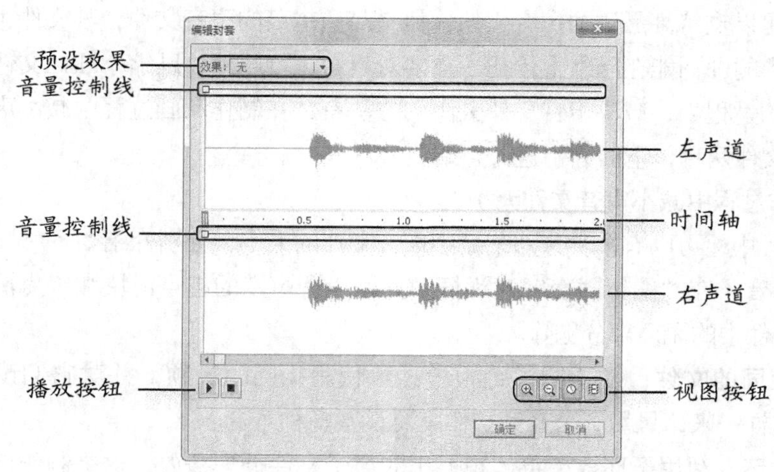

图5-6 “编辑封套”对话框

“编辑封套”对话框主要功能项介绍如下。

- **预设效果**：与“属性”面板中的“效果”下拉列表框类似，用于设置预设效果。
- **音量控制线**：用于控制音量的线。左右声道的音量可以分别控制，当该线在最上方表示该声道的音量为100%，在最下方则为关闭该声道的声音。如果将该线设置为斜线，则表示音量将会从大到小或从小到大进行渐变。

- **时间轴**：用于显示声音的长度，同时在该时间轴上包含有两个游标，用于设置声音的开始和结束位置。
- **播放按钮**：单击“播放声音”按钮，可以播放声音的效果，单击“停止声音”按钮则会停止播放。
- **视图按钮**：用于设置对话框中的视图，单击“放大”按钮，可以使窗口中的声音波形在水平方向放大，从而可进行更细致的调整；单击“缩小”按钮，则为波形在水平方向缩小；单击“秒”按钮，可以使窗口中的时间轴以秒为单位显示，这也是Flash的默认显示状态；单击“帧”按钮，可以使窗口中的时间轴以帧为单位显示。
- **左/右声道**：通常立体声都包含左右两个独立声道，左声道即指立体声两个独立声道中左边的声道，右声道表示立体声两个独立声道中右边的声道。

（六）设置声音的属性

双击“库”面板中的声音文件图标，在打开的“声音属性”对话框中显示了声音文件的相关信息，包括文件名、文件路径、创建时间和声音的长度等。如果导入的文件在外部进行了编辑，则可通过单击右侧的 更新(U) 按钮更新文件的属性，单击右侧的 导入(I)... 按钮可以选择其他的声音文件来替换当前的声音文件， 测试(T) 按钮和 停止(S) 按钮则用于测试和停止声音文件的播放。

（七）压缩声音文件

Flash虽然可以支持高品质的声音文件，但是品质越高的声音文件，其文件也越大，所以为了方便制作出的Flash能在网络上传播，需要对声音进行压缩，以缩小Flash文件的大小。在制作Flash动画的过程中，减小声音文件大小的方法有：在制作动画过程中减小声音文件的大小和压缩声音文件两种，下面分别进行介绍。

1. 在制作过程中减小声音文件大小

在制作过程中，可以有多种方法来减小声音文件的大小，分别介绍如下。

- **剪辑声音**：在“编辑封套”对话框中分别设置声音的起点滑块和终点滑块，或是将音频文件中的无声部分删除。
- **使用相同的文件**：在不同关键帧上尽量使用相同的音频，并对它们设置不同的效果，这样一来，只用一个音频文件就可设置多种声音。
- **使用循环**：利用循环效果将体积很小的声音文件循环播放，这是制作Flash动画的背景音乐所使用的方法。

2. 压缩声音文件

在“库”面板中选择声音文件，然后单击鼠标右键，在弹出的快捷菜单中选择“属性”命令，打开“声音属性”对话框。在对声音进行压缩时，通常都是使用该对话框进行的。在该对话框中，单击“压缩”栏右侧的下拉按钮，在打开的下拉列表中包含了“默认”“ADPCM”“MP3”“Raw”“语音”5个压缩选项，如图5-7所示。

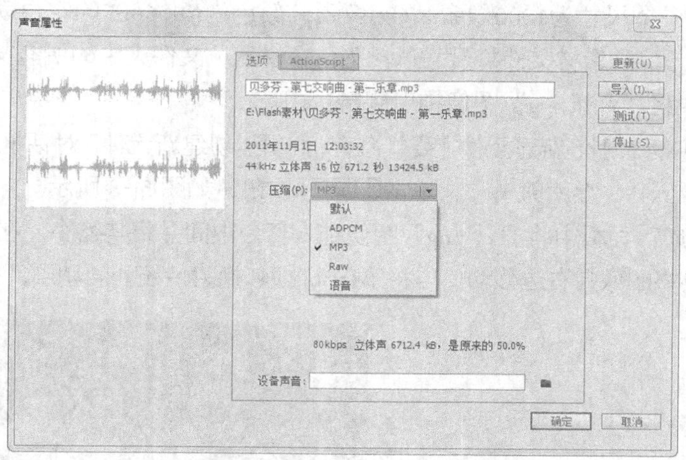

图5-7 “声音属性”对话框

选择“默认”选项将会以默认的方式进行压缩，而且不能进行其他设置，除默认外，其他4个选项的作用分别如下。

- **ADPCM**：该选项用于8位或16位声音数据的压缩设置，如单击按钮这样的短事件声音，一般选择“ADPCM”压缩方式。在选择ADPCM选项后，将显示“预处理”“采样率”“ADPCM位”3个参数，“ADPCM位”用于决定在ADPCM编辑中使用的位数，压缩比越高，声音文件越小，音效也越差。
- **MP3**：因为MP3的优越品质，使得MP3被广泛使用，通常在导出像乐曲这样较长的音频文件时，建议使用“MP3”选项。选择“MP3”压缩选项后，将会在“压缩”下拉列表框下方出现“使用导入的MP3品质”复选框，撤销选中该复选框，将显示出“预处理”“比特率”“品质”3个参数，分别对其进行设置即可对MP3声音文件进行压缩。
- **Raw**：主要用于设置声音的采样率，较低的采样率可以减小文件大小，也会降低声音品质，Flash不能提高导入声音的采样率，如果导入的音频为11kHz声音，输出效果也只能是11kHz的。其中对于语音来说，5kHz的采样率是最低的可接受标准；如果需要制作音乐短片，则只需选择11kHz的采样率，这也是标准CD音质的1/4；用于Web回放的常用22kHz的采样率，是标准CD音质的1/2；44kHz的采样率是标准的CD音质比率，通常用于对音质要求较高的Flash动画中。
- **语音**：该选项适用于设定声音的采样频率对语音进行压缩，常用于动画中对音质要求不高的人物或者其他对象的配音。

三、任务实施

（一）制作飞机飞行动画

下面制作飞机飞行的动画，其具体操作如下（微课：光盘\微课视频\项目五\制作飞机飞行动画.swf）。

STEP 1 新建一个尺寸为1000像素×680像素，颜色为#0066FF的空白动画文档，将“飞机”（素材参见：光盘\素材文件\项目五\任务一\飞机\）文件夹中的所有文件导入到库中，再从“库”面板中将“背景.jpg”图像拖曳到舞台中。

STEP 2 选择【插入】/【新建元件】菜单命令，打开“创建新元件”对话框，在其中设置“名称、类型”为“浮云 1、影片剪辑”，单击 确定 按钮，如图 5-8 所示。

STEP 3 在“库”面板中将“云.png”图像拖入舞台中间并将其缩小，在第360帧插入关键帧，使用选择工具将图像向右边移动。再将第1~360帧转换为传统补间动画，如图5-9所示。

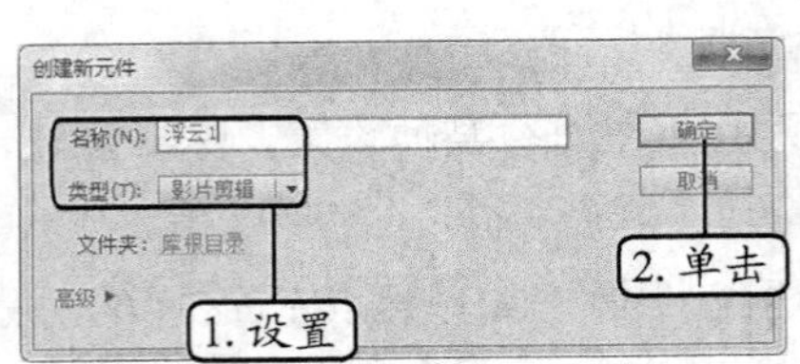

图5-8　新建元件

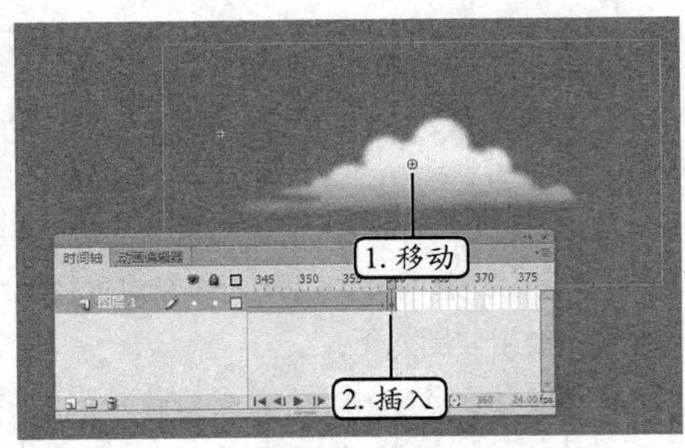

图5-9　编辑“浮云1”动画

STEP 4 新建“浮云2”并设置“类型”为影片剪辑，在“库”面板中将“云.png”图像拖入舞台中间并将其缩小，在第200帧插入关键帧，使用选择工具将图像向右下角移动。再将第1~200帧转换为传统补间动画，如图5-10所示。

STEP 5 返回主场景，在第360帧插入关键帧。新建“图层2”，将“浮云1”元件移动到舞台左上角，在第360帧插入关键帧，将元件移动到舞台右边，将第1~360帧转换为传统补间动画，如图5-11所示。

图5-10　编辑“浮云2”动画

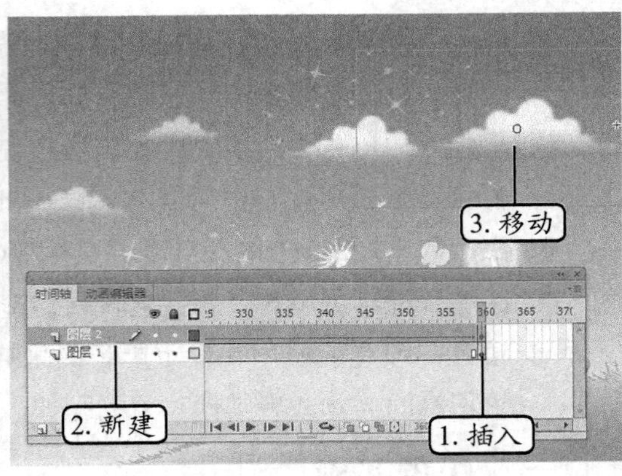

图5-11　编辑“图层2”

STEP 6 新建“图层3”，将“浮云2”元件移动到舞台中间上方的位置，在第360帧插入关键帧，将元件移动到舞台右边，将第1~360帧转换为传统补间动画，如图5-12所示。

STEP 7 新建“飞机”并设置“类型”为影片剪辑，在元件编辑窗口中将“飞机.png”图像从“库”面板中移动到舞台中，如图5-13所示。

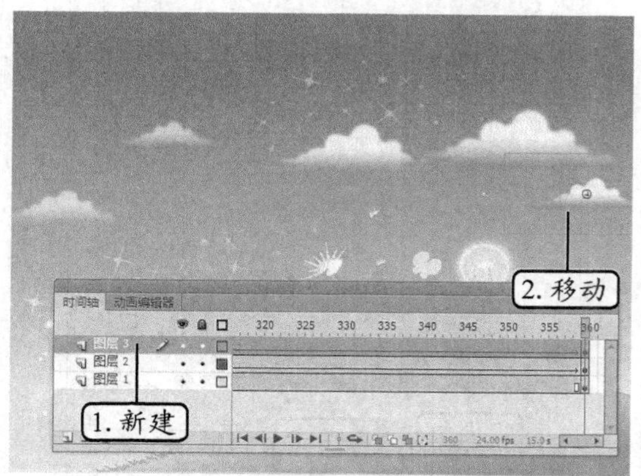

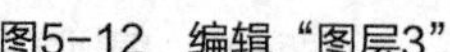
图5-12 编辑“图层3”

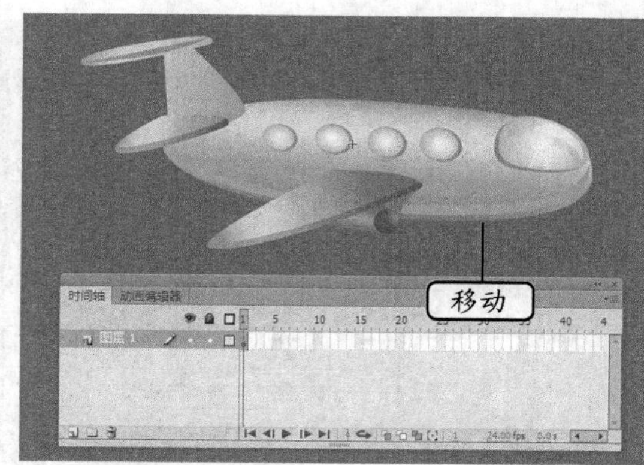

图5-13 编辑飞机元件

STEP 8 返回场景1，新建“图层4”。将“飞机”元件移动到舞台的左下角，并旋转元件。打开“变形”面板，设置“飞机”元件的“缩放宽度、缩放高度”都为“45.0%”。将“图层4”转换为补间动画，图5-14所示。

STEP 9 在“时间轴”面板中选择第360帧，使用鼠标将飞机元件向舞台右上角移动，并旋转元件，在“变形”面板中设置“飞机”元件的“缩放宽度、缩放高度”都为“30.0%”，如图5-15所示。

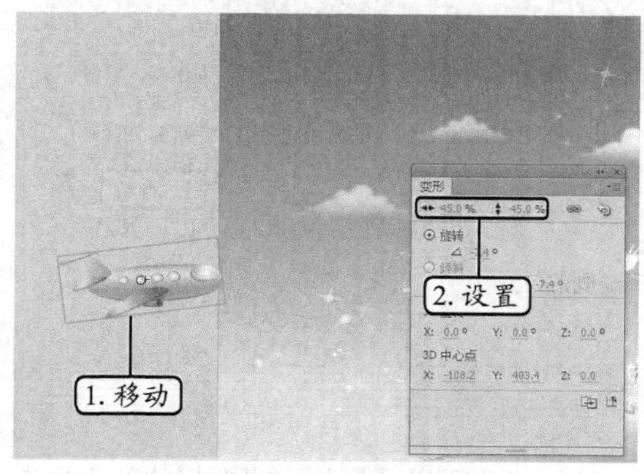

图5-14 添加补间动画

图5-15 编辑补间动画

（二）添加并编辑声音

本部分将讲解为动画添加并编辑声音的方法，其具体操作如下（微课：光盘\微课视频\项目五\添加并编辑声音.swf）。

STEP 1 新建图层，并重命名为“声音”。选择“声音”图层，从“库”面板中将“背景音乐.mp3”音频拖曳到舞台中，如图5-16所示。

STEP 2 在“属性”面板中，单击按钮打开“编辑封套”对话框，在音频波段处单击添加几个封套手柄，分别调整手柄位置，单击 确定 按钮，如图5-17所示。

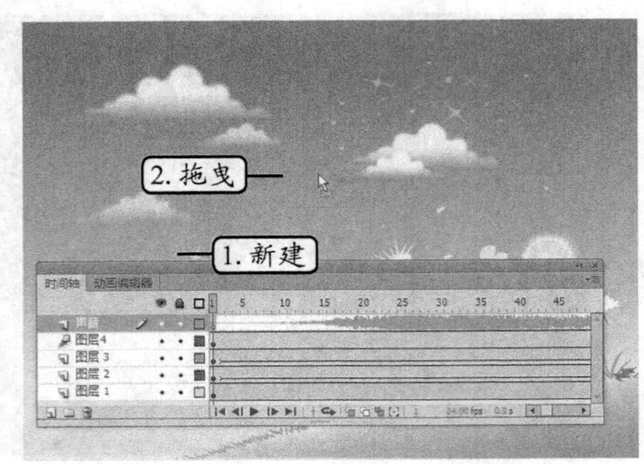

图5-16 添加音乐

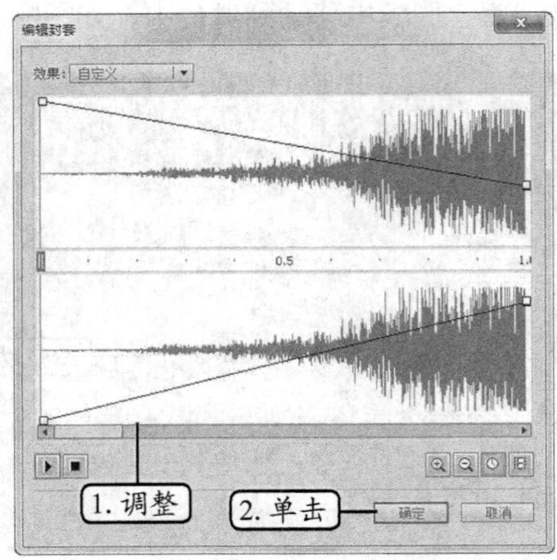

图5-17 编辑声音

STEP 3 在“图层4”的第100帧插入关键帧。沿运动路径向右上角移动飞机。在第130帧插入关键帧。继续沿运动路径向右上角移动飞机，如图5-18所示。

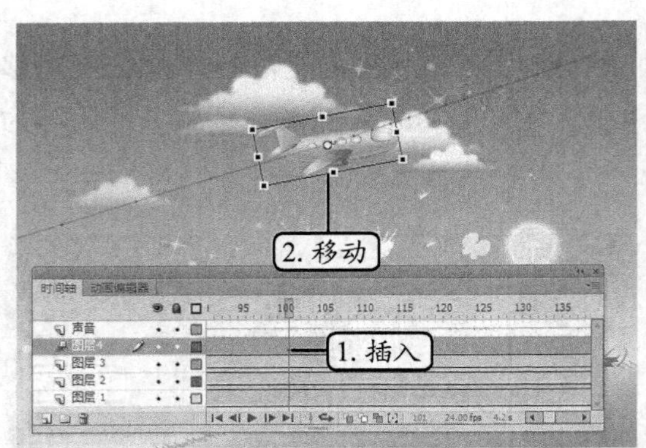

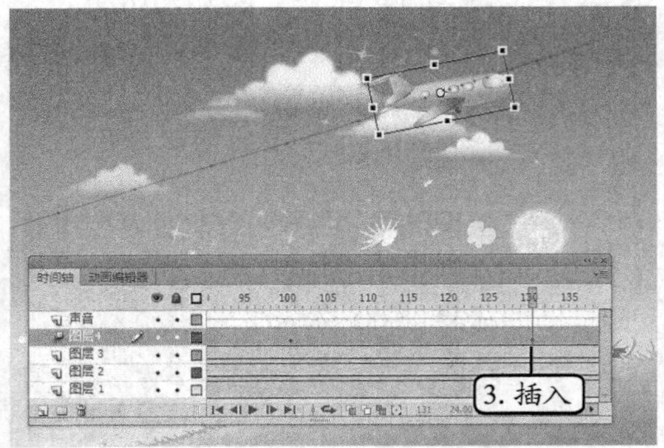

图5-18 调整补间动画的位置

任务二 制作电视节目预告

在观看电视过程中，经常会有电视节目预告，通过预告可以了解下面将要播放的大概内容，在Flash中也可实现这一操作，只需通过FLVPlayback 组件便可实现。本例将制作电视节目预告动画。

一、 任务目标

本任务将练习制作电视节目预告，主要涉及视频的格式和编解码器、编辑使用视频、载入外部视频文件、嵌入视频文件等知识。通过本例的学习，可以掌握Flash视频动画的制作方法。本例完成后的效果如图5-19所示。

图5-19 电视节目预告效果

二、相关知识

制作本例的过程中用到了视频的格式和编解码器、编辑使用视频、载入外部视频文件、嵌入视频文件等知识，下面分别对其进行介绍。

（一）视频的格式和编解码器

Flash是通过Web传递视频最常用的方法，在使用过程中，可以很容易地向Flash中添加视频，并且添加的视频还可以与其他动画元素结合起来，形成独特的Flash动画。

在Flash中要想使用视频，首先就需要将其导入，适用于Flash的视频格式是Flash Video，通常使用“.flv”或“.f4v”作为扩展名。其中“.flv”是Flash以前版本标准的视频格式，使用较老的Sorenson Spark或On2VP6编解码器，而“.f4v”则是较新的Flash Video视频格式，其支持H.264标准，可以提供更高的品质和高效的压缩。下面分别介绍这几种不同编解码器的区别。

- H. 264：Flash Player使用此编解码器的F4V视频格式提供的品质远远高于以前的Flash视频编解码器，但所需的计算量要大于Sorenson Spark和On2 VP6视频编解码器。
- Sorenson Spark：在Flash Player6中引入的，如果发布要求与Flash Player6保持向后兼容的Flash文档，则应使用它。如果使用较老的计算机，则应考虑使用Sorenson Spark编解码器对FLV文件进行编码，原因是在执行播放操作时，Sorenson Spark编解码器所需的计算量比On2 VP6或H.264编解码器小。
- On2 VP6：创建在Flash Player8和更高版本中使用的FLV文件时使用的首选视频编解码器。On2 VP6编解码器与以相同数据速率进行编码的Sorenson Spark 编解码器相比，视频品质更高，支持使用8位Alpha通道来复合视频。

（二）编辑使用视频

在Flash中嵌入视频或加载外部视频后，为了使视频在动画中更加美观，用户可以对视频进行播放或编辑。

1. 更改视频剪辑属性

利用属性检查器可以更改舞台上嵌入的视频剪辑实例的属性，为实例分配一个实例名称，并更改此实例在舞台上的宽度、高度和位置。还可以交换视频剪辑的实例，即为视频剪辑实例分配一个不同的元件。其操作方法分别如下。

- **编辑视频实例属性**：在舞台上选择嵌入视频剪辑或链接视频剪辑的实例。在“属性”面板的“名称”文本框中输入实例名称。在“位置和大小”栏中输入宽和高值更改视频实例的尺寸，输入X和Y值更改实例在舞台上的位置，如图5-20所示。
- **查看视频剪辑属性**：在“库”面板中选择一个视频剪辑后的文件，在“库”面板的视频文件上单击鼠标右键，在弹出的快捷菜单中选择“属性”命令，或单击位于“库”面板底部的“属性”按钮，将打开“视频属性”对话框，在其中可查看视频的位置、像素等属性，如图5-21所示。

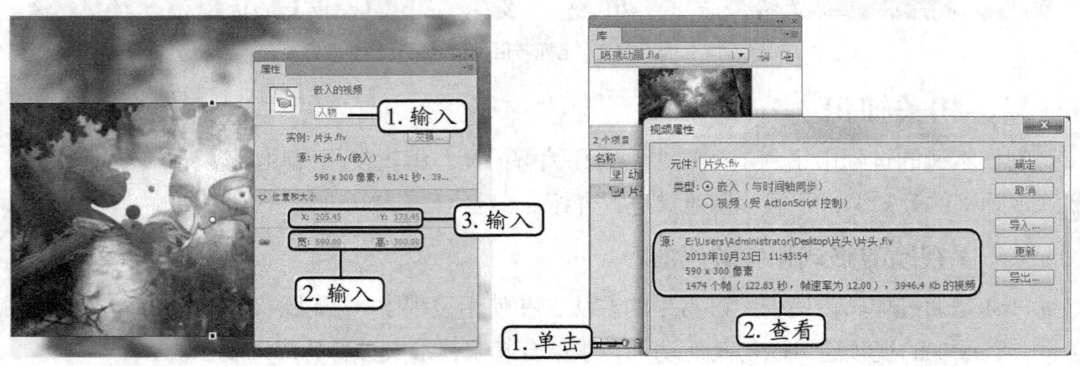

图5-20 编辑视频实例属性　　　图5-21 查看视频剪辑属性

- **使用FLV或F4V文件替换视频**：打开“视频属性”对话框，单击 导入... 按钮，在打开的“打开”对话框中选择FLV或 F4V文件，然后单击 打开(O) 按钮即可替换，如图5-22所示。
- **更新视频**：在“库”面板中选择视频剪辑，单击“属性”按钮，在打开的“视频属性”对话框中单击 更新 按钮，即可更新当前视频，如图5-23所示。

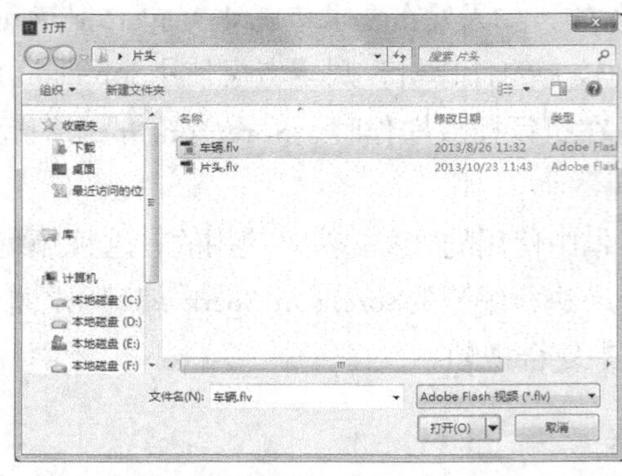

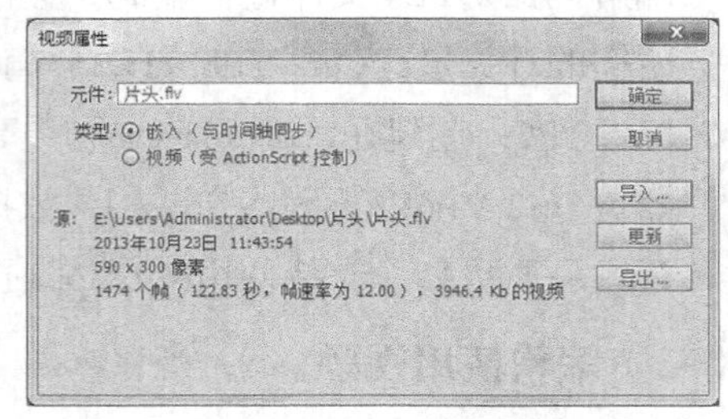

图5-22 使用FLV或F4V文件替换视频　　　图5-23 更新视频

2. 编辑FLVPlayback 组件

使用 FLVPlayback 组件加载外部视频时，可以通过对该组件的参数进行更改来编辑视频。在舞台中选择 FLVPlayback 组件，在“属性”面板中可以打开组件参数。其操作方法如下。

- **选择外观**：在skin选项后单击按钮，打开“选择外观”对话框，在其中可以选择外观和颜色，如图5-24所示。

● **更改参数**：在“属性”面板中的“组件参数”列表中可以对组件的播放方式、控件显示等参数进行设置，如图5-25所示。

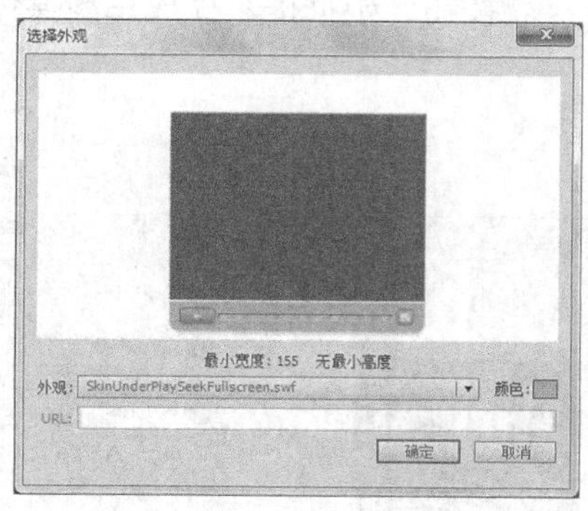

图5-24 选择外观

图5-25 更改参数

3. 使用时间轴控制视频播放

可以通过控制包含该视频的时间轴来控制嵌入的视频文件。如要暂停在主时间轴上播放的视频，可以调用将该时间轴作为目标的stop动作。同样，可以通过控制某个影片剪辑元件的时间轴的播放来控制该元件中的视频对象。

可以对影片剪辑中导入的视频对象应用以下语句：goTo、play、stop、toggleHighQuality、stopAllSounds、getURL、FScommand、loadMovie、unloadMovie、ifFrameLoaded、onMouseEvent。关于这些语句的使用方法，将在第7章中进行具体讲解。

4. 使用视频提示点

使用视频提示点以允许事件在视频中的特定时间触发。在Flash中可以对FLVPlayback 组件加载的视频使用两种提示点。其操作分别如下。

● **编码提示点**：即在使用Adobe Media Encoder编码视频时添加的提示点。打开“导出设置”对话框，选择时间点，单击+按钮添加提示点。

● **ActionScript提示点**：即在Flash中使用属性检查器向视频中添加提示点。单击+按钮，添加提示点，并可以更改提示点的名称和时间。

（三）载入外部视频文件

在找到了正确的视频格式后，就可以将视频导入到Flash中了，将视频导入到Flash文档中有两种方法，通常为了使Flash文档不至于“臃肿”，可使用载入外部文件的方法将视频文件导入到Flash文档中。将外部视频导入到Flash文档中也有两种方法，分别是直接导入和在场景中添加组件后再导入，下面分别进行介绍。

1. 直接导入外部视频

直接导入外部视频与将其他各类素材导入到Flash文档中类似，不同的是需要设置部分选项，选择【文件】/【导入】/【导入到舞台】菜单命令，选择需要导入的视频文件，打开“选择视频”对话框并选中“使用播放组件加载外部视频”单选项，然后单击 下一步 > 按钮，打开“设定外观”对话框，单击“外观”栏右侧的下拉按钮，在打开的下拉列表中选择“MinimaFlatCustomColorAll.swf”选项，然后单击 下一步 > 按钮，根据提示完成每步操作即可，如图5-26所示。

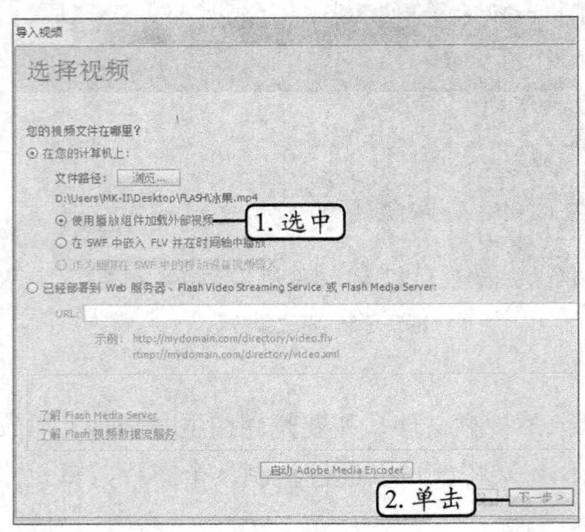

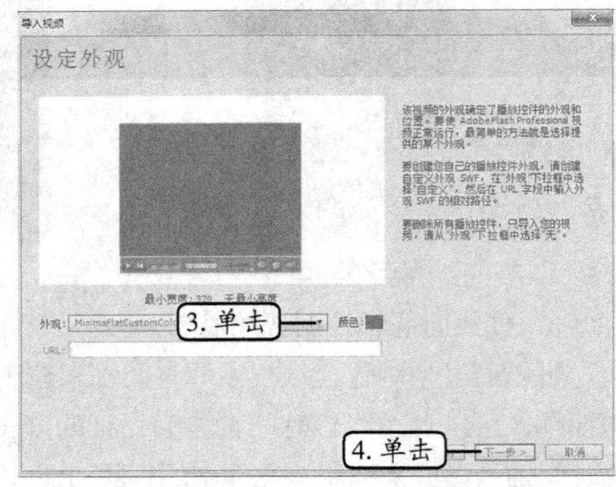

图5-26　导入视频

在“导入视频”对话框中单击选中“已经部署到Web服务器、Flash Video Streaming Service或Flash Media Server”单选项，则可激活其下方的文本框，此时在该文本框中输入Web服务器中保存的Flash动画的URL地址，即可添加网络视频文件。

2. 设置视频外观属性添加

在选择了播放器的外观后，可以通过修改播放器外观的属性来修改视频，还可以通过设置视频外观的属性来将外部视频导入到Flash文档中，选择【窗口】/【组件】菜单命令，打开“组件”面板，展开Video组件，选择“Video”文件夹中的“FLVPlayback”选项，然后将其拖曳到场景中，此时在场景中将创建一个不包含视频的视频外观，如图5-27所示，然后可以在“属性”面板中进行视频的导入。

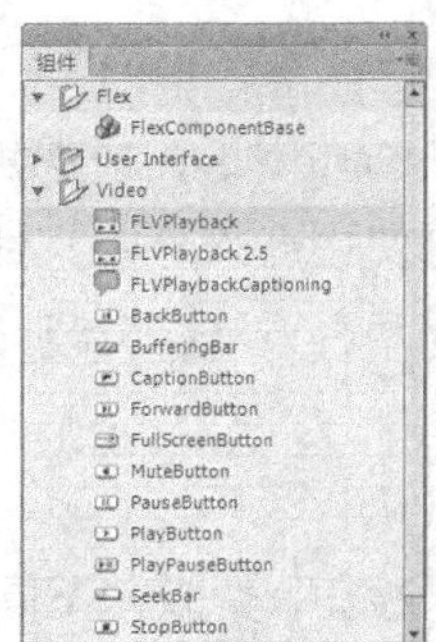

图5-27　添加的视频外观

（四）嵌入视频文件

载入外部视频文件不会将视频文件本身导入到Flash文档中，若需要将视频本身导入到Flash文档中，则可将视频文件嵌入到Flash文档中。选择【文件】/【导入】/【导入到舞台】菜单命令，在打开的“导入”对话框中选择需要的视频文件，打开“选择视频”对话框并单击选中“在SWF中嵌入FLV并在时间轴中播放”单选项，然后单击 下一步 > 按钮，打开“嵌入”对话框，在“符号类型”下拉列表框中选择“嵌入的视频”“影片剪辑”“图像”等选项，单击 下一步 > 按钮，然后根据提示完成每步操作，如图5-28所示。

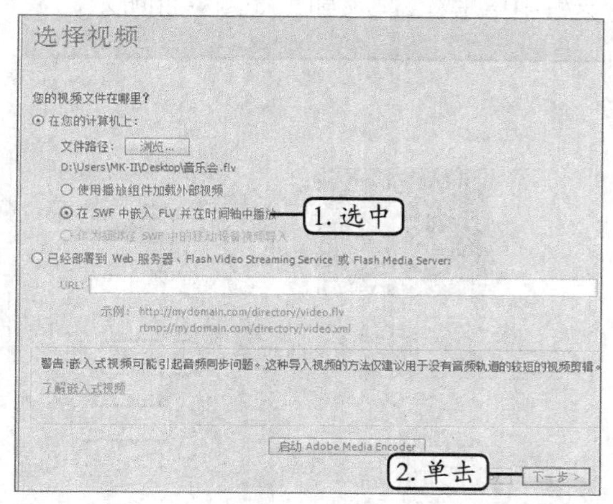

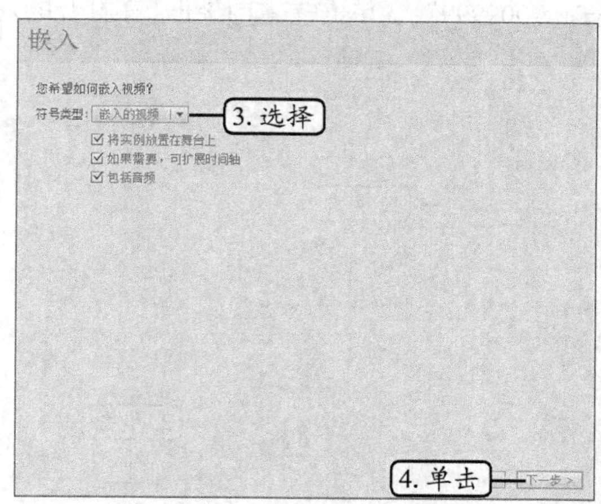

图5-28　嵌入选项

载入外部视频和嵌入视频最大的区别是前者不会将视频文件导入到Flash文档中，而是以链接的形式显示在Flash文档以及最后发布出的SWF文件中，因此使用这种方法制作出的Flash文档以及发布后得到的SWF文件都非常小；而后者则会将视频文件导入到Flash文档中，因此这种方法制作出来的文档以及发布后得到的SWF文件会比较大。

通常在制作Flash过程中以载入外部视频居多，因为这种方式的读取速度以及后期管理相比嵌入视频的方式更有优势，但是需要注意的是，使用载入视频的方式是将视频文件的相对位置与Flash文档进行链接。

所谓相对位置是Flash文档相对于视频文件的位置，如果删除或修改视频文件以及分别将Flash文档或视频文件移动到不同的位置都会导致链接的视频文件失效，从而不能播放视频。所以在使用载入视频文件这种方式添加视频时，推荐将Flash文档和视频文件保存到统一文件夹中，这样即便移动文件夹也不会改变其相对位置，保证移动后还能继续播放。

三、任务实施

制作电视节目预告的具体操作如下（微课：光盘\微课视频\项目五\制作电视节目预告.swf）。

STEP 1 新建一个尺寸为1000×651像素的空白动画文档，将“背景.jpg”图像文件（素材参见：光盘\素材文件\项目五\任务二\背景.jpg）导入到舞台中，并锁定“图层1”，新建“图层2”。

STEP 2 选择【文件】/【导入】/【导入视频】菜单命令，打开“导入视频”对话框，单击 浏览... 按钮。在打开的“打开”对话框中选择“电视节目预告.flv”（素材参见：光盘\素材文件\项目五\任务二\电视节目预告.flv），单击 下一步> 按钮，如图5-29所示。

STEP 3 在打开的对话框中设置“外观、颜色”分别为“SkinOverPlayStopSeekMuteVol.swf、#009999”，单击 下一步> 按钮，在打开的对话框中单击 完成 按钮，如图5-30所示。

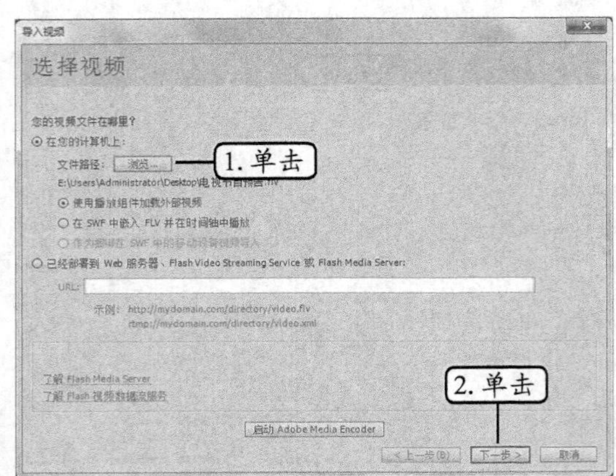

图5-29 选择视频

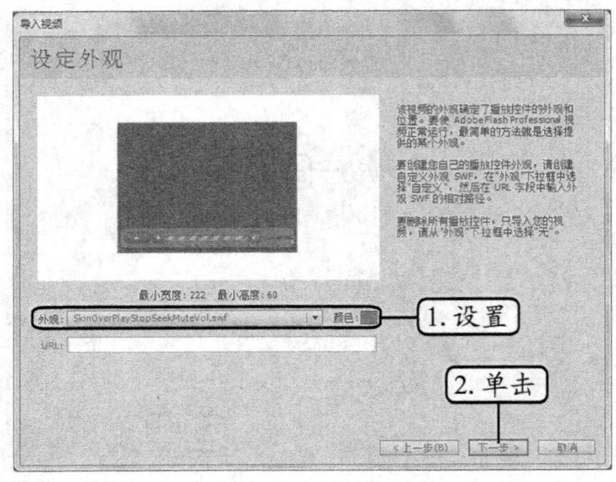

图5-30 设置外观

STEP 4 使用鼠标将导入的视频移动到舞台右边。选择插入的视频，在“属性”面板中设置“宽、高”分别为“490.00、367.50”，展开“组件参数”列表框，单击选中“skinAutoHide”后的复选框，隐藏播放时间轴，如图5-31所示。

STEP 5 锁定“图层 2”，新建“图层 3”，将“边框 .png”图像（素材参见：光盘 \ 素材文件 \ 项目五 \ 任务二 \ 边框 .png）导入到舞台中，将其缩小后，复制两个边框图像，将其分别放置在视频左上角和右下角，装饰视频，如图 5-32 所示。

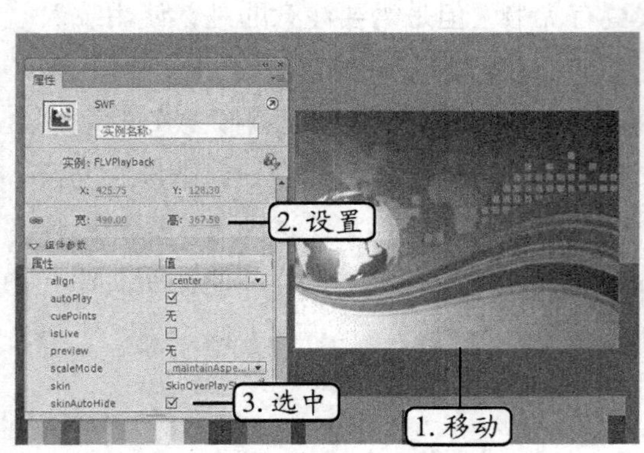

图5-31 调整视频大小

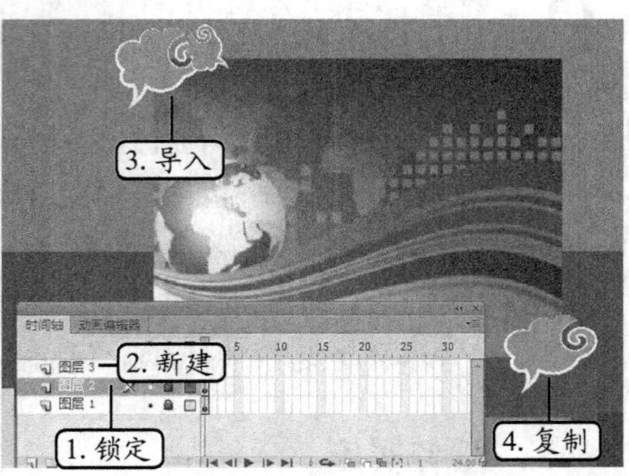

图5-32 添加图像

STEP 6 选择文本工具T，在视频左边绘制一个文本容器，在其中输入“电视节目预告”

文本，在“属性”面板中设置“改变文本方向、系列、大小、颜色”为“垂直、华文琥珀、39.0 点、#FFFFFF”，如图 5-33 所示。

STEP 7 在“属性”面板中展开“滤镜”列表框，单击其下方的按钮，在打开的下拉列表中选择“投影”选项，在“属性”栏中设置“距离”为“10 像素”，如图 5-34 所示，完成动画的制作（最终效果参见：光盘 \ 效果文件 \ 项目五 \ 任务二 \ 电视节目预告 .fla）。

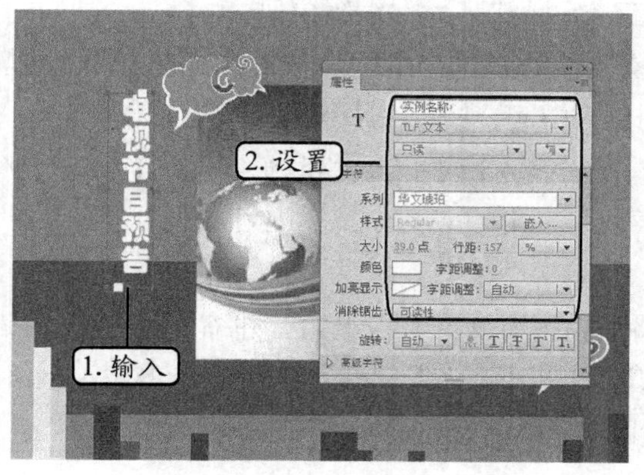

图5-33 输入文本

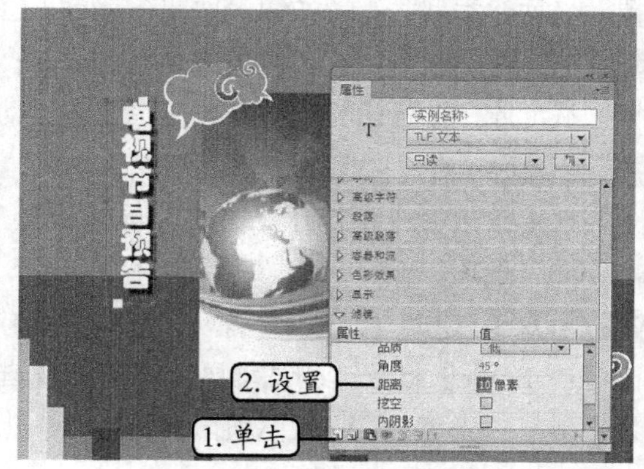

图5-34 为文本设置滤镜效果

实训一 儿童网站进入界面

【实训要求】

本例将制作儿童网站进入界面，要求制作一个按钮元件，为其设置单击按钮时发出声音的效果。本实训的参考效果如图5-35所示。

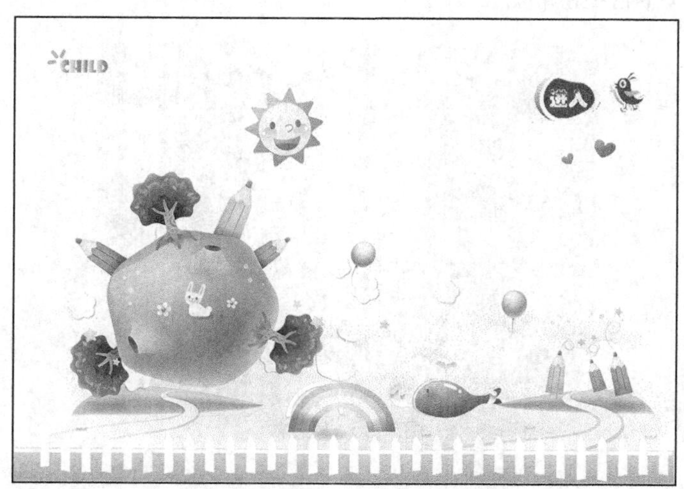

图5-35 儿童网站进入界面

【实训思路】

在制作时，需要先为其添加背景，然后进行按钮元件的制作，最后为其添加声音。

【步骤提示】

STEP 1 新建一个尺寸为1000×700像素的空白动画文档。将“进入按钮”文件夹（素材参见：光盘\素材文件\项目五\实训一\进入按钮\）中的所有文件都导入到“库”面板中，再从“库”面板中将“背景.jpg”图像拖曳到舞台中作为背景。

STEP 2 选择【插入】/【新建元件】菜单命令，打开“创建新元件”对话框，在其中设置“名称、类型”为“按钮、按钮”，单击 确定 按钮，进入元件编辑窗口。

STEP 3 从“库”面板中将“按钮2.jpg”图像移动到舞台中间，按【F6】键插入关键帧。从“库”面板中将“按钮1.jpg”图像移动到舞台中间，按【F6】键插入关键帧。

STEP 4 新建“图层2”，选择“点击”帧，按【F6】键插入关键帧。选择【窗口】/【属性】菜单命令，打开“属性”面板。在“声音”栏中的“名称”下拉列表框中选择“单击.mp3”选项。

STEP 5 返回“场景1”，从“库”面板中将按钮拖曳到舞台右上角，并缩放其大小。按【Ctrl+Enter】组合键测试动画，当单击“进入”按钮时，会发出使用鼠标的单击声（最终效果参见：光盘\效果文件\项目五\实训一\儿童网站进入界面.fla）。

实训二 制作明信片

【实训要求】

明信片是亲朋好友之间赠送祝福的一种方式，本实训将制作明信片。

【实训思路】

本例将编辑其中的背景音乐文档，先设置声音的起始和结束位置，然后修改声音音量，本实训的最终效果如图5-36所示。

图5-36 明信片

【步骤提示】

STEP 1 打开“明信片.fla”动画文档（素材参见：光盘\素材文件\项目五\实训二\明信片.fla），在“时间轴”面板中选择“图层2”的第1帧，选择【窗口】/【属性】命令，打开“属性”面板，在其中单击按钮。

STEP 2 打开“编辑封套”对话框，在左边标尺处拖动滑条，调整音频的起点位置。将对话框下方的滚动条滑动到最右边显示音频的终点位置，使用相同的方法将重点标尺移动到6.5s的位置。

STEP 3 在音频波段处单击添加几个封套手柄，分别调整手柄位置，控制声音播放时音量的大小。向上即为增大音量，向下即为减小音量。完成后单击 确定 按钮。

STEP 4 在“属性”面板中的“声音循环”下拉列表框中选择“循环”选项（最终效果参见：光盘\效果文件\项目五\实训二\明信片.fla）。

常见疑难解析

问：为什么在导入MP3声音素材时，Flash CS6提示该素材无法导入？

答：可能因为MP3文件自身的问题，或Flash CS6不支持该文件的压缩码率。解决方法是使用专门的音频转换软件，将MP3文件的格式转换为WAV声音格式，或将MP3文件的压缩码率重新转换为44kHz、128kbit/s，随后即可正常导入。

问：将声音素材应用到动画后，为什么声音的播放和动画不同步？应如何处理？

答：这是因为没有正确设置声音的播放方式。解决方法：在“属性”面板的“同步”列表框中，将声音的播放方式设置为“数据流”，然后根据声音的播放情况，对动画中相应帧的位置进行适当调整。

问：为什么将视频转换为FLV格式，但在采用“在SWF中嵌入FLV并在时间轴中播放”方式放置视频文件时会出错？

答：出现这种情况的原因可能是转换的视频太长，采用“在SWF中嵌入FLV并在时间轴中播放”方式放置视频文件除了要求该视频是FLV格式的视频文件外，还需要保证视频较短，否则就会出现如题所述的问题。

问：为什么在导入视频时，单击 启动 Adobe Media Encoder 按钮时提示出错？

答：这是因为在安装Flash CS6时未选择安装Adobe Media Encoder软件，或者所下载的Flash软件是精简版而不包括该软件。

拓展知识

1. 使用拖曳法为时间轴添加声音

在时间轴中选择要添加声音的帧，然后从“库”面板中拖曳声音文件到舞台中，即可完成为时间轴添加声音的操作。

2. F4V与FLV的区别

F4V是Adobe公司为了迎接高清时代而推出的继FLV格式后支持H.264的流媒体格式。它和FLV的主要区别在于，FLV格式采用的是H263编码，而F4V则支持H.264编码的高清视频，码率最高可达50Mbit/s。主流的视频网站（如奇艺、土豆、酷6）等网站都开始用H264编码的F4V文件，相同文件大小情况下，清晰度明显比On2 VP6和H263编码的FLV要好。

课后练习

（1）本例将制作情人节贺卡，首先导入“情人节贺卡”素材（素材参见：光盘\素材文件\项目五\课后练习\情人节贺卡\），制作元件并为元件设置混合效果，然后编辑时间轴，将元件放入时间轴中。最后插入声音，并将音乐声音音量调小后循环播放，完成后的最终效果如图5-37所示（最终效果参见：光盘\效果文件\项目五\课后练习\情人节贺卡.fla）。

图5-37　情人节贺卡

（2）本例将制作风景视频，首先导入“风景”素材（素材参见：光盘\素材文件\项目五\课后练习\风景\），再新建两个图层，分别将两段风景视频嵌入时间轴中，绘制边框，为边框设置发光滤镜，添加说明文字，最后为视频添加循环背景音乐，完成后的最终效果如图5-38所示（最终效果参见：光盘\效果文件\项目五\课后练习\风景.fla）。

图5-38　风景

PART 6

项目六 制作Deco动画和骨骼动画

情景导入

小白：阿秀，像人物行走之类的3D动画Flash CS6能制作吗？

阿秀：当然可以，利用IK反向运动可以轻松实现3D人物的行走动画。

小白：IK反向运动？

阿秀：Inverse Kinematics（反向运动）简称IK，是依据反向运动学的原理对层次连接后的复合对象进行运动设置的。

小白：还是不明白，你通过实例具体给我讲解吧？

阿秀：好的。另外再教你做Deco动画，这也是Flash CS6提供给我们的一种非常神奇的工具哦。

小白：嗯，我很期待哦！

学习目标

- 掌握Deco工具的使用方法
- 认识3D动画元素
- 掌握3D工具的使用方法
- 掌握3D补间动画的使用方法

技能目标

- 能使用Deco工具绘制图形并制作动画
- 理解Flash中的3D与骨骼的相关概念
- 掌握“墙壁”“3D动画”“游戏场景”制作的方法

任务一 制作墙壁

使用Flash CS6的Deco工具可快速画出一些特定的图案，如网格、藤蔓、对称刷子、3D刷子、建筑物等。本例将使用Deco工具制作墙壁。

一、任务目标

本任务将制作墙壁效果，其中涉及绘图工具和Deco工具的相关知识。通过对本任务的学习，可以掌握Deco工具的使用方法。制作完成后的最终效果如图6-1所示。

图6-1 墙壁效果

二、相关知识

制作本例时，涉及喷涂刷工具和Deco工具等相关知识，下面先对这些知识进行介绍。

（一）喷涂刷工具

喷涂刷工具可以理解为一个喷枪，用户将特定的图形喷到舞台上，以快速地填充图像。默认情况下，喷涂刷工具以当前的填充颜色为喷射离子点，但用户也可将一些图形元件作为喷射图案。

（二）Deco工具

使用喷涂刷工具制作动画时，存在一定的局限性。为了弥补这一缺点，用户可以使用Deco工具绘制Flash预设的一些几何形状或图案。在“工具”面板中选择Deco工具，即可打开“属性”面板，该面板中的“绘制效果”栏提供了Flash的13种绘制效果，在其中可设置其颜色和图案。下面分别对各绘制效果进行介绍。

1. 藤蔓式填充

藤蔓式填充可以让藤蔓图案填充舞台、元件或封闭区域，在绘制大面积藤蔓式重复的相关背景时经常会使用到。我们只需选择Deco工具，在“属性”面板的“绘制效果”栏中选择“藤蔓式填充”选项，再在舞台上单击，进行填充，即可完成藤蔓式填充，如图6-2所示。

2. 网格填充

使用网格填充可以创建棋盘图案、平铺背景或用自定义图案填充的区域。在舞台中填充网格后，如果移动填充元件的大小和位置，网格填充也会跟着移动和改变大小。选择Deco工具，在“属性”面板的“绘制效果”栏中选择“网格填充”选项，再在舞台上单击，进行填充，如图6–3所示。

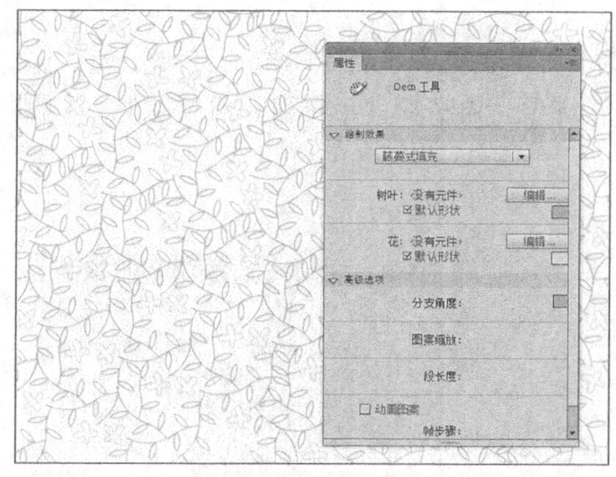

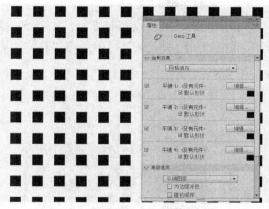

图6–2 藤蔓式填充

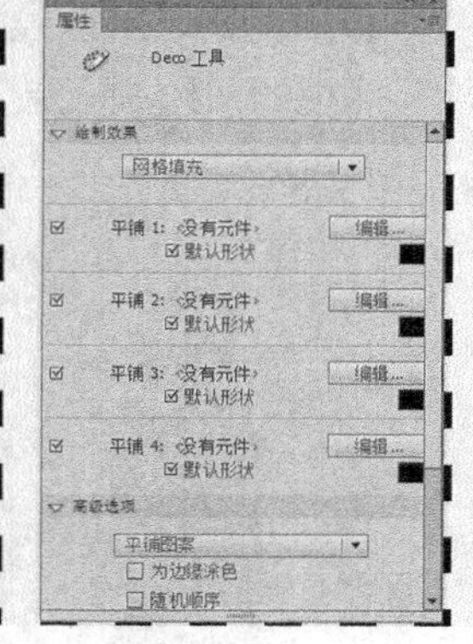

图6–3 网格填充

3. 对称刷子

使用对称刷子可以创建圆形用户界面元素（如模拟钟面或刻度盘仪表）和旋涡图案。在中心对称点周围单击鼠标左键，绘制出中心对称的矩形，选择其他工具，中心点消失。选择Deco工具，在“属性”面板的“绘制效果”栏中选择“对称刷子”选项，再在舞台上单击，进行填充，如图6–4所示。

4. 3D刷子

3D刷子可以在舞台上对某个元件涂色，使其具有 3D 透视效果。在舞台上按住鼠标左键不放拖曳绘制出的图案为无数个图形对象，且有透视感。选择Deco工具，在“属性”面板的“绘制效果”栏中选择“3D刷子”选项，再在舞台上单击，进行填充，如图6–5所示。

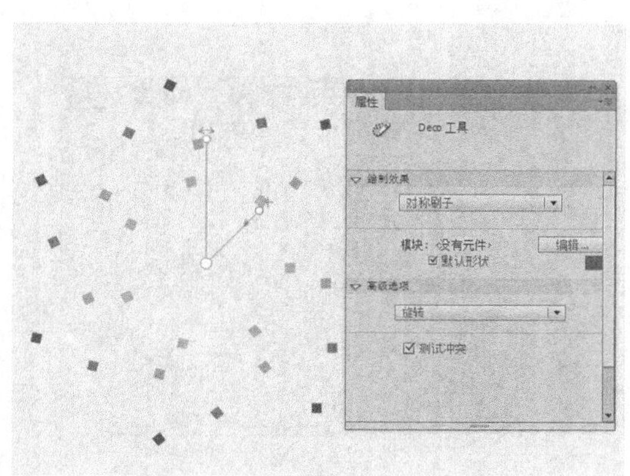

图6–4 对称刷子

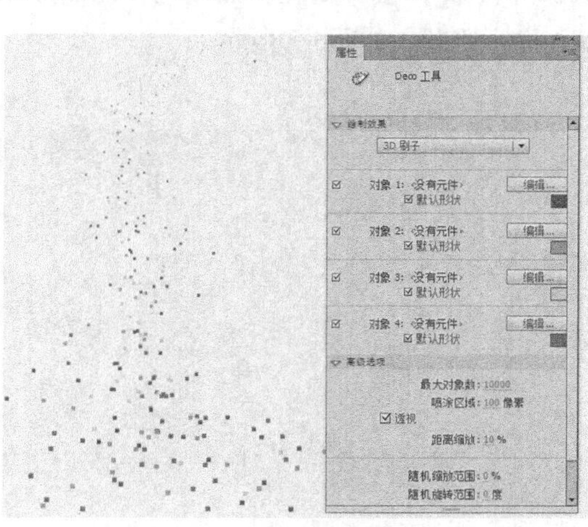

图6–5 3D刷子

5. **建筑物刷子**

建筑物刷子可以在舞台上绘制建筑物，通过设置参数还可以设置建筑物的外观。将鼠标光标移动到舞台上按住左键不放，由下向上拖曳到合适的位置绘制出建筑物体，松开左键创建出建筑物顶部。选择Deco工具，在“属性”面板的“绘制效果”栏中选择“建筑物刷子”选项，再在舞台上单击，进行填充，如图6–6所示。

6. **装饰性刷子**

装饰性刷子可以绘制装饰线，如点线、波浪线及其他线条。选择Deco工具，在“属性”面板的“绘制效果”栏中选择“装饰性刷子”选项，再在舞台上拖曳，进行绘制，如图6–7所示。

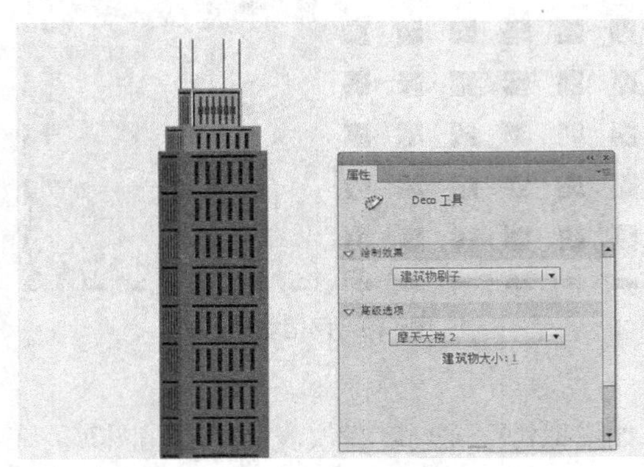

图6–6 建筑物刷子

图6–7 装饰性刷子

7. **火焰动画**

火焰动画可以生成一系列的火焰逐帧动画。选择Deco工具，在“属性”面板的“绘制效果”栏中选择“火焰动画”选项，再在舞台上单击，进行绘制，如图6–8所示。

8. **火焰刷子**

火焰刷子和火焰动画的效果基本相同，只是火焰刷子的作用范围仅仅是在当前帧。选择Deco工具，在“属性”面板的“绘制效果”栏中选择“火焰刷子”选项，再在舞台上拖曳，进行绘制，如图6–9所示。

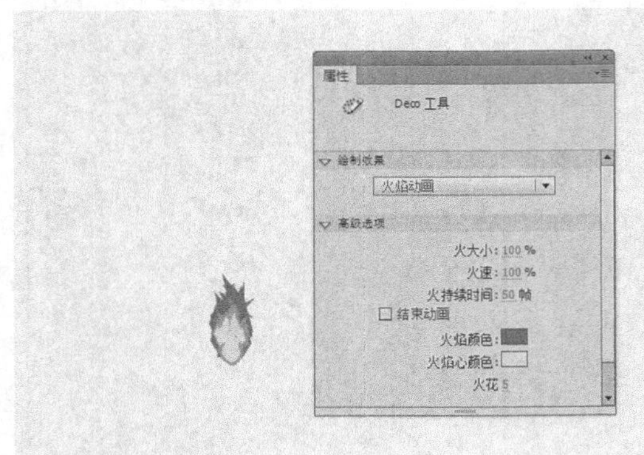

图6–8 火焰动画

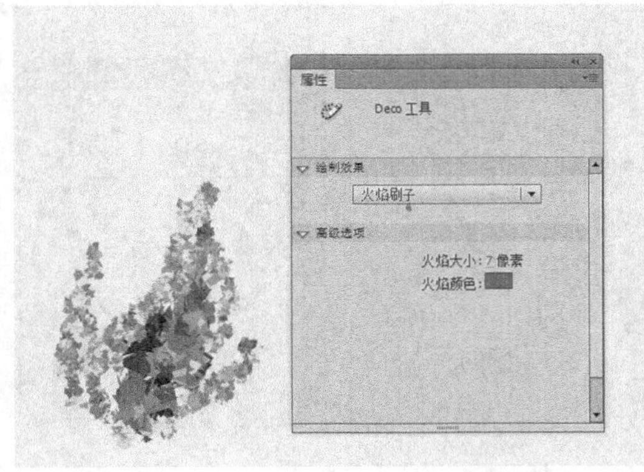

图6–9 火焰刷子

9. 花刷子

花刷子可以绘制出带有层次的花。在舞台中拖曳可以绘制花图案，拖曳越慢，绘制的图案越密集。选择Deco工具，在“属性”面板的“绘制效果”栏中选择“花刷子”选项，再在舞台上拖曳，进行绘制，如图6-10所示。

10. 闪电刷子

闪电刷子可以绘制出闪电效果。选择Deco工具，在“属性”面板的“绘制效果”栏中选择“闪电刷子”选项，再在舞台上按住鼠标左键不放，当出现需要的闪电光束后释放鼠标，如图6-11所示。

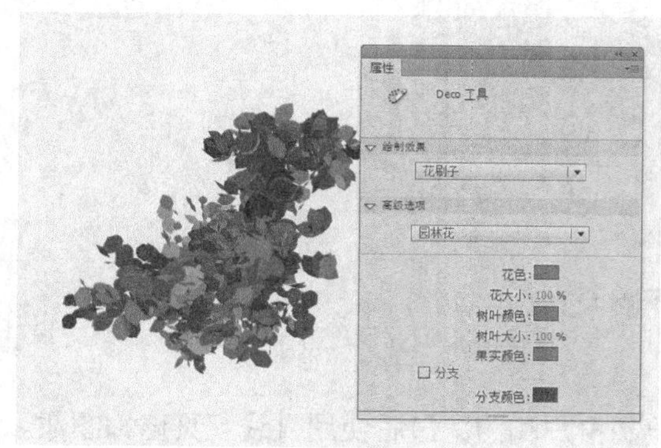

图6-10 花刷子

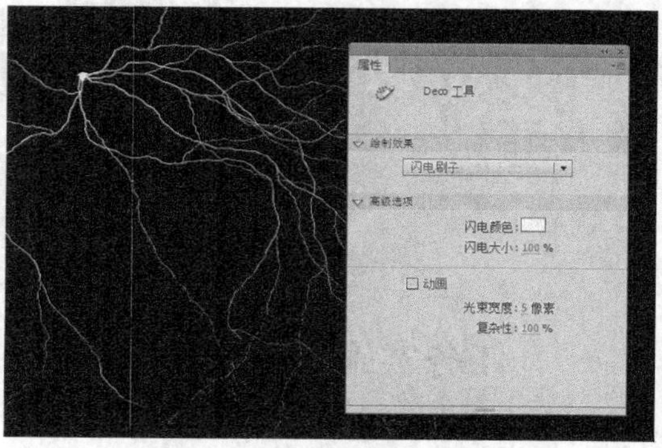

图6-11 闪电刷子

11. 粒子系统

粒子系统可制作由粒子组成的图像的逐帧动画，如气泡、烟和水等。选择Deco工具，在“属性”面板的“绘制效果”栏中选择“粒子系统”选项，再在舞台上单击，将以单击点为起始点制作粒子逐帧动画，如图6-12所示。

12. 烟动画

烟动画可以制作烟雾飘动的逐帧动画。选择Deco工具，在“属性”面板的“绘制效果”栏中选择“烟动画”选项，再在舞台上单击并拖曳，进行绘制，如图6-13所示。

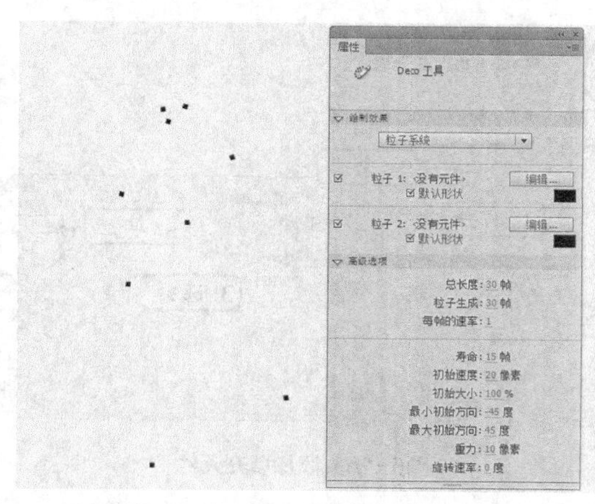

图6-12 粒子系统

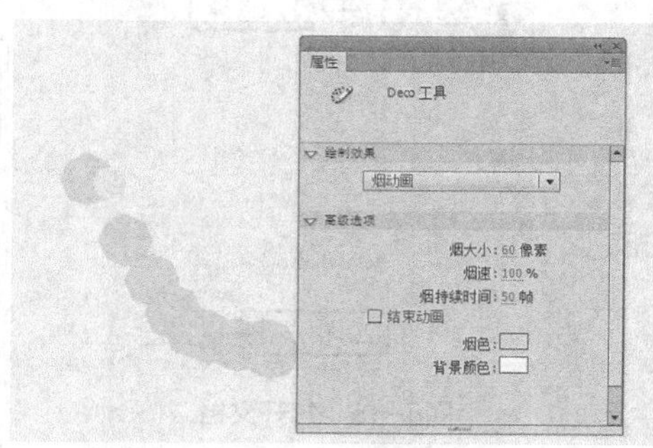

图6-13 烟动画

13. 树刷子

树刷子用于创建树状插图。在舞台上按住鼠标左键不放由下向上快速拖曳，绘制出树干；然后减慢移动的速度，绘制出树枝和树叶，直到松开鼠标左键。在绘制树叶和树枝的过程中，鼠标移动得越慢，树叶越茂盛。选择Deco工具，在“属性”面板的“绘制效果”栏中选择“树刷子”选项，再在舞台上绘制图形，如图6-14所示。

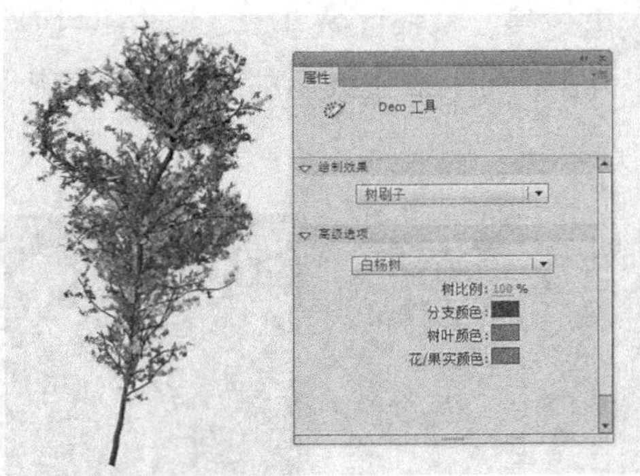

图6-14 树刷子

三、任务实施

下面将使用Deco工具绘制墙面，再在其中绘制窗户和门，最后使用直线工具修饰图像。其具体操作如下（微课：光盘\微课视频\项目六\制作墙壁.swf）。

STEP 1 选择【文件】/【打开】菜单命令，在打开的“打开”对话框中选择“墙壁.fla”动画文档（素材参见：光盘\素材文件\项目六\任务一\墙壁.fla），单击打开(O)按钮，如图6-15所示。

STEP 2 在“工具”面板中选择Deco工具。打开“属性”面板，在“绘制效果”栏中的下拉列表框中选择“网格填充”选项，单击“平铺1”栏的编辑...按钮。打开“选择元件”对话框，在其中选择“砖块”元件，单击确定按钮。使用相同的方法，为“平铺2”~“平铺4”选项设置填充图案为“砖块”元件，如图6-16所示。

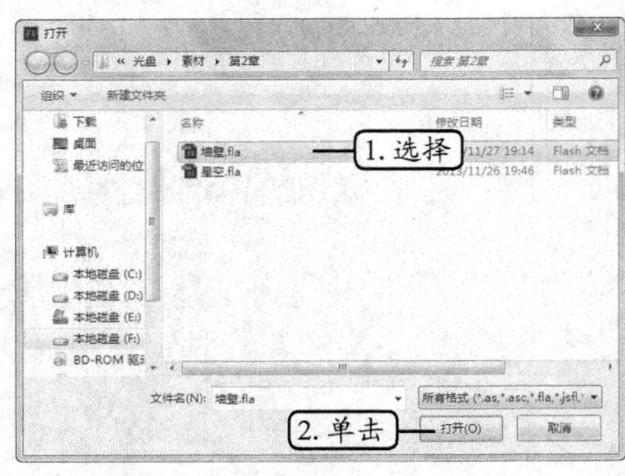

图6-15 打开文档

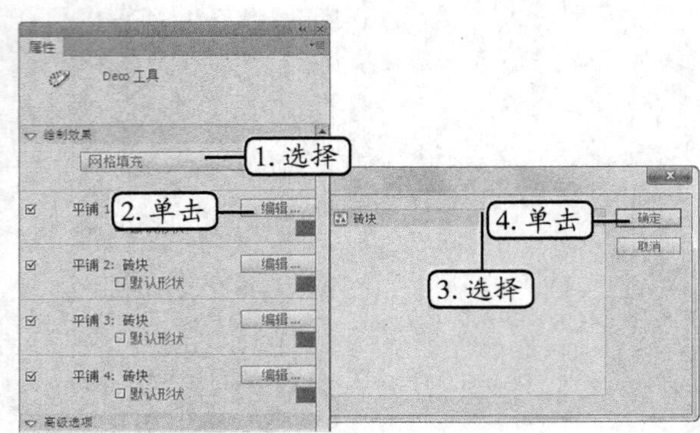

图6-16 添加填充元件

STEP 3 在“属性”面板的“高级选项”栏中设置“网格布局”为“砖形图案”，并单击选中“为边缘涂色”复选框，设置“水平间距”和“垂直间距”为“2像素”和“2像素”。使用鼠标单击舞台填充图形，如图6-17所示。

STEP 4 选择矩形工具，在“属性”面板中设置“笔触颜色、填充颜色”分别为“#FFCC00、#FF0000”。设置“笔触”为“5.00”，设置“矩形边角半径”都为“10.00”。使用鼠标在舞台上拖曳，绘制窗户和门轮廓，如图6-18所示。

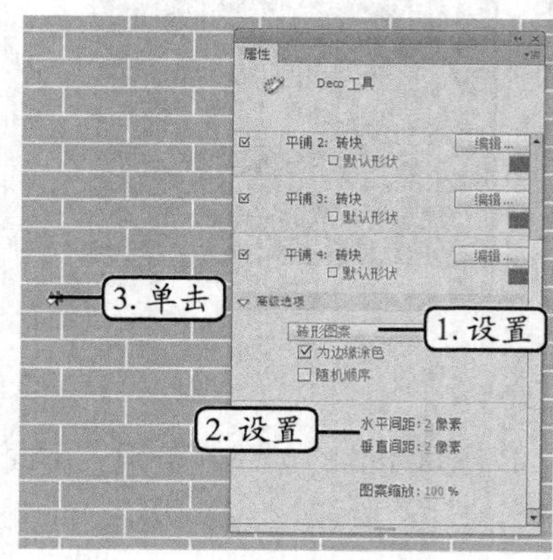

图6-17　设置填充属性

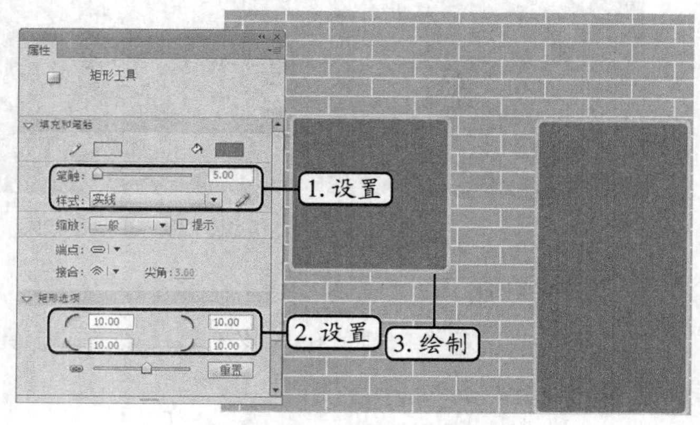

图6-18　绘制窗户和门轮廓

STEP 5 在“属性”面板中将“填充颜色”设置为“#FFFFFF”。在窗户上绘制4个一样大小的正方形，作为玻璃。选择椭圆工具，在门上绘制一个门把手，如图6-19所示，完成制作（最终效果参见：光盘\效果文件\项目六\任务一\墙壁.fla）。

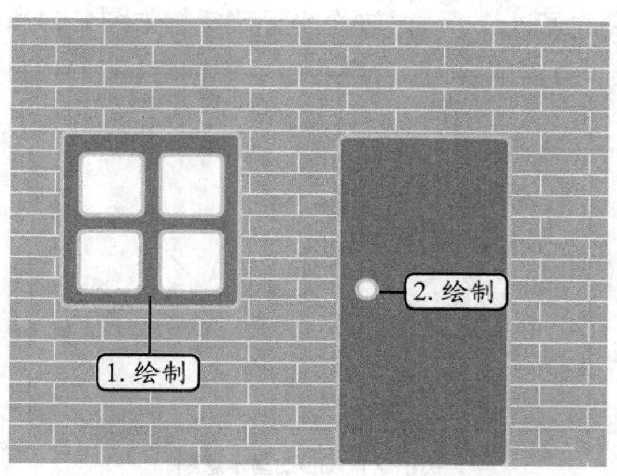

图6-19　绘制玻璃和门把手

任务二　制作3D动画

Flash CS6具有3D功能，其效果虽然不能与专业的3D软件相比，但还是可实现一般的3D动画，使用3D工具可以在补间动画中对影片剪辑创建3D动画，让图像看起来更加立体，本例将制作一段3D动画。

一、任务目标

本例将练习制作一段3D动画，主要涉及3D工具的使用、3D补间动画的创建、消灭点和透视点的使用等知识。通过本例的学习，可以掌握3D动画的制作方法。本例完成后的效果如图6-20所示。

图6-20　3D动画效果

二、相关知识

制作本例的过程中用到了3D平移工具、3D旋转工具、3D补间动画的创建等知识，下面分别对其进行介绍。

（一）认识3D动画

3D动画也叫三维动画。在Flash以往的版本中，舞台的坐标体系是平面的，只有三维的坐标轴，即水平方向（x）和垂直方向（y），用户只需确定x、y的坐标即可确定对象在舞台上的位置。Flash在上个版本中就引入了三维定位系统，增加一个坐标轴z，那么在3D定位中要确定对象的位置，就需要通过x、y、z这3个坐标确定，如图6-21所示。

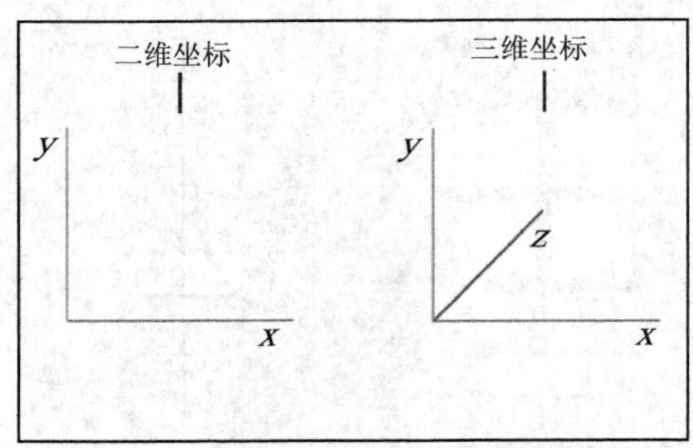

图6-21　3D动画示意图

（二）3D动画元素

3D 动画是在补间动画中创建的，并且通过 3D 空间对影片剪辑实例创建 3D 动画效果。因此，3D 动画的重要元素包括 3D 空间、影片剪辑和补间动画。下面分别对其作用进行讲解。

- **3D空间**：Flash在每个影片剪辑实例的属性中用z轴表示3D空间，3D空间包括全局3D空间和局部3D空间。全局3D空间即舞台空间，全局变形和平移都与舞台相关；局部3D空间即影片剪辑空间，局部变形和平移与影片剪辑空间相关，如图6-22所示。
- **影片剪辑**：拥有各自独立于主时间轴的多帧时间轴。可以将多帧时间轴看作是嵌套在主时间轴内创建影片剪辑实例。影片剪辑实例是3D动画中重要的元素，只能使用影片剪辑创建3D动画。Flash允许用户通过在舞台的3D空间中移动和旋转影片剪辑来创建3D效果，如图6-23所示。

图6-22　3D空间

图6-23　影片剪辑

● **补间动画**：功能强大且易于创建3D动画。用户对补间后的3D动画进行最大程度的控制，通过为一个帧中的3D对象属性指定一个值并为另一个帧中的同一3D对象属性指定另一个值创建动画，如图6-24所示。

图6-24　补间动画

（三）3D工具的使用

Flash 3D动画创建在补间动画的基础上，并对影片剪辑实例应用3D效果。因此，Flash中的3D工具主要是对影片剪辑实例的操作。

1. 3D旋转

使用3D旋转工具可以在3D空间中旋转影片剪辑元件。3D旋转控件出现在舞台上的选定对象上。其中*x*轴控件为红色、*y*轴控件为绿色、*z*轴控件为蓝色。使用橙色的自由旋转控件可同时绕*x*轴、*y*轴和*z*轴旋转。

3D旋转工具的默认模式为全局，在全局3D空间中旋转对象与相对舞台旋转对象等效。

在局部3D空间中旋转对象与相对父影片剪辑（如果有）移动对象等效。使用3D旋转工具旋转对象的方法如下。

- **x轴旋转：** 将鼠标光标移动到红色控件上，当鼠标光标变为▸ₓ形状时，拖动鼠标以x轴为对称轴旋转影片剪辑元件，如图6-25所示。
- **y轴旋转：** 将鼠标光标移动到绿色控件上，当鼠标光标变为▸ᵧ形状时，拖动鼠标以y轴为对称轴旋转影片剪辑元件，如图6-26所示。

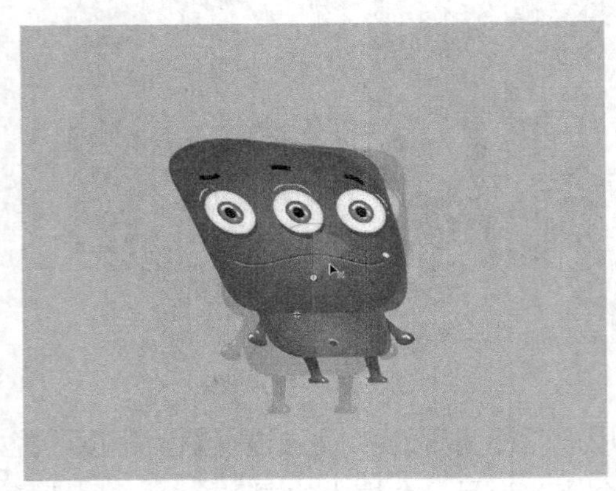

图6-25　x轴旋转

图6-26　y轴旋转

- **z轴旋转：** 将鼠标光标移动到蓝色控件上，当鼠标光标变为▸z形状时，拖动鼠标以z轴为对称轴旋转影片剪辑元件，如图6-27所示。
- **自由旋转：** 将鼠标光标移动到最外圈的橙色控件上，当鼠标光标变为▸形状时，拖动鼠标一次性旋转x轴、y轴和z轴，如图6-28所示。

图6-27　z轴旋转

图6-28　自由旋转

- **“变形”面板：** 用部分选取工具选择影片剪辑元件，打开“变形”面板，设置“3D旋转”栏中的X、Y、Z值，如图6-29所示。
- **旋转多个对象：** 按住【Shift】键，用3D旋转工具选择多个对象，然后拖动鼠标可以旋转多个对象，如图6-30所示。

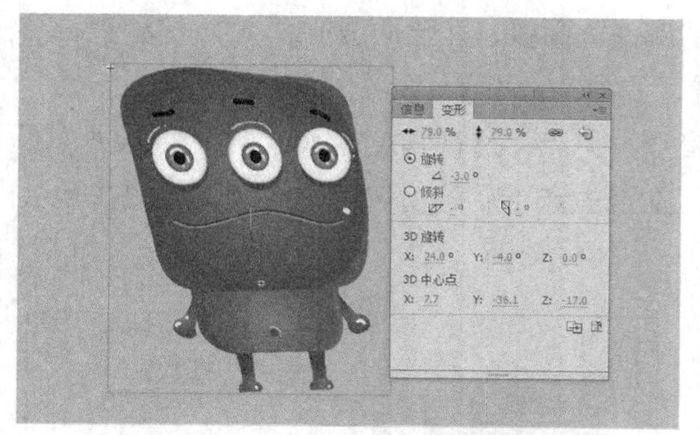

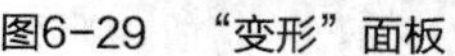
图6-29 “变形”面板

图6-30 旋转多个对象

2. 3D平移对象

可以使用3D平移工具在3D空间中移动影片剪辑元件。在使用该工具选择影片剪辑元件后，影片剪辑元件的*x*轴、*y*轴和*z*轴将显示在舞台对象的顶部。

3D平移工具的默认模式是全局。在全局3D空间中移动对象与相对舞台移动对象等效，在局部3D空间中移动对象与相对父影片剪辑（如果有）移动对象等效。

（四）创建3D补间动画

3D补间动画基于补间动画，即需要先为影片剪辑元件实例创建补间动画（不能是传统补间动画），然后才能创建3D补间动画，如图6-31所示。

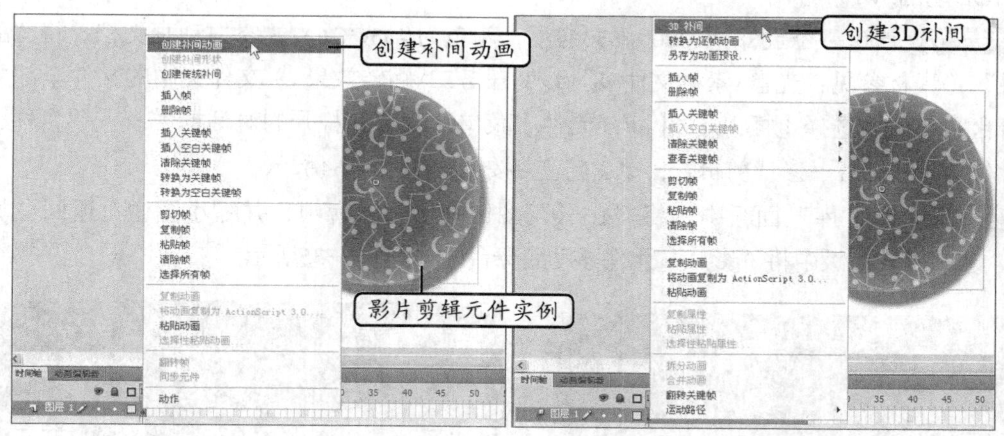

图6-31 创建3D补间动画

创建3D补间动画后，即可像编辑补间动画一样，在补间范围中选择帧，并使用3D平移工具或3D旋转工具，结合“属性”面板中的“滤镜”效果进行3D动画效果的制作。

（五）消失点和透视点

在2D平面上表示3D空间中的对象是利用透视图呈现的，正确的透视图依赖消失点和透视角度，下面分别对其进行介绍。

- **消失点**：确定水平平行线会聚于何处，如需绘制一条越来越远的铁轨时，铁轨应该于何处会聚于一点并消失。在Flash中，默认情况下，消失点在“舞台”的中心。选择已经进行了3D旋转的对象后，打开“属性”面板，在该面板的“3D定位和查看”栏中可查看和修改定位点和消失点位置，如图6-32所示。

- **透视角度**：决定了平行线能多快地会聚于消失点，透视角度越大，会聚得越快，图6-33所示为当加大了透视角度的值后，在消失点不变的情况下，图像将会更快地会聚于消失点。

图6-32　修改消失点

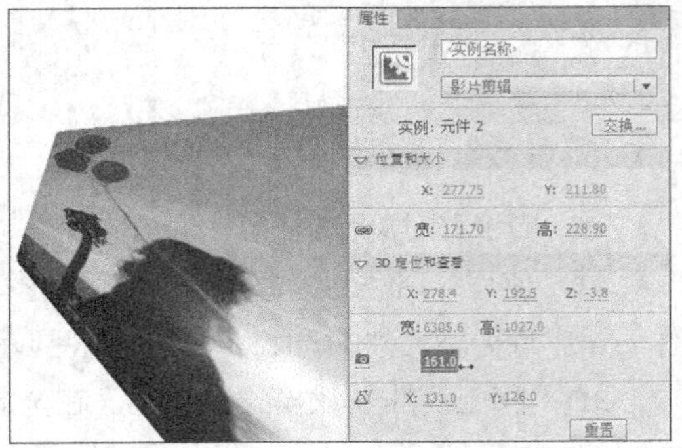

图6-33　修改透视角度

三、任务实施

下面将具体讲解制作3D动画的方法，其具体操作如下（微课：光盘\微课视频\项目六\制作3D动画.swf）。

STEP 1　新建一个尺寸为1000×650像素，颜色为#33CCCC的空白动画文档。将“翻转效果”（素材参见：光盘\素材文件\项目六\任务二\翻转效果\）文件夹中的文件全部导入到舞台中。然后选择【插入】/【新建元件】菜单命令，在打开的对话框中设置“名称、类型”分别为“影片、影片剪辑”，单击确定按钮，如图6-34所示。

STEP 2　从“库”面板中，将“1.jpg”图像拖曳到舞台中，并缩小图像。返回“场景1”，从“库”面板中将“影片”元件移动到舞台中，如图6-35所示。

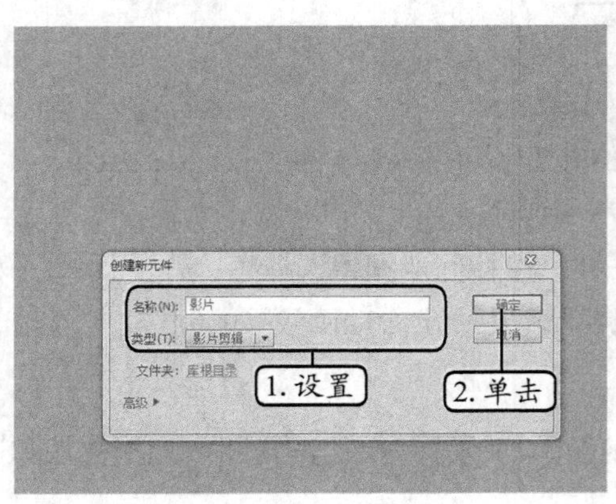

图6-34　新建文档

图6-35　编辑元件

STEP 3　选择【插入】/【创建补间动画】菜单命令，在时间轴上创建补间动画。选择第24帧，插入属性关键帧。选择3D旋转工具，将鼠标光标移动到红色控件上，当鼠标光标变为▶x形状时，拖动鼠标以*x*轴为对称轴旋转元件，如图6-36所示。

STEP 4 在第48帧插入关键帧，使用3D旋转工具，拖曳鼠标以*x*轴为对称轴旋转元件，在第72帧插入关键帧，使用3D旋转工具，继续拖动鼠标以*x*轴为对称轴旋转元件，并新建"图层2"，如图6-37所示。

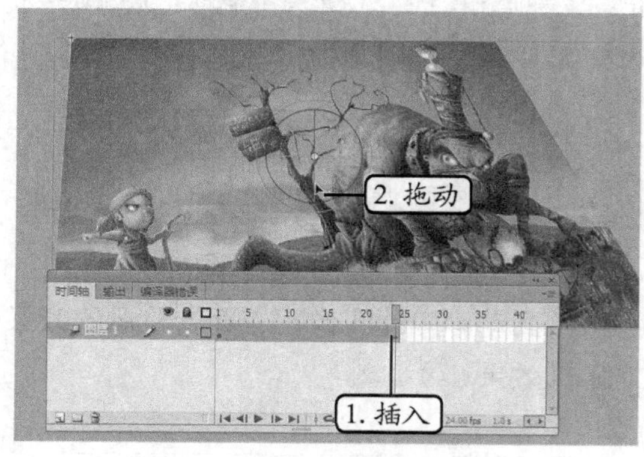

图6-36 创建补间动画

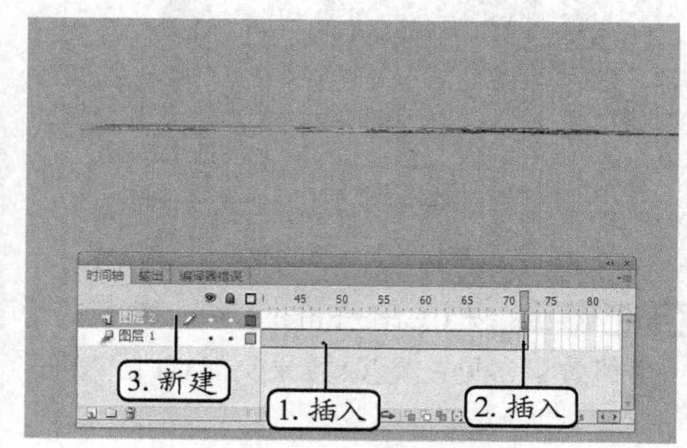

图6-37 编辑关键帧

STEP 5 使用前面的方法将"2.jpg"图像新建为"影片1"影片剪辑。在"图层2"的第73帧插入空白关键帧，在舞台中间插入一条辅助线。将"影片1"元件拖曳到舞台上，并在"变形"面板中设置"缩放宽度、缩放高度"都为"58.0%"，使其与影片元件重合，设置"旋转"为"180.0°"，反转图像，如图6-38所示。

STEP 6 选择【插入】/【新建补间动画】菜单命令，新建补间动画 。在"变形"面板上设置X旋转为"-99.0°"，以制作翻转效果，如图6-39所示。

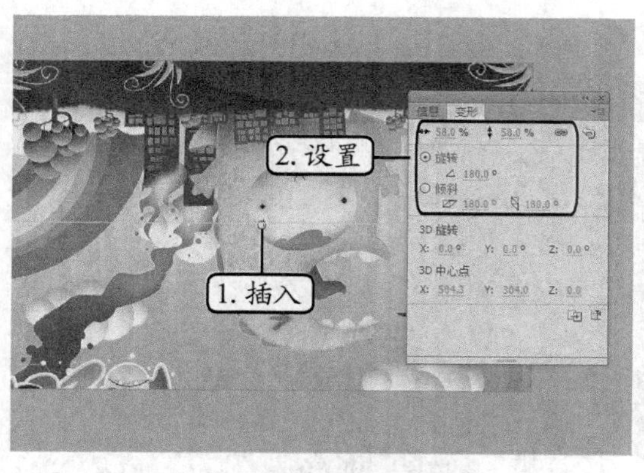

图6-38 编辑第73帧

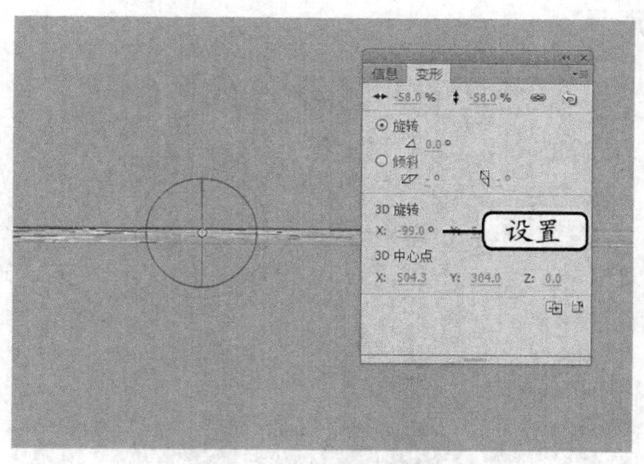

图6-39 新建补间动画

STEP 7 在第96帧插入关键帧，在"变形"面板中设置X旋转为"-124.0°"，在第120帧插入关键帧，在"变形"面板中设置X旋转为"-168.0°"。最后在第122帧插入关键帧，以使翻转效果停留得久一些，如图6-40所示。

STEP 8 在所有图层下方新建"图层3"，选择"图层3"的第1帧。从"库"面板中将"背景.jpg"图像拖曳到舞台中作为动画背景，如图6-41所示。

图6-40　编辑关键帧

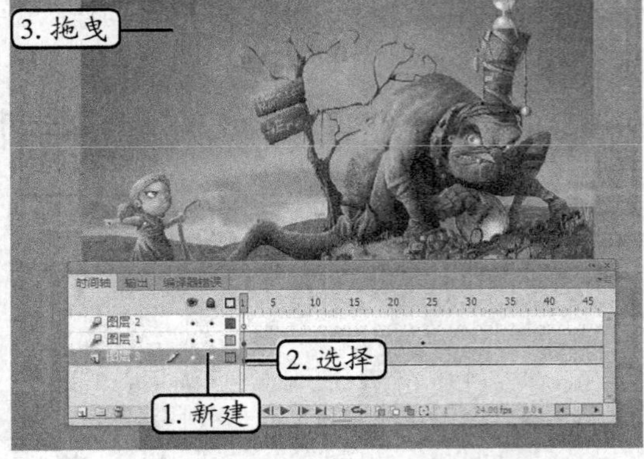

图6-41　新建图层

STEP 9　按【Ctrl+Enter】组合键测试动画，可看到动画中的图像正在翻转显示的效果（最终效果参见：光盘\效果文件\项目六\任务二\翻转效果.fla）。

任务三　制作游戏场景

使用Flash CS6的骨骼工具，可以很便捷地把符号（Symbol）连接起来，形成父子关系，从而实现反向运动（Inverse Kinematics）。本例将使用骨骼工具制作一个游戏场景动画。

一、任务目标

本例将练习制作骨骼动画，制作时主要涉及添加骨骼、创建骨骼、设置骨骼属性、创建动画等知识。通过本例的学习，可以掌握骨骼动画的制作方法。本例完成后的效果如图6-42所示。

图6-42　游戏场景

二、相关知识

制作本任务的相关知识包括认识骨骼动画、认识IK反向运动、添加骨骼、编辑IK骨架和对象、处理骨骼动画等知识，下面分别对其进行介绍。

（一）认识骨骼动画

骨骼动画也叫反向运动，是使用骨骼关节结构对一个对象或彼此相关的一组对象进行动画处理的方法。使用骨骼后，元件实例和形状对象可以按复杂而自然的方式移动，即只需做很少的设计工作。如通过反向运动可以更加轻松地创建人物动画，如胳膊、腿和面部表情。

骨骼构成骨架。在父子层次结构中，骨架中的骨骼彼此相连。骨架可以是线性的或分支的。源于同一骨骼的骨架分支称为同级；骨骼之间的连接点称为关节。

（二）认识IK反向运动

IK反向运动是指依据反向运动学的原理对层次连接后的复合对象进行运动设置，是使用骨骼关节结构对一个对象或彼此相关的一组对象进行动画处理的方法。与正向运动不同，运用IK反向运动系统控制层次末端对象的运动，系统将自动计算此变换对整个层次的影响，并据此完成复杂的复合动画。

要使用IK反向运动，需要对单独的元件实例或单个形状的内部添加骨骼。添加骨骼后，在一个骨骼移动时，与启动运动的骨骼相关的其他连接骨骼也会移动。使用反向运动进行动画处理时，只需指定对象的开始位置和结束位置即可。通过反向运动，可以更加轻松地完成自然运动。在Flash中可以按以下两种方式使用IK反向运动。

- **图像内部**：向形状对象的内部添加骨架。可以在合并绘制模式或对象绘制模式中创建形状。通过骨骼，可以移动形状的各个部分并对其进行动画处理，而无需绘制形状的不同部分或创建补间形状。例如，向简单的蛇图形添加骨骼，以使蛇逼真地移动和弯曲。
- **连接实例**：通过添加骨骼将每个实例与其他实例连接在一起，用关节连接一系列的元件实例。骨骼允许元件实例连在一起移动。例如，有一组影片剪辑，其中的每个影片剪辑都表示人体的不同部分。通过将躯干、上臂、下臂和手连接在一起，可以创建逼真移动的人体，还可创建一个分支骨架包括两个胳膊、两条腿和头。

（三）添加骨骼

除了设置IK反向运动外，还可使用骨骼工具向元件实例和形状添加骨骼。使用绑定工具可以调整形状对象的各个骨骼和控制点之间的关系。下面分别介绍这两个工具的使用方法。

1. 骨骼工具

在属性面板中选择骨骼工具后，可对元件实例或矢量形状添加骨骼。为元件实例添加骨骼时，在工具箱中选择骨骼工具，单击要成为骨架的根部或头部的元件实例，然后拖曳到单独的元件实例中，将其连接到根实例。在拖曳时，将显示骨骼并释放鼠标，在两个元件实例之间将显示实心的骨骼，每个骨骼都具有头部、圆端和尾部（尖端），如图6-43所示。还可继续为骨骼添加其他骨骼，若要添加其他骨骼，可以使用骨骼工具从第一个骨骼的尾部拖曳到要添加骨架的下一个元件实例上。鼠标指针在经过现有骨骼的头部或尾部时会发生改变。即可按照要创建的父子关系的顺序，将对象与骨骼链接在一起。

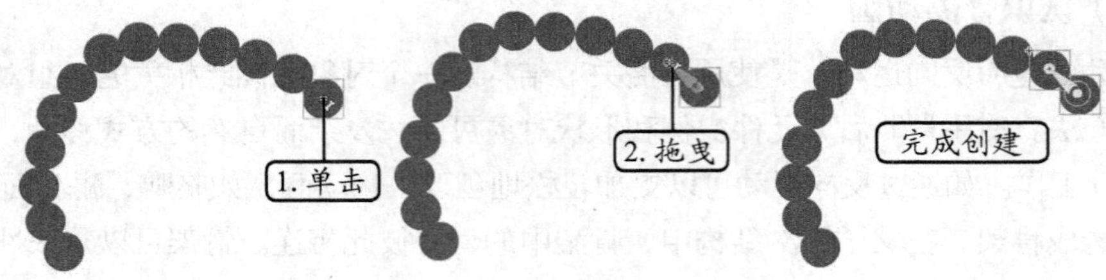

图6-43　创建骨骼

除了连接骨骼外，还可在根骨骼上连接多个实例以创建分支骨架，分支可以连接到根骨骼上，但不能直接连接到其他分支。用骨骼工具单击希望分支的现有骨骼的头部，然后拖曳到创建新分支的第一个骨骼上，如图6-44所示。

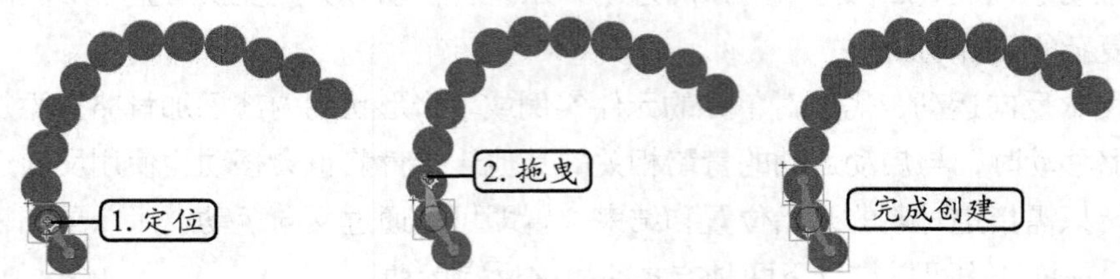

图6-44　创建分支骨骼

为矢量形状创建骨架时，需要选择全部矢量形状（所有形状必须是一个整体），再选择骨骼工具并在形状内定位，按住鼠标左键不放拖曳到矢量形状的其他位置后释放鼠标，此时在单击的点和释放鼠标的点之间将显示一个实心骨骼，如图6-45所示。创建其他骨骼及创建分支骨骼的操作与元件实例的创建方法一样，这里不再赘述。

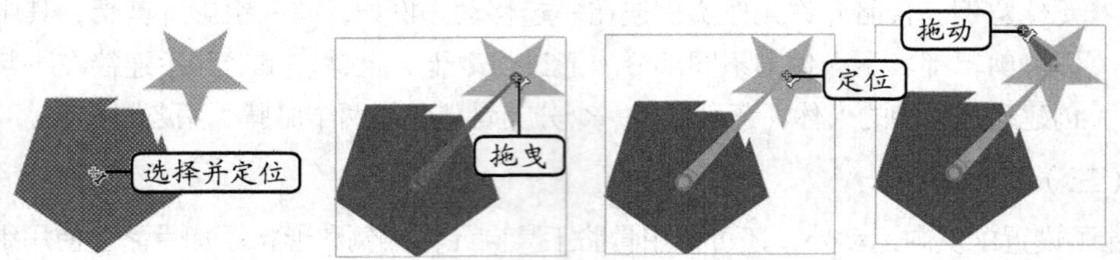

图6-45　创建矢量图形骨骼

2. 绑定工具

“骨骼工具”下属的绑定工具，是针对“骨骼工具”为单一矢量形状添加骨骼而使用的（元件实例骨骼不适用）。

在矢量形状中创建好骨骼后，在“属性”面板中选择绑定工具，使用绑定工具选择骨骼一端，选中的骨骼呈红色，按住鼠标左键向形状边线控制点移动，若控制点为黄色，拖曳过程中会显示一条黄色的线段。当骨骼点与控制点连接后，就完成了绑定连接的操作。除了绑定连接外，也可以单一骨骼绑定端点，使端点呈方块显示，也可以将多个骨骼绑定单一的端点，端点呈三角显示。

（四）编辑IK骨架和对象

创建骨骼后，可以对其进行编辑，如选择骨骼和关联的对象、删除骨骼、重新调整骨骼和对象的位置。

1. 选择骨骼和关联的对象

要编辑骨架和关联的对象，必须先对其进行选择，Flash中常用于选择骨骼和关联对象的方法有以下4种，下面分别进行介绍。

- **选择单个骨骼**：使用部分选取工具单击骨骼即可选择单个骨骼，并且在“属性”面板中将显示骨骼属性，如图6-46所示。
- **选择相邻骨骼**：在属性面板中单击“父级”按钮、“子级”按钮，可以将所选内容移动到相邻骨骼，如图6-47所示。

图6-46 选择单个骨骼

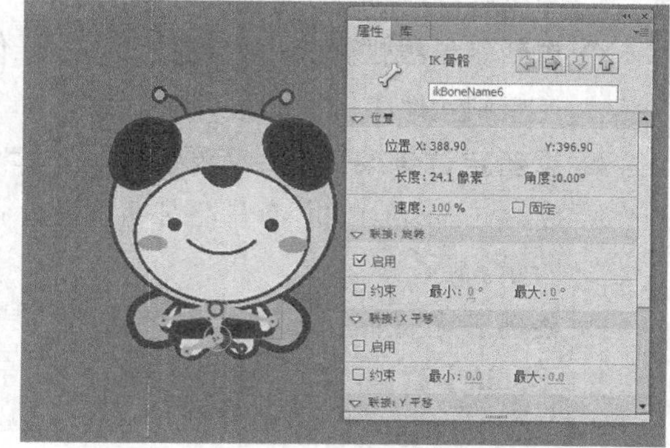

图6-47 选择相邻骨骼

- **选择骨骼形状**：使用部分选取工具单击骨骼形状，可选择整个骨骼形状。在“属性”面板中将显示骨骼属性，如图6-48所示。
- **选择元件**：若要选择连接到骨骼的元件实例，单击该实例即可，并且“属性”面板中将显示实例属性，如图6-49所示。

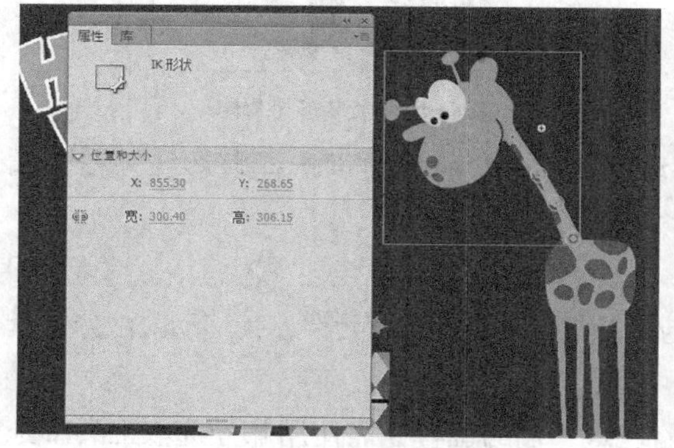

图6-48 选择骨骼形状

图6-49 选择元件

2. 删除骨骼

若要删除单个骨骼及其所有子级，可以单击该骨骼并按【Delete】键；按住【Shift】键可选择多个骨骼进行删除。若要从某个IK形状或元件骨架中删除所有骨骼，可用选择工具选择该形状或该骨架中的任何元件实例，然后选择【修改】/【分离】菜单命令，删除骨骼后IK形状将还原为正常形状，如图6-50所示。

图6-50　删除骨骼

3. 重新调整骨骼和对象的位置

在Flash中还可重新对骨骼和对象的位置进行调整，包括骨架、骨架分支、旋转多个骨骼等，下面分别进行介绍。

- **重新定位线性骨架**：拖动骨架中的任何骨骼，可以重新定位线性骨架。如果骨架已连接到元件实例，则还可以拖动实例，亦视为对其骨骼进行旋转。
- **重新定位骨架分支**：若要重新定位骨架的某个分支，可以拖动该分支中的任何骨骼。该分支中的所有骨骼都将移动，骨架的其他分支中的骨骼不会移动，如图6-51所示。
- **旋转多个骨骼**：若要将某个骨骼与其子骨骼一起旋转而不移动父骨骼，需要按住【Shift】键拖动该骨骼，如图6-52所示。

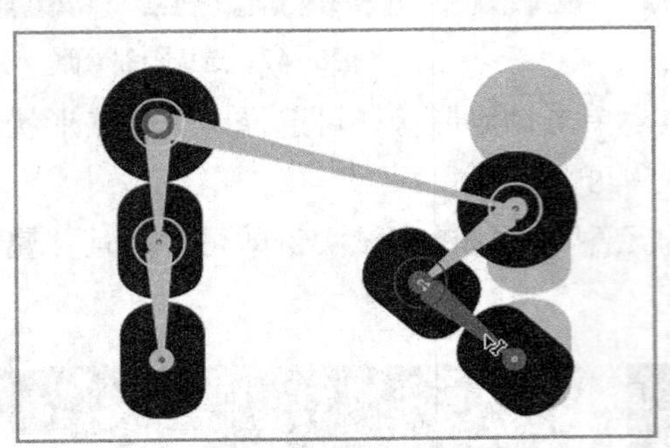

图6-51　重新定位骨架分支

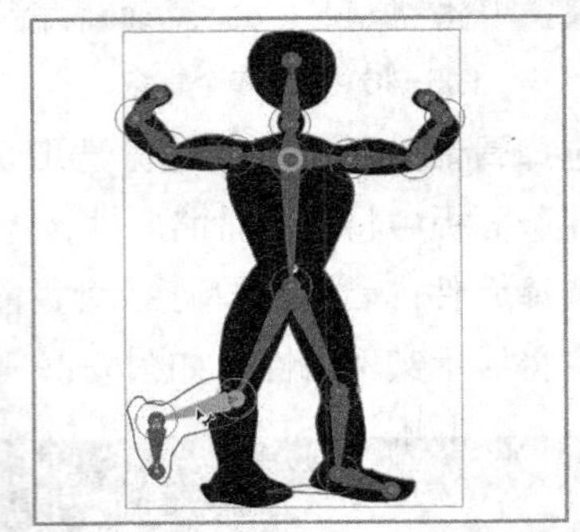

图6-52　旋转多个骨骼

- **移动反向运动形状**：若要在舞台上移动反向运动形状，可以选择该形状并在“属性”面板中更改其X和Y属性。

4. 移动骨骼

在修改编辑骨骼的动画时，用户可以移动与骨骼相关联的形状和元件，其移动方法分别介绍如下。

- **移动形状骨骼**：若要移动IK形状内骨骼任意一端的位置，需使用部分选取工具拖动骨骼的一端。
- **移动元件骨骼**：若要移动骨骼头部或尾部的位置，可以选择所有实例，在“属性”面板中更改变形点。

（五）处理骨架动画

对骨架进行处理的方式与处理Flash中其他对象不同。对于骨架，只需向姿势图层添加帧并在舞台上重新定位骨架即可创建关键帧。姿势图层中的关键帧称为姿势。由于骨架通常用于动画应用，因此，每个姿势图层都将自动充当补间图层。

1. 在时间轴中对骨架进行动画处理

骨架存在于时间轴中的姿势图层上。若要在时间轴中对骨架进行动画处理，需通过在姿势图层中的帧上单击鼠标右键，再在弹出的快捷菜单中选择“插入姿势”命令来插入姿势。下面分别介绍在时间轴中对骨架进行动画处理的4种方法。

- **更改动画的长度**：将姿势图层的最后一个帧向右或向左拖动，以添加或删除帧，如图6-53所示。
- **添加姿势**：将播放头放在要添加姿势的帧上，然后在舞台上重新定位或编辑骨架，如图6-54所示。

图6-53 更改动画的长度

图6-54 添加姿势

- **清除姿势**：在姿势图层的姿势帧处单击鼠标右键，在弹出的快捷菜单中选择“清除姿势”命令，即可清除姿势，如图6-55所示。
- **复制姿势**：在姿势图层的姿势帧处单击鼠标右键，在弹出的快捷菜单中选择“复制姿势”命令，即可复制姿势，如图6-56所示。

图6-55 清除姿势

图6-56 复制姿势

2. 将骨架转换为影片剪辑或图形元件

将骨架转换为影片剪辑或图形元件，可以实现其他补间效果。若要将补间效果应用于除骨骼位置之外反向运动的对象，该对象必须包含在影片剪辑或图形元件中。

如果是IK形状，只需单击该形状即可；如果是链接的元件实例集，可以在时间轴中单击骨架图层选择所有的骨骼，然后在所选择的内容上单击鼠标右键，在弹出的快捷菜单中选择"转换为元件"命令，在"转化为元件"对话框中输入元件的名称并选择元件类型，然后单击 确定 按钮。

（六）编辑IK动画属性

在IK反向运动中，可以通过调整IK运动约束来实现更加逼真的动画效果。若要 IK 骨架动画更加逼真，可限制特定骨骼的运动自由度，如可约束胳膊间的两个骨骼，以禁止肘部按错误的方向弯曲。其具体的设置项如下。

- **启用*x*或*y*轴移动**：选择骨骼后，在"属性"面板的"连接:X平移"或"连接:Y平移"栏中单击选中"启用"复选框及"约束"复选框，然后设置最小值与最大值，即可限制骨骼在*x*及*y*轴方向上的活动距离。
- **约束骨骼的旋转**：选择骨骼后，在"属性"面板的"旋转"栏中单击选中"启用"复选框及"约束"复选框，然后设置最小角度与最大角度值，即可限制骨骼旋转角度。
- **限制骨骼的运动速度**：选择骨骼后，在"属性"面板"位置"栏的"速度"数值框中输入一个值，可限制运动速度。

三、任务实施

下面将具体讲解制作游戏场景的方法，其具体操作如下（微课：光盘\微课视频\项目六\制作游戏场景.swf）。

STEP 1 新建一个尺寸为1200×750像素，颜色为#339999的空白动画文档，将"游戏背景"文件夹（素材参见：光盘\素材文件\项目六\任务三\游戏背景\）中的所有文件导入到库中。从"库"面板将"背景.jpg"图像移动到舞台中间。

STEP 2 选择【插入】/【新建元件】菜单命令，打开"创建新元件"对话框。在其中设置"名称、类型"分别为"角色动作、影片剪辑"，单击 确定 按钮，如图6-57所示。

STEP 3 从"库"面板中将"翅膀.png、腿.png、尾巴.png、身体.png、喇叭.png"图像拖曳到舞台上。缩放到合适大小，调整各图像位置，组成小鸟的形状，如图6-58所示。

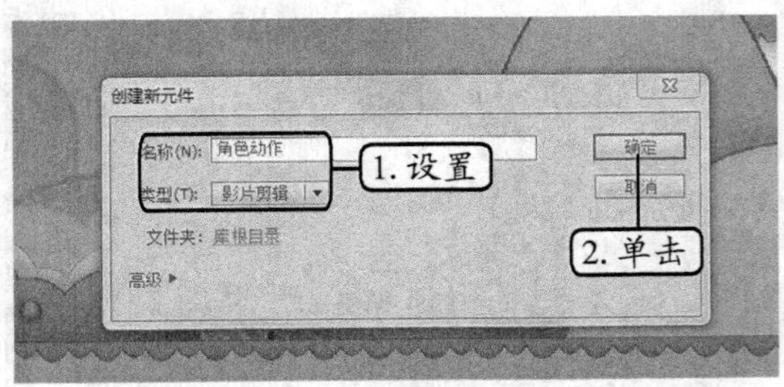

图6-57 新建影片剪辑

图6-58 组合对象

STEP 4 选择“身体.png”图像，按【F8】键。打开“转换为元件”对话框，在其中设置“名称、类型”分别为“身体、图形”，单击[确定]按钮，如图6-59所示。使用相同的方法，将“翅膀.png”“腿.png”“尾巴.png”“喇叭.png”图像等都转换为元件，并以图像名称命名。

STEP 5 选择所有的元件，再选择骨骼工具。使用鼠标在元件上拖曳以绘制骨骼，如图6-60所示。

图6-59 转换为元件

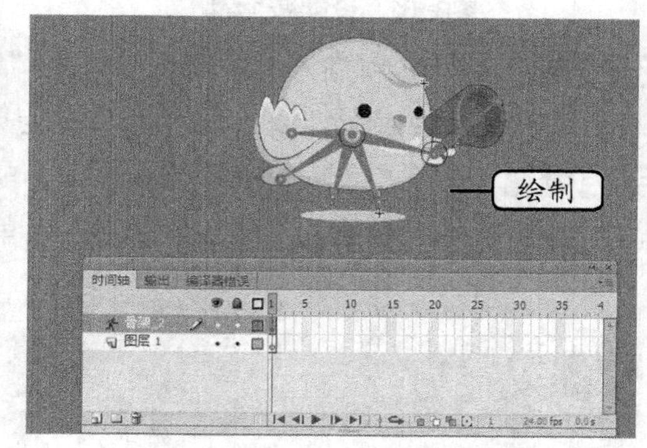

图6-60 创建骨架

STEP 6 选择第30帧，按【F6】键，插入姿势。使用选择工具调整骨架位置。在第60帧插入姿势，并调整其位置，如图6-61所示。

STEP 7 由于右翅膀移动得太夸张，需要对骨骼进行约束。选择连着右翅膀的骨骼。打开“属性”面板，在“联接：X 平移”栏中单击选中“启用”和“约束”复选框，设置“最小、最大”分别为“-32.0、3.0”。在“联接：Y 平移”栏中单击选中“启用”和“约束”复选框，设置“最小、最大”分别为“-16.1、21.0”，如图 6-62 所示。

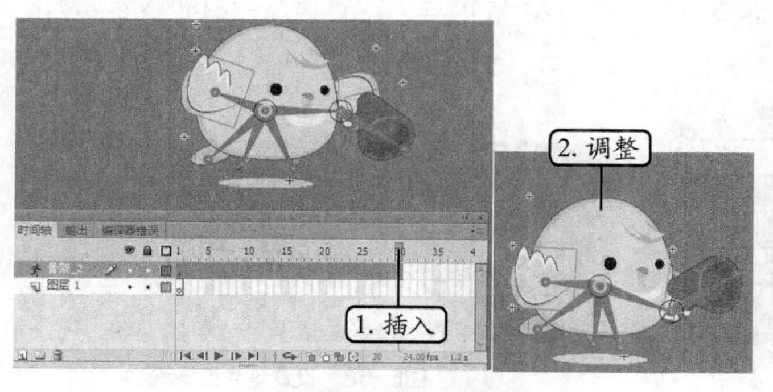

图6-61 调整骨骼动作

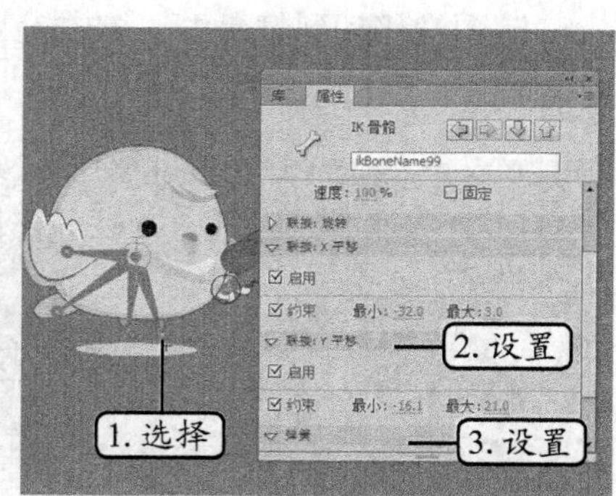

图6-62 为骨骼设置约束

STEP 8 选择姿势图层，打开“属性”面板。在其中设置“类型”为“简单（最快）”，如图6-63所示。

STEP 9 返回主场景，在第120帧插入关键帧。新建“图层2”，选择第1帧，将“鸡蛋1.png”图像移动到舞台左下角，并调整其大小，在第8帧插入关键帧，如图6-64所示。

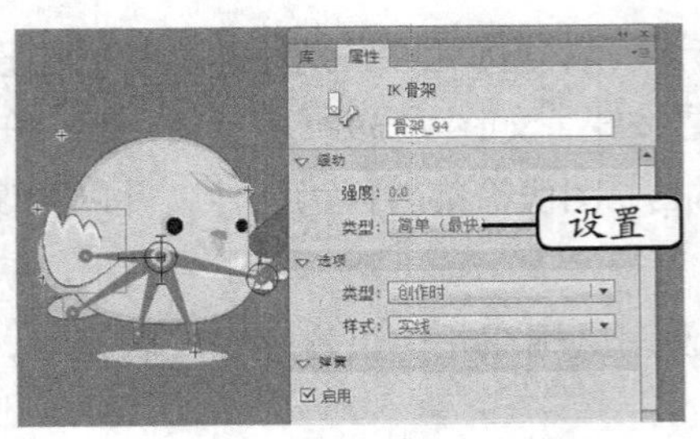

图6-63 设置缓动类型

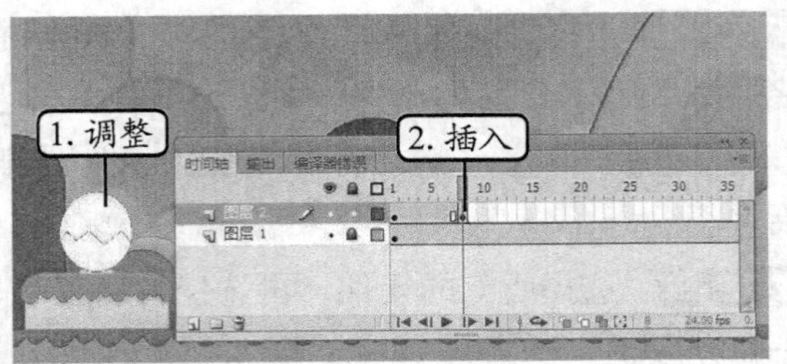

图6-64 编辑图像

STEP 10 在第9帧插入关键帧，并单击“绘图纸外观”按钮，将“鸡蛋2.png”“鸡蛋3.png”图像移动到舞台上，缩放大小，并与第8帧的图形重叠起来，如图6-65所示。

STEP 11 选择“鸡蛋3.png”图像，按【F8】键。打开“转换为元件”对话框，在其中设置“名称、类型”分别为“蛋壳、图形”，单击确定按钮，如图6-66所示。

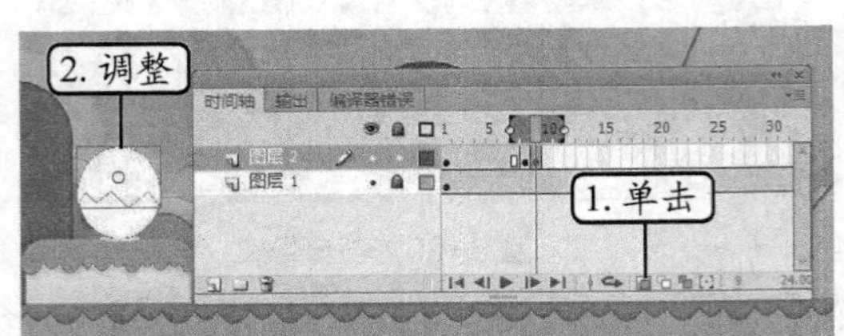

图6-65 编辑第9帧

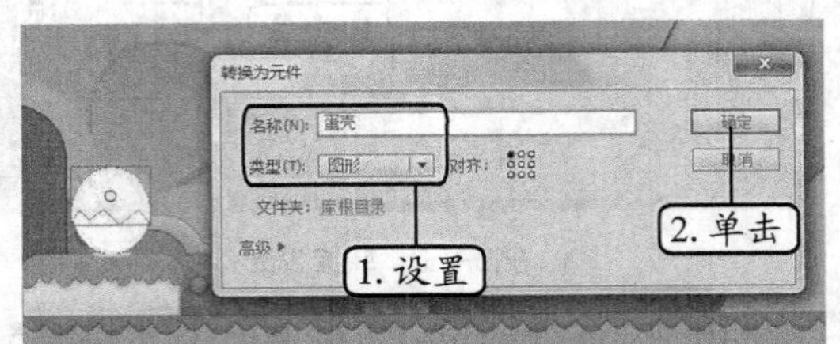

图6-66 设置类型和名称

STEP 12 在舞台上选择“蛋壳”元件，选择【插入】/【补间动画】菜单命令。创建“图层3”，单击“绘图纸外观”按钮，关闭绘图纸功能，在第20帧插入关键帧，将“蛋壳”元件翻转后移动到地面上，在“图层2”的第20帧插入关键帧，如图6-67所示。

STEP 13 在“图层2”的第21帧插入关键帧。从“库”面板中将“鸡蛋3.png”“鸡蛋4.png”图像移动到舞台中，缩放大小并与上一帧中的蛋壳位置重合。在第20帧插入关键帧，效果如图6-68所示。

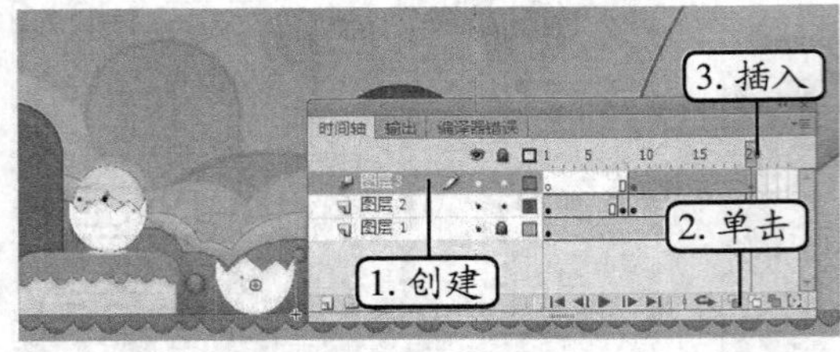

图6-67 插入关键帧

图6-68 设置蛋壳位置重合

STEP 14 在“图层1”上方新建“图层4”，在第21帧插入空白关键帧。从“库”面板中将“角色动作”元件移动到舞台中左边的蛋壳中，并缩放大小。选择【插入】/【补间动画】菜单命令，插入补间动画。在第50帧插入属性关键帧，将小鸡移动到地面上，如图6-69所示。

STEP 15 分别在“图层4”的第65、72、100、114帧插入属性关键帧，并移动小鸡的位置。使用选择工具调整补间路径。

STEP 16 在“时间轴”面板中将“帧率”设置为“12.00fps”。双击“角色动作”元件，进入元件编辑窗口。在时间轴上，使用鼠标拖动第60帧，向第24帧移动，如图6-70所示，保存文档，按【Ctrl+Enter】组合键测试播放效果（最终效果参见：光盘\效果文件\项目六\任务三\游戏场景.fla）。

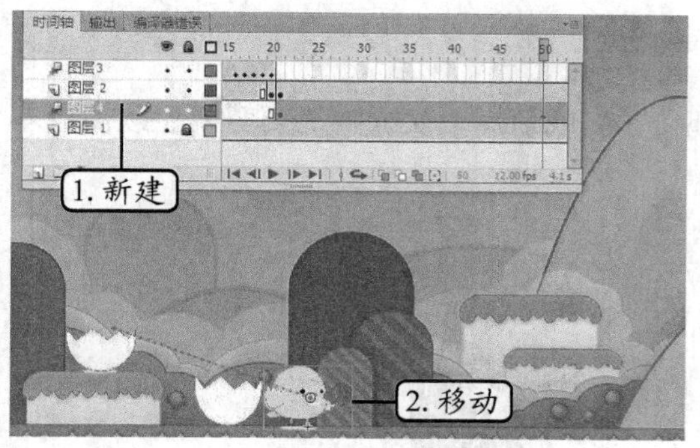

图6-69　创建补间动画

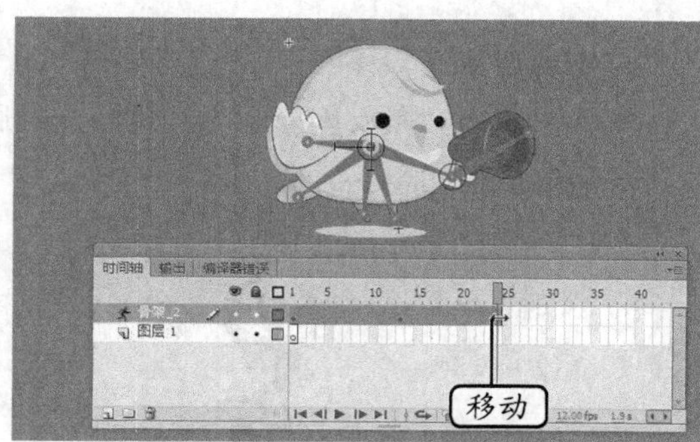

图6-70　调整骨骼动画长度

实训一　制作藤蔓动画

【实训要求】

为了使Deco工具能创建更丰富的图形，除了合理地使用不同类型的刷子外，还可以通过使用元件的方式来修改其样式，本例要求制作藤蔓效果。本实训完成后的参考效果如图6-71所示。

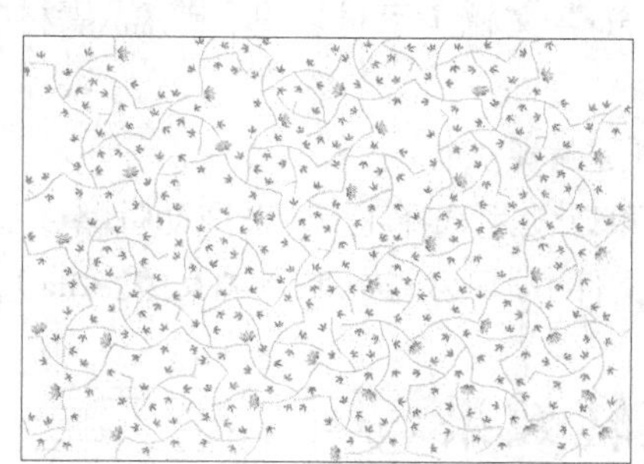

图6-71　藤蔓动画

【实训思路】

在制作时需要在“选择元件”对话框中选择所需的选项，然后根据需要进行设置即可。

【步骤提示】

STEP 1 打开“藤蔓.fla”文档（素材参见：光盘\素材文件\项目六\实训一\藤蔓.fla），选择Deco工具，在“属性”面板的“绘制效果”栏中的下拉列表中选择“藤蔓式填充”选项，然后单击“树叶”选项后的 编辑... 按钮，打开“选择元件”对话框，选择“枫叶”选项，单击“花”选项后的 编辑... 按钮，打开“选择元件”对话框，选择“荷花”选项。

STEP 2 完成后返回Deco工具的“属性”面板中，并分别设置“图案缩放”的值为“100”，再设置“段长度”的值为“13”。

STEP 3 完成以上设置后，在舞台的任意位置处单击，即可在舞台中填充藤蔓图案（最终效果参见：光盘:\效果文件\项目六\实训一\藤蔓.fla）。

实训二　为“美女剪影”添加骨骼

【实训要求】

本实训将对“美女剪影”添加骨骼，然后拖动骨骼或节点，使人物的姿势发生改变。本实训的最终效果如图6-72所示。

图6-72　为“美女剪影”添加骨骼

【实训思路】

本例将先进行骨骼的创建，然后调节骨骼或节点，下面分别进行介绍。

【步骤提示】

STEP 1　打开“美女剪影.fla”文档（素材参见：光盘\素材文件\项目六\实训一\美女剪影.fla）。

STEP 2　使用骨骼工具创建骨骼。

STEP 3　创建完成后，就可以使用选择工具来拖动骨骼或节点，使人物的姿势发生改变（最终效果参见：光盘\效果文件\项目六\实训二\美女剪影.fla）。

实训三　制作3D旋转效果

【实训要求】

本实训将制作3D旋转效果，本实训完成后的最终效果如图6-73所示。

图6-73　制作3D旋转效果

【实训思路】

本例将使用3D旋转工具和3D平移工具来制作相册旋转动画，下面分别进行介绍。

【步骤提示】

STEP 1 选择【文件】/【导入】/【导入到舞台】菜单命令，将素材（素材参见：光盘:\素材文件\项目六\实训一\旋转相册\）导入到舞台。

STEP 2 创建"猫1"元件的实例，在图层1的第20帧处按【F5】键，添加普通帧，然后为图层1添加补间动画。

STEP 3 选择图层1的第20帧，然后选择3D旋转工具再选择场景中的实例，最后在出现的3D控件上，拖动*y*轴使图像旋转90°。

STEP 4 新建"图层2"图层，选择图层2中的第21帧，按【F6】键添加关键帧。并在该帧上创建"猫2"元件的实例，然后选择3D旋转工具再选择场景中的实例，最后在出现的3D控件上拖动*y*轴，使图像旋转90°。

STEP 5 选择图层2的第60帧，按【F5】键添加普通帧，然后为图层2的第21帧～第60帧添加补间动画。接着选择3D旋转工具再选择场景中的实例，最后在出现的3D控件上拖动*y*轴，使图像旋转180°。

STEP 6 新建"图层3"图层，并在图层3的第61帧添加关键帧，然后在场景中添加"猫1"元件的实例，接着选择3D旋转工具再选择场景中的实例。最后在出现的3D控件上拖动*y*轴，使图像旋转90°。

STEP 7 选择图层3的第80帧，按【F5】键添加普通帧，然后为图层3的第61帧到第80帧添加补间动画，接着选择3D旋转工具再选择场景中的实例，最后在出现的3D控件上拖动*y*轴，使图像旋转90°，完成旋转相册动画的制作（最终效果参见：光盘：效果文件\项目六\实训二\旋转相册.fla）。

常见疑难解析

问：在使用Deco工具时为什么不能填满整个舞台？

答：如果绘制的叶及花影片剪辑元件图形太大，在使用Deco工具进行填充时，常常只能得到一个或很少的分支图像而无法填满整个舞台，此时应修改叶及花影片剪辑元件图形的大小，然后再进行填充。

问：可以单击多次鼠标进行Deco填充吗？

答：可以，一直按住鼠标左键不放进行填充时，填充完成的图形是一个整体，而多次单击进行Deco填充时，各填充形状是分开的个体，因此不推荐采用多次单击的方法。

问：创建骨架时位置不正确怎么办？

答：骨架的位置比较重要，如果创建的骨架位置不正确，可以选择任意变形工具调整中心点位置的方法来调整骨架的位置或者删除骨架后重新创建骨架。

拓展知识

1. 复制动画

在Flash中可复制制作好的3D动画，并将其应用到其他对象上。选择补间范围，并单击鼠标右键，在弹出的快捷菜单中选择“复制动画”命令，然后在其他图层的舞台中选择元件实例，单击鼠标右键，在弹出的快捷菜单中选择“粘贴动画”命令，即可对该实例应用创建好的补间或3D动画效果。

2. 制作摆动动画时选择矢量形状更佳

在制作秋千、钟摆动画时，矢量形状更容易制作出预期的效果，在矢量形状中只需创建一个骨架即可轻松控制摆动效果。

课后练习

（1）制作商品介绍页，首先导入“商品介绍”文件夹中的素材（素材参见：光盘\素材文件\项目六\课后练习\商品介绍\），将“蝴蝶.png”图像分离后，分别为各个部分制作影片剪辑并使用3D旋转工具旋转蝴蝶翅膀，最后将背景和制作的影片剪辑添加到舞台中，并输入文本，完成后的最终效果如图6-74所示（最终效果参见\光盘:\效果文件\项目六\课后练习\商品介绍页.fla）。

图6-74 商品介绍页

（2）本练习将制作Deco梦幻水晶球动画，完成后的最终效果如图6-75所示（最终效果参见：光盘\效果文件\项目六\课后练习\梦幻水晶球.fla）。

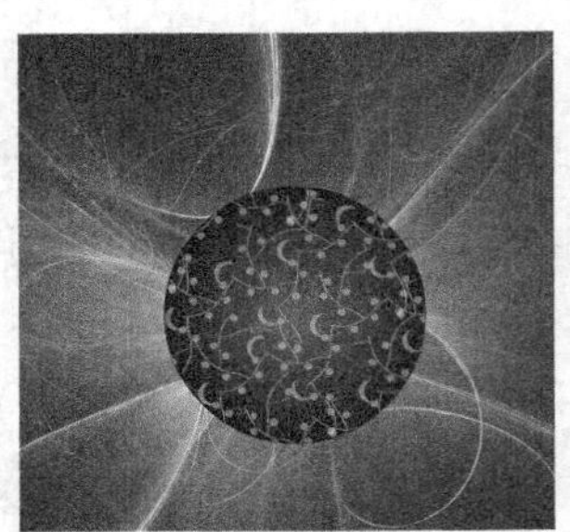

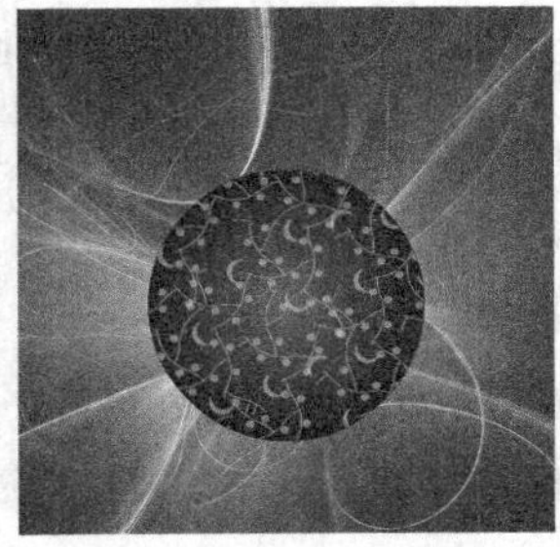

图6-75 Deco梦幻水晶球动画

PART 7

项目七 制作脚本与组件动画

情景导入

小白：阿秀，在Flash动画中，通常可以看到一些闪烁星星、鼠标跟随等特殊的效果，还有各种利用Flash制作的小游戏，这些是怎么制作的呀？

阿秀：这些需要使用脚本语句来实现。

小白：脚本语句？是ASP、PHP、Java这类的语言吗？

阿秀：不是，是Flash特有的ActionScript语言。当然，如果Flash需要与网站程序进行交互的时候，在网站端就可以使用你说的ASP、PHP等语言。

小白：听说ActionScript很难？

阿秀：当然有一定难度，不过，只需要掌握简单的语法就行了，如果想从事Flash脚本开发则需要深入学习。

小白：嗯，那你今天教我一些简单的ActionScript吧！

学习目标

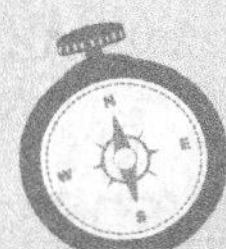

- 了解ActionScript脚本
- 掌握“动作”面板的使用方法
- 掌握常用的Action函数语句

技能目标

- 理解脚本代码，并结合OI组件和Video组件制作Flash动画
- 掌握“花瓣飘落动画”和“问卷调查表”的制作的方法

任务一　制作花瓣飘落动画

使用Flash特有的ActionScript脚本，可以实现特殊动画的制作，如星空夜景、鼠标跟随、燃烧的火焰、好玩的Flash游戏等。本例将学习ActionScript脚本的相关知识，并运用ActionScript脚本制作花瓣飘落动画。

一、任务目标

本例将使用ActionScript脚本制作花瓣飘落动画。制作过程包括新建元件、创建引导动画、添加ActionScript脚本、测试脚本动画等。通过本例的学习，可以掌握使用ActionScript制作脚本动画的方法。本例制作完成后的最终效果如图7-1所示。

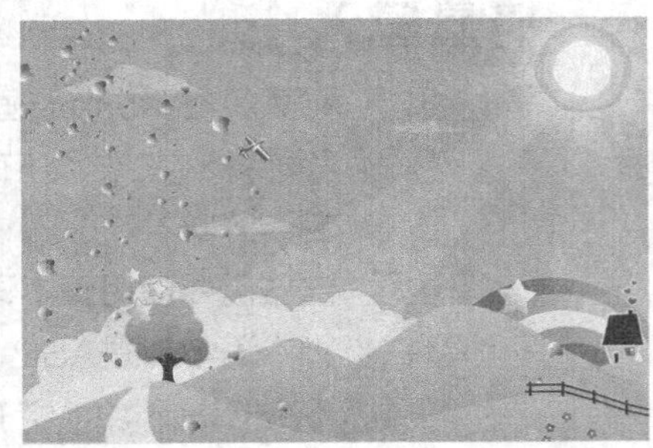

图7-1　花瓣飘落动画

二、相关知识

制作本例时，涉及认识ActionScript 3.0、“动作”面板的使用、脚本助手的使用、ActionScript 3.0的层次结构等相关知识，下面分别对这些知识进行介绍。

（一）认识ActionScript 3.0

ActionScript 3.0是ActionScript脚本语言中最新的一个版本，是目前Flash动画中较常使用的脚本语言。使用它运行编译代码能得到最快的速度，简单说来就是能得到更加流畅的画面与更加迅速的动画响应。ActionScript 3.0并不能单纯认为是ActionScript 2.0的升级版本，因为二者的理念并不相同，ActionScript 3.0是完全面向对象的脚本语言，而ActionScript 2.0则是部分面向对象的脚本语言。

（二）“动作”面板的使用

编辑ActionScript脚本语言的主要操作基本都是在“动作”面板中进行的，所以在学习ActionScript语言前最好先认识其编辑的场所。选择【窗口】/【动作】菜单命令或按【F9】键，打开如图7-2所示的“动作”面板，通过“动作”面板对ActionScript语句进行编写。下面对各组成部分和按钮的作用分别进行介绍。

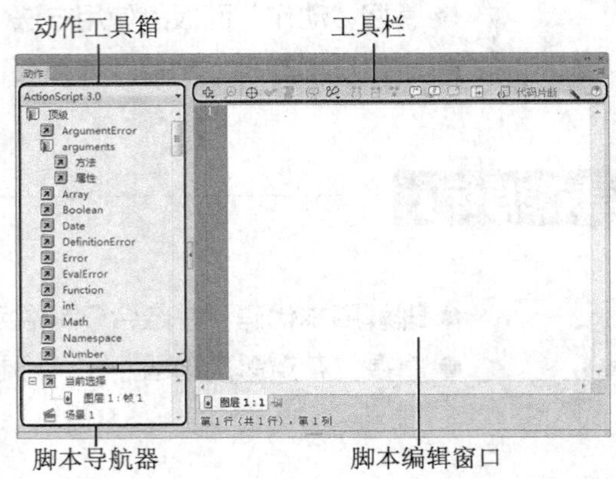

图7-2　“动作”面板

1. 动作工具箱

用于存放ActionScript中可用的所有元素分类，使用鼠标单击动作工具箱中的类、方式、属性等，可轻松地将其加入程序段，这是新手经常使用编辑方法。此外，使用鼠标单击按钮，将打开隐藏的类、方式、属性集合。

2. 脚本编辑窗口

用于存放已编辑的ActionScript语句。若需添加或修改ActionScript语句，只需选择帧后，打开"动作"面板，在脚本编辑窗口中输入或修改ActionScript语句即可。

3. 工具栏

为了提高编辑速度，工具栏集合了编写脚本经常使用的工具按钮，下面对工具栏中各工具按钮进行介绍。

- **"添加"按钮**：用于添加脚本。单击该按钮，在弹出的下拉列表中可选择新属性、事件、方法添加到语句中。
- **"查找"按钮**：单击该按钮，在打开的"查找和替换"对话框中可以设置需要查找和替换的函数和变量。
- **"插入"按钮**：单击该按钮，打开"插入目标路径"对话框。在其中可设置调用的影片剪辑或其变量。
- **"语法检查"按钮**：单击该按钮，可检查输入的表达式是否有问题。检测出的结果会显示在"编译器错误"面板中。
- **"自动套用格式"按钮**：单击该按钮，可以对程序代码段格式进行规范，规范程序代码段可以使输入的程序段更易阅读。
- **"显示代码提示"按钮**：选择函数时单击该按钮，将显示代码的提示信息，在阅读代码时常会使用到。
- **"调试"按钮**：单击该按钮，可插入或改变断点。
- **"折叠"按钮**：单击该按钮，可将程序代码段中大括号中的所有内容折叠起来。
- **"折叠所选"按钮**：单击该按钮，可将所选的程序代码段折叠起来，这样能更有针对性地对代码进行编辑。
- **"展开"按钮**：单击该按钮，可将折叠的程序段展开。
- **"应用块注释"按钮**：单击该按钮，可注释多行代码，添加注释能便于人员学习、维护程序代码。
- **"应用行注释"按钮**：单击该按钮，可注释单行代码。
- **"删除注释"按钮**：单击该按钮，可删除程序段中的注释。
- **"显示/隐藏工具箱"按钮**：单击该按钮，可显示或隐藏动作工具箱。
- **"代码片段"按钮**：单击该按钮，将打开"代码片段"面板，在其中可以添加Flash中已集成的代码片段。
- **"脚本助手"按钮**：单击该按钮，打开脚本助手功能，帮助初学者编辑程序代码。

4. 脚本导航器

用于标注显示当前Flash动画中哪些动画帧添加了ActionScript脚本，通过脚本导航器可以方便地在添加了ActionScript脚本的动画帧之间切换，在调试脚本时经常使用。

（三）脚本助手的使用

很多初学者都不知道ActionScript语句的语法，此时便可通过脚本助手来进行输入。使用脚本助手的方法：选择【窗口】/【动作】菜单命令，打开“动作”面板，在其上单击“脚本助手”按钮切换到脚本助手模式。在脚本工具箱中找到需要输入的函数，双击或直接将其拖曳到脚本编辑窗口中，再在参数栏中输入参数即可，如图7-3所示。

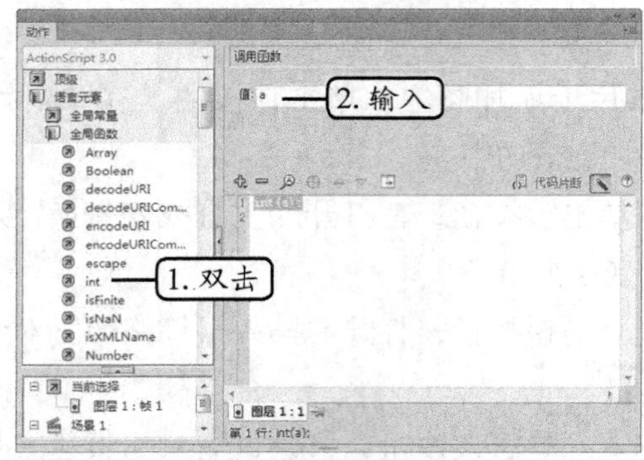

图7-3　脚本助手的使用

（四）ActionScript 3.0的层次结构

复杂的动画效果往往需要大量的脚本程序实现，而为了方便编辑、管理这些脚本程序，动画制作者往往会将素材一个个互相嵌套起来实现特殊功能。要想制作复杂的动画效果，动画制作者一定要了解ActionScript 3.0的层次结构。在动画中，层次结构通常由绝对路径、相对路径加载MP3文件和SWF文件，下面分别对其具体使用方法进行介绍。

1. 绝对路径

ActionScript 3.0都是在主场景即_root中进行的，_root 是Flash中的固定关键字。假设“_root” 是房子，桌子是其中定义的一个MovieClip实例名称“MC”。要想表现房子里面的桌子就可以使用绝对路径“_root.MC;”。需要注意的是，ActionScript 3.0是面向对象的语言，所以其中有很多对象名称，为了分割这些名称，用户就需要使用“.”作为分隔符，相关语法将在后续的内容中进行讲解。

用户在表达出需要的对象，如上面所述的“房间里的桌子”后，才能对对象执行该方法。如“房间.粉刷();”，之所以在粉刷后要加“()”是为了说明这是一个方法，并非是一个名称。如果用户想将之前定义的MC实例停止，就可以执行“_root.MC.stop();”。

2. 相对路径

和绝对路径相比，相对路径拥有更大的自由度，但其表现方式就显得复杂一些。如想表示将书房中的一本书放回书柜，那么将不能确定到底是想将哪本书放回书柜，因为书房中有很多书。所以这时可以重新指定是将手中拿着的书放回书柜。使用相对路径表示为“手中的书.放回书柜();”；如果此时，用户想使用“书房.手中的书.放回书柜();”来执行这条命令，就会出现错误。因为此时拿着书的位置可能并不是书房，有可能在客厅。

在ActionScript 中，用户想停止主时间轴上放置的MC影片剪辑播放，如果只是在存放MC的帧中输入“_root.MC.stop();”，这种表达方法是正确的，但如果MC在下一帧中改变了名称，用户就需要修改语句，这样操作起来会很复杂。为了解决这个问题，用户不妨先找到要编辑的对象，即打开MC影片剪辑，然后在其第1帧输入“this.stop();”，这样无论如何该影片剪辑都将停止，需要注意的是，“this”在这里是相对路径的Flash关键词。

3. 加载MP3文件

为了不增大动画文档的大小，用户有时并不会将MP3音频文件置入动画中，而是通过引用的方法加载音频文件。加载MP3文件一般会使用“_sound.load”命令，如需在主场景中加载一个名为“muisc”的外部MP3文件，则需输入一段“_sound.load (new URLRequest("muisc.mp3"));”命令，但在输入前还需对相关的变量进行定义，相关定义方法将在后续的内容中进行讲解。

4. 加载SWF文件

为了方便后期维护或快速更新动画文档内容，动画制作者在Flash动画中嵌入SWF文档时，通常会采用引用外部SWF文件的方式加载SWF文档。加载SWF文件一般会使用“_loader.load”命令，如需在主场景中加载一个名为“yp”的外部SWF文件，则需输入一段“loader.load(new URLRequest("yp.swf"));”命令。

（五）基本语法

在使用ActionScript 3.0时，一定要注意其中最基础的语法，如果连ActionScript语句中最简单的语法都不清楚，即使整个脚本程序段没问题，基本语句段同样无法运行。ActionScript语句的基本语法包括点语法、分号、括号、区分大小写、关键字及注释等。下面分别对其进行介绍。

1. 点语法

在ActionScript语句中，点语句是最基础的语法。使用点语法，可以使用运算符和属性名（或方法名）的实例名来引用。如下所示代码即表示通过创建的实例名来访问prop1属性和method1()方法：

```
var myDotEx:DotExample = new DotExample();
myDotEx.prop1 = "hello";
myDotEx.method1();
```

2. 分号

可以使用分号字符（;）来终止语句。如果省略分号字符，则编译器假设一行代码代表一条语句，在程序中使用分号来终止语句，可使代码易于阅读。

3. 括号

在ActionScript中，括号主要包括大括号{}和小括号()两种。大括号用于将代码分成不同的块，而小括号通常用于放置使用动作时的参数，在定义一个函数以及调用该函数时，都需要使用到小括号。

4. 区分大小写

ActionScript 3.0 是一种区分大小写的编程语言。大小写不同的标识符会被视为不同。如使用下面的代码将创建两个不同的变量。

```
var num1:int;
var Num1:int;
```

5. 关键字

在ActionScript中，具有特殊含义能被脚本调用的特定单词被称为“关键字”。在编写语句时一定要注意不要使用Flash预留的关键字，如果使用了Flash中预留的关键字则会使程序无法运行。

6. 注释

为了更快地让浏览者了解脚本程序段的作用，用户可对一些有特殊作用的脚本程序段进行注释。ActionScript代码支持两种类型的注释，分别是单行注释和多行注释。其使用方法分别如下。

- **单行注释**：以两个正斜杠字符（//）开头并持续到该行的末尾。如下面的代码包含一个单行注释：“var someNumber:Number = 3; // a single line comment”。
- **多行注释**：以一个正斜杠和一个星号（/*）开头，以一个星号和一个正斜杠（*/）结尾。如下面的代码包含一个多行注释：“/* This is multiline comment that can span more than one line of code. */”。

（六）变量和常量

动画的特效一般都是通过ActionScript内部的值传递实现的，而要进行值的传递就必须通过变量及常量实现。下面将对变量和常量分别进行介绍。

1. 变量

变量用来存储程序中使用的值。声明变量时不指定变量的类型是合法的，但在严格模式下，这样做会产生编译器警告。可通过在变量名后面追加一个后跟变量类型的冒号来指定变量类型。如下面的代码声明一个int类型的变量i，并将值20赋给i。

```
var i:int;
i = 20;
var i:int;
```

2. 常量

常量是指具有无法改变的固定值属性。常量只能赋值一次，而且必须在最接近常量声明的位置赋值，如以下代码所示。

```
public const minMun:int = 0;
public const maxMun:int;
public function A()
{
```

```
maxMun = 20;
}
```

（七）函数

函数是可以向脚本传递值并能将返回值反复使用的代码块。Flash中能制作出的特效都是通过函数完成的，常用的函数分为4类。其作用分别介绍如下。

- **时间轴控制**：用于对时间轴中的播放头进行控制，如播放头的跳转、播放和停止等。
- **浏览器和网络**：对Flash在浏览器和网络中的属性和链接等进行设置。
- **影片剪辑控制**：对影片剪辑进行控制。
- **运算函数**：运算函数对影片中的数据进行处理，这类函数包括打印函数、数学函数、转换函数和其他函数4种。

（八）数据类型

数据类型用于定义一组值。如Boolean数据类型所定义的一组值中仅包含两个值：true和false。除了Boolean数据类型外，ActionScript 3.0还定义了其他几个常用的数据类型，如String、Number和Array。可以使用类或接口来自定义一组值，从而定义数据类型。数据类型包括Boolean、int、Null、Number、String、uint、void、Object。

（九）类型转换

将某个值转换为其他数据类型的值时，就发生了类型转换。类型转换可以是隐式的，也可以是显式的。隐式转换也称强制转换，在运行时执行；显式转换又称转换，在代码指示编译器将一个数据类型的变量视为属于另一个数据类型时发生。如下代码将提取一个布尔值并将其转换为一个整数。

```
var myBoolean:Boolean = true;
var myINT:int = int(myBoolean);
trace(myINT); // 1
```

可以将任何数据类型转换为int、uint和Number这3种数字类型之一。如果由于某些原因不能转换数值，则会将默认值0赋给int和uint数据类型，将默认值NaN赋给Number数据类型。如果将布尔值转换为数字，则true变成值1，false变成值0。

（十）运算符

运算符也叫操作符，其效果与数学中的加减乘除相似，只是在ActionScript中书写方式正好是反过来的，即最终的结果放在最左边。在Flash中一个表达式是由变量、常量和运算符3部分组成。下面分别对运算符进行介绍。

1. 数学运算符

数学运算符是ActionScript最简单也是最常见的运算符之一，其使用方法与数学中完全一致。但如果遇到数据类型是数值型的字符串时，ActionScript会将其转换成数值后计算，如“apple”将被转换为0。

2. 比较运算符

比较运算符一般用于判断脚本中表达式的值，再根据比较返回一个布尔值，然后再根据后续的语句执行不同的命令，比较运算符在制作游戏这类Flash时经常被使用到。

如下面的代码将判断变量*a*是否大于20，若大于20就输出“大于20”；若小于20则输出“小于20”：

```
if(a>20)
{
trace(大于20);
}
else
{
trace(小于20);
}
```

3. 逻辑运算符

逻辑运算符是一种经常使用的运算符，使用它可计算两个布尔值以返回第3个布尔值。使用这种逻辑运算符可以产生很多随机的布尔值，所以很多动画制作师都喜欢使用逻辑运算符制作特效。

4. 相等运算符

相等运算符用于测试两个表达式是否相等，两边的表达式可以为数字、字符串、布尔值、对象、函数等，而比较返回的结果为布尔值。

5. 位运算符

在制作动画时，可能因制作特效而需要使用位运算符，只需将浮点型数字转换为32位的整型，再根据整型数字重新生成一个新数字。

6. 赋值运算符

在ActionScript中赋值运算符也是经常使用到的运算符。如a="day"；。除此之外，使用赋值运算符还可以将一个值同时赋给多个变量，如下面就将“23”这个数字同时赋给了a、b、c：

```
a=b=c=23;
```

7. 运算符的优先级和结合律

运算符的优先级和结合律决定了处理运算符的顺序。虽然对于熟悉算术的用户来说，编译器先处理乘法运算符（*）后处理加法运算符（+）是自然而然的事情，但编译器要求指定先处理哪些运算符。此类指令统称为运算符优先级。ActionScript 定义了一个默认的运算符优先级，可以使用小括号运算符（()）来改变其优先级。如下面的代码改变上一个示例中的默认优先级，以强制编译器优先处理加法运算符，然后再处理乘法运算符：

```
var sumNumber:uint = (2 + 3) * 4; // uint == 20
```

当同一个表达式中出现两个或多个具有相同的优先级的运算符时，编译器使用结合律的规则会确定首先处理哪个运算符。除了赋值运算符和条件运算符（?:）之外，所有二进制运算符都是左结合的，也就是说，先处理左边的运算符然后再处理右边的运算符。而赋值运算符和条件运算符（?:）是右结合。

如小于运算符（<）和大于运算符（>）具有相同的优先级，可将这两个运算符用于同一个表达式中，因为这两个运算符都是左结合的，所以首先处理左边的运算符。因此，以下两个语句将生成相同的输出结果。

```
trace(3 > 2 < 1); // false
trace((3 > 2) < 1); // false
```

（十一）为不同对象添加ActionScript 3.0

为了编辑方便，并满足制作动画的各种需要，用户可在时间轴的关键帧上、外部类文件等对象中添加ActionScript 3.0脚本语句。下面将分别讲解添加不同对象的方法。

1. 在时间轴上添加

在时间轴上添加脚本语句是最常使用也是最简单的方法，但这种添加方法一般用于添加较简单且较短的脚本。其添加方法：在时间轴中选择需要添加脚本的关键帧，若没有关键帧时可新建关键帧。选择关键帧后，打开“动作”面板，在该面板中直接输入脚本。此时，即可看到该关键帧上出现一个a符号。

2. 在外部类文件中编写

为增强Flash中重要脚本的安全性，有时需要将ActionScript脚本存放在外部类文件中，然后再将外部的类文件导入动画中进行应用。

使用外部类文件编写ActionScript脚本的方法：选择【文件】/【新建】菜单命令，打开“新建文档”对话框，在其中的“类型”列表框中选择“ActionScript文件”选项，单击 确定 按钮。此时会直接显示一个纯文本格式的面板。使用类文件的好处在于，用户可以使用任何的纯文本编辑器对其进行编辑，如图7-4所示。

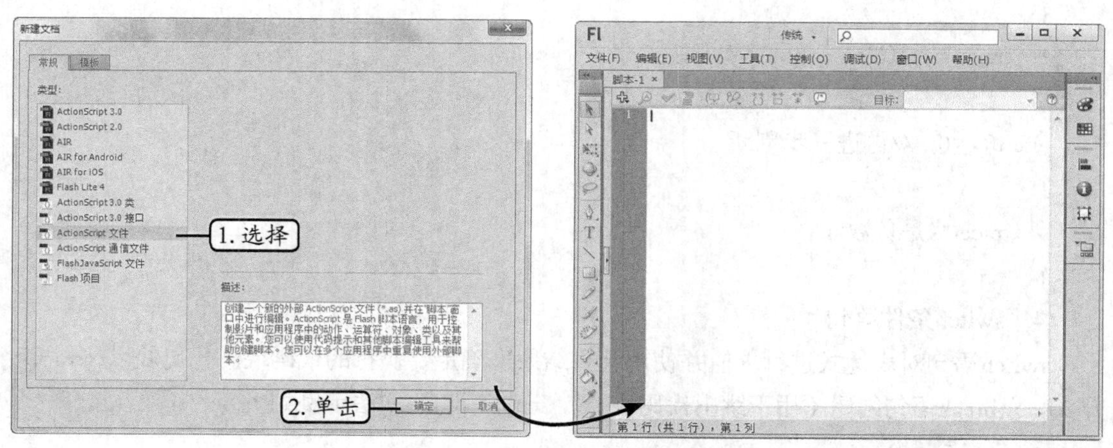

图7-4 在外部类文件中编写

（十二）常用的Action函数语句

为了实现各种各样的效果，Flash的开发者们为ActionScript制作了很多函数语句。使用

Action函数编辑动画是为了得到某种效果，所以在制作动画时不可能将所有的函数语句都一次用完，为了更好地让初次接触ActionScript的用户在通过学习后能使用ActionScript制作一些简单的交互动画，下面对常用的Action函数语句进行讲解。

1. 单if语句

if可以理解为“如果”的意思，即如果条件满足就执行其后的语句，单if语句用法示例如下。

```
if(x>5){trace("输入的数据大于5");}
```

2. if..else语句

if..else语句中“else”可以理解为“另外的”“否则”的意思，整个if...else语句可以理解为“如果条件成立就执行if后面的语句，否则执行else后面的语句”。if..else语句的用法示例如下。

```
if(x>5)        //x>5是判断条件
{
    trace("x>5");      //如果x>5条件满足，就执行本代码块
}
else
{
    trace("x=5");      //如果x>5条件不满足，就执行本代码块
}
```

3. If..else if语句

使用if..else if条件语句可以连续地测试多个条件，以实现对更多条件的判断。如果要检查一系列的条件为真还是为假，可使用if…else if条件语句。if..else if语句的用法示例如下。

```
if(x>10)
{
    trace("x>10");
}
else if(x<0) //再进一步判断
{
    trace("x是负数");
}
```

4. switch条件语句

switch语句对表达式进行求值并使用计算结果来确定要执行的代码块。代码块以case语句开头，以break语句结尾（用于跳出代码块）。switch语句的用法示例如下。

```
var someDate:Date = new Date();
var dayNum:uint = someDate.getDay();
switch(dayNum)
{
```

```
case 0:
    trace("Sunday");
    break;
case 1:
    trace("Monday");
    break;
case 2:
    trace("Tuesday");
    break;
default:
    trace("Sunday");
    break;
}
```

switch的case代码块中必须以break结尾，执行到该语句时才会跳出switch，否则无法跳出。另外，允许存在多个case，其中default表示在不满足上面的所有case条件时执行的代码块。

5. for语句

for循环用于循环访问某个变量以获得特定范围的值。在for语句中必须提供3个表达式，分别是设置了初始值的变量、用于确定循环何时结束的条件语句，以及在每次循环中都更改变量值的表达式。使用for语句创建循环的用法示例如下。

```
//以下代码循环10次，输出0~9共10个数字，每个数字各占一行。
for (var i:int= 0; i < 10; i++)
{
    trace(i);  //输出i的值
}
```

6. for..in循环语句

for..in循环用于循环访问对象属性或数组元素。for..in语句的用法示例如下。

```
var yourObj:Object = {x:10, y:80};    //定义了两个对象属性
for (var i:String in yourObj)
{
    trace(i + ":" + yourObj[i]);
}
//输出结果如下：
//x:10
```

```
//y:80
```

7. for each..in循环语句

for each..in循环语句用于访问集合中的项目，它可以是XML或XML List对象中的标签、对象属性保存的值或数组元素。for each..in语句的用法示例如下。

```
var myObj:Object = {x:60, y:20};
for each (var num in myObj)
{
    trace(num);
}
//输出结果如下：
//60
//20
```

8. while循环语句

while循环语句可重复执行某条语句或某段程序。使用while语句时，系统会先计算表达式的值，如果值为true，就执行循环代码块，在执行完循环的每一个语句之后，while语句会再次对该表达式进行计算，当表达式的值仍为true时，会再次执行循环体中的语句，直到表达式的值为false。while语句的用法示例如下。

```
var i:int = 0;
while (i < 10)
{
    trace(i);
    i++;
}
```

9. do while语句

do while语句与while语句类似，使用do while语句可以创建与while语句相同的循环，但do while语句在其循环结束处会对表达式进行判断，因而使用do while语句至少会执行一次循环。do While语句的用法示例如下。

```
//即使条件不满足，该例也会生成输出结果：10
var i:int =10;
do
{
    trace(i);
    i++;
}while (i <10);
```

10. 类和包

类就是模板，而包（package）的作用是组织类，即把相关的类组成一个组。下面分别对类和包进行介绍。

- **类（class）**：类定义语法中要求class关键字后跟类名，类体要放在大括号{}内，且放在类名后面。例如：

```
public class MyClass
{
        var visible:Boolean=false;
}
//创建了一个名为MyClass的类，其中包含名为visible的变量
```

- **包（package）**：根据目录的位置及所嵌套的层级来构造的。包中的每一个名称对应一个真实的目录名称，这些名称通过点符号“.”进行分隔。如有一个名为MyClass的类，它在“com/friend/making/”目录中。在ActionScript 3.0中，包部分代码用来声明包，类部分代码用来声明类，例如：

```
package com.friend.making{
public class MyClass
{
 public var myNum:Number=888;
 public function myMethod()
 {
    trace("out");
 } //end myMethod
} //end class MyClass
} //end package
```

11. **构造函数**

在类中可以设置一个构造函数，它的创建与类名的创建相同，只要使用new关键字创建了类实例，就会执行构造函数方法中包括的所有代码。构造函数示例如下。

```
//定义MyClass类，其中包含名为status的属性，其初始值在构造函数中设置
class MyClass
{
public var:String;
public function Example()
{
status="initialized";
}
}
var myExample:MyClass=new Example();
trace(myExample.status);        //输出：已初始化
```

构造函数方法只能是公共方法，但可以选择性地使用public属性，不能对构造函数使用任何其他访问控制说明符（包括使用private、protected或internal），也不能对函数构造方法使用用户定义的命名空间。

12. 继承

类可以继承自身或扩展另一个类，因此它可以获取另外一个类所具有的所有属性和方法（除非属性或是方法被标记为私有（private））。子类（正在继承的类）可以增加额外的属性和方法，或者是改变父级类（被扩展的类）中的一些内容。

13. play（播放）

Play语句的作用是使停止播放的动画继续进行播放，通常用于控制影片剪辑元件。播放play语句的语法格式如下。

play();

14. stop（停止）

使用play语句播放动画后，动画将一直播放，不会停止，如果需要动画停止则需要在相应的帧或按钮中添加stop语句。stop语句的作用是停止当前正在播放的动画文件，通常用于控制影片剪辑元件。停止语句stop的语法格式如下。

stop();

15. 跳转并播放语句gotoAndPlay

gotoAndPlay语句的作用是当播放到某帧或单击某按钮时，跳转到场景中指定的帧并从该帧开始播放。如果未指定场景，则跳转到当前场景中的指定帧。gotoAndPlay语句的语法格式如下。

gotoAndPlay();　　　//跳转到指定的帧

gotoAndPlay(场景,帧);　　　//跳转到指定场景的某一帧

16. 跳转并停止语句gotoAndStop

gotoAndStop语句的作用是当播放到某帧或单击某按钮时，跳转到场景中指定的帧并停止播放。如果未指定场景，则跳转到当前场景中的帧。gotoAndStop语句的语法格式如下。

gotoAndStop();　　　//跳转到指定的帧

gotoAndStop(场景,帧);　　　//跳转到指定场景的某一帧

17. 跳转到上一帧prevFrame

prevFrame语句的作用是将播放指针跳转到当前帧的上一帧。prevFrame语句的语法格式如下。

prevFrame();

18. 跳转到下一帧nextFrame

nextFrame语句的作用是将播放指针跳转到当前帧的下一帧。nextFrame语句的语法格式如下。

nextFrame();

19. 跳转到上一场景prevScene

prevScene语句的作用是将播放指针跳转到上一个场景的第1帧。prevScene语句的语法格

式如下。

prevScene();

20. 跳转到下一场景nextScene

nextScene语句的作用是将播放指针跳转到下一个场景的第1帧。nextScene语句的语法格式如下。

nextScene();

三、任务实施

（一）制作引导动画

下面首先进行引导动画的制作，主要通过“引导层”命令实现，其具体操作如下（微课：光盘\微课视频\项目七\制作引导动画.swf）。

STEP 1 新建一个尺寸为1000×735像素，颜色为#00CC66的ActionScript 2.0空白动画文档，按【Ctrl+R】组合键，将“花瓣飘落背景.jpg”图像（素材参见：光盘\素材文件\项目七\任务一\花瓣飘落背景.jpg）导入到舞台中，并将帧率设置为“12.00 fps”。

STEP 2 新建一个花瓣图形元件，在元件编辑窗口中绘制一个花瓣。选择【窗口】/【颜色】菜单命令，打开“颜色”面板，为花瓣填充白色到粉红色的线性渐变色，如图7-5所示。

STEP 3 新建一个“花瓣2”图形元件，在元件编辑窗口中执行3次将“花瓣”图形元件拖入舞台的操作，并将其呈三角形状排列，旋转并缩放“花瓣”元件，如图7-6所示。

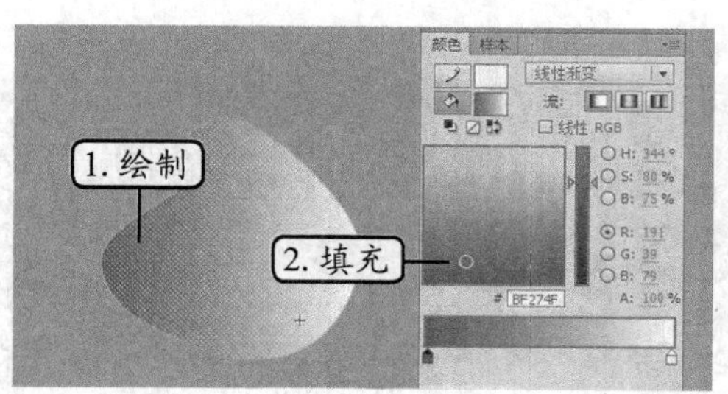

图7-5 新建元件

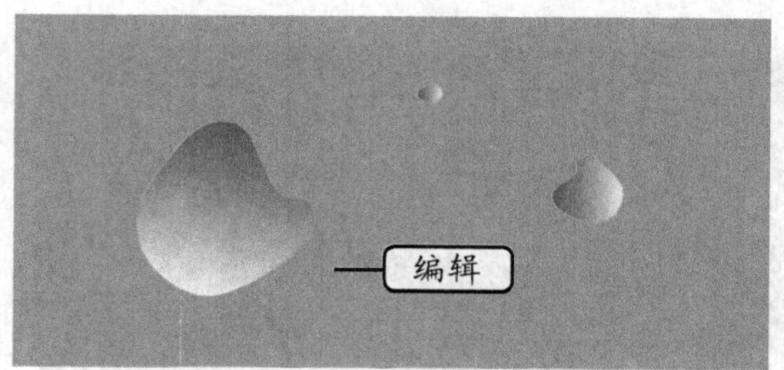

图7-6 新建“花瓣2”元件

知识补充

可使用刷子工具绘制花瓣，这样就省去了用户去掉边框的操作。

STEP 4 新建一个“花瓣3”影片剪辑元件，在元件编辑窗口中将“花瓣2”元件拖入舞台中。在第6、12、18、24、30、36帧中分别插入关键帧。在“变形”面板中分别为第6、12、18、24、30、36帧中的图形元件设置旋转度数为“20°”“50°”“80°”“90°”“120°”“170°”，并将1~36帧转换为传统补间动画，如图7-7所示。

知识补充

该步制作了播放飘落动画时，显示的一组花瓣数量，用户可根据喜好拖入相应的花瓣数，但最好控制在2~4个。

STEP 5 新建一个“飘落”影片剪辑元件，在元件编辑窗口中将“花瓣3”元件拖入舞台中。在“变形”面板中将其宽和高分别设置为“20.0%”，新建“图层2”，如图7-8所示。

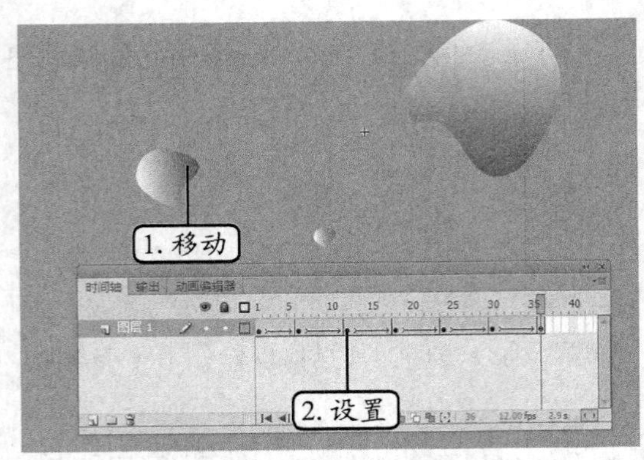

图7-7　新建“花瓣3”元件

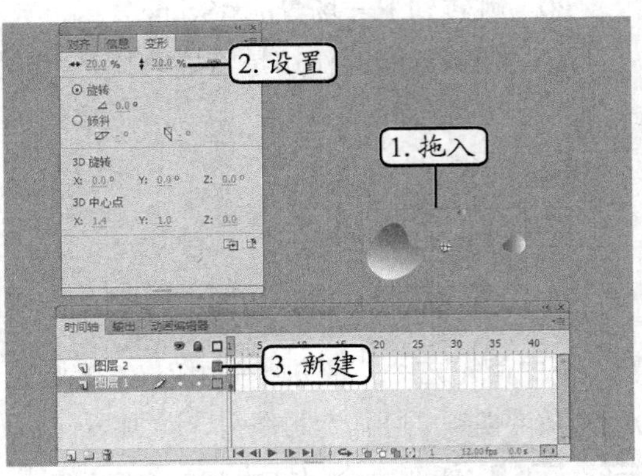

图7-8　新建“飘落”影片剪辑元件

STEP 6 在“图层2”中使用铅笔工具绘制一条引导线。在“图层1”“图层2”的第35帧插入帧使其延长。选择“图层1”的第1帧，将“花瓣3”图像移动到线条的右边引导线上。再选择第35帧，将“花瓣3”图像移动到线条的右边引导线上，如图7-9所示。

STEP 7 选择“图层2”，单击鼠标右键，在弹出的快捷菜单中选择“引导层”命令。将“图层2”转换为引导层，将“图层1”转换为被引导图层。在“图层1”中将第1~35帧转换为传统补间动画，如图7-10所示。

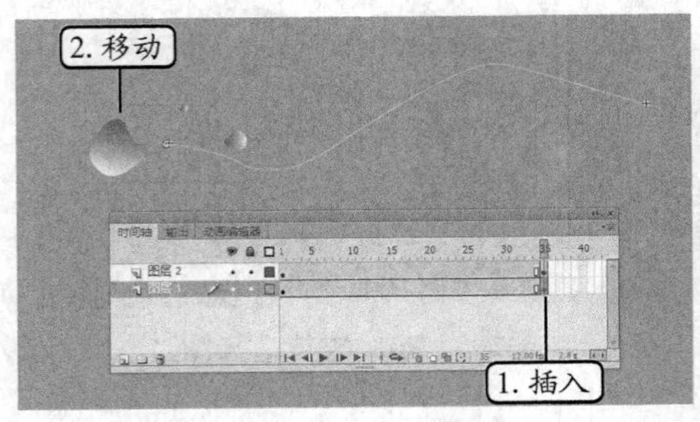

图7-9　编辑引导动画

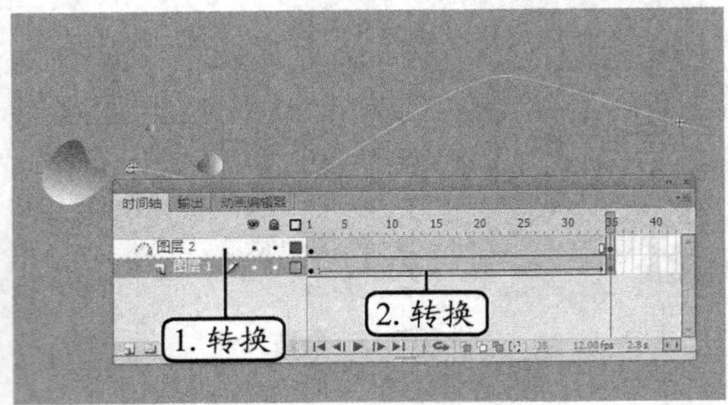

图7-10　创建传统补间动画

（二）添加AS语句

下面为动画添加AS语句，其具体操作如下（微课：光盘\微课视频\项目七\添加AS语句.swf）。

STEP 1 新建“图层3”，选择【窗口】/【动作】菜单命令，打开“动作”面板，在其中输入脚本，如图7-11所示。

STEP 2 在“库”面板中的“飘动”影片剪辑元件上单击鼠标右键，在弹出的快捷菜单中选择“属性”命令，在打开的“元件属性”对话框中，展开“高级”栏，单击选中“为ActionScript导出”复选框，在“标识符”文本框中输入“hua”，单击 确定 按钮，如图7-12所示。

```
动作
代码片断
function onEnterFrame()
{
    compZ = 1 / posZ;
    posX = posX + speedX;
    posY = posY + speedY;
    posZ = posZ + speedZ;
    _x = posX * compZ;
    _y = posY * compZ;
    _xscale = 100 * compZ;
    _yscale = 100 * compZ;
} // End of the function
posX = random(500) - 100;
posY = random(400) - 200;
posZ = 2 * Math.random() + 1;
speedX = random(25) + 15;
speedY = random(25) + 15;
speedZ = 0.002000 * Math.random() + 0.002000;
onEnterFrame();
图层 3 : 1
第 16 行（共 18 行），第 19 列
```

输入

图7-11　输入脚本

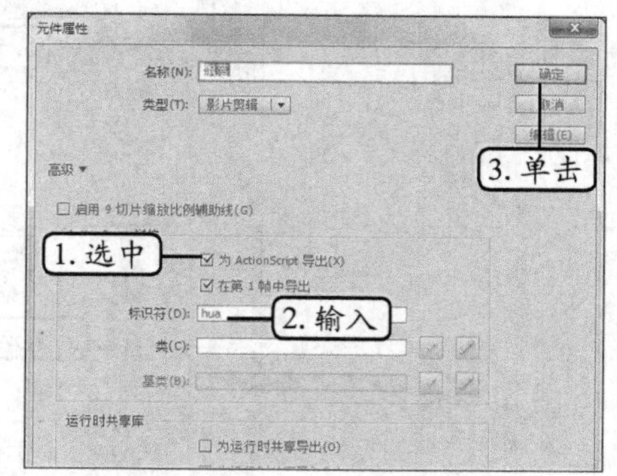

图7-12　设置元件属性

知识补充

该脚本用于控制花瓣出现的坐标，即计算运行轨迹。

STEP 3 返回主场景，新建“图层2”。打开“动作”面板，在其中输入脚本，如图7-13所示。

STEP 4 将“花瓣飘落.wav”音频（素材参见：光盘\素材文件\项目七\任务一\花瓣飘落.wav）导入到“库”面板中，新建“图层3”，选择第1帧。在“属性”面板的“声音”栏中设置“名称”为“花瓣飘动.wav”，设置“同步”为“重复”，如图7-14所示。

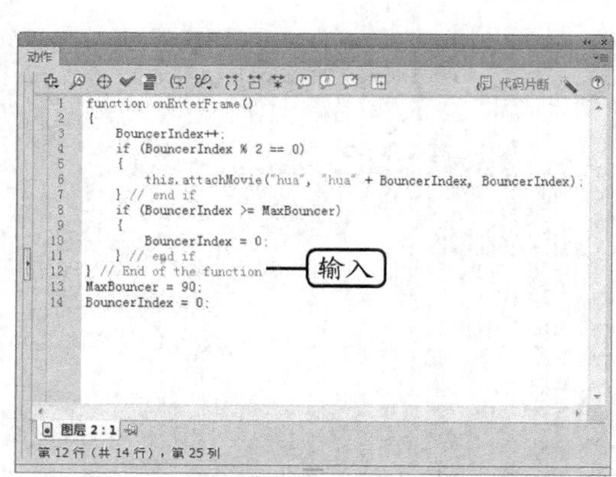

图7-13　输入脚本

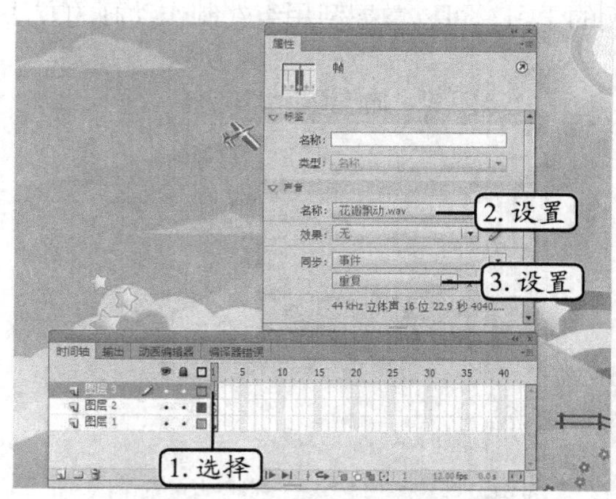

图7-14　设置声音属性

STEP 5 在“属性”面板中，单击“效果”右侧的按钮。打开“编辑封套”对话框，设置“效果”为“淡出”。使用鼠标将声音编辑区中的滑块拖动到22.5的位置，单击确定按钮，如图7-15所示，完成制作（最终效果参见：光盘\效果文件\项目七\任务一\花瓣飘落.fla）。

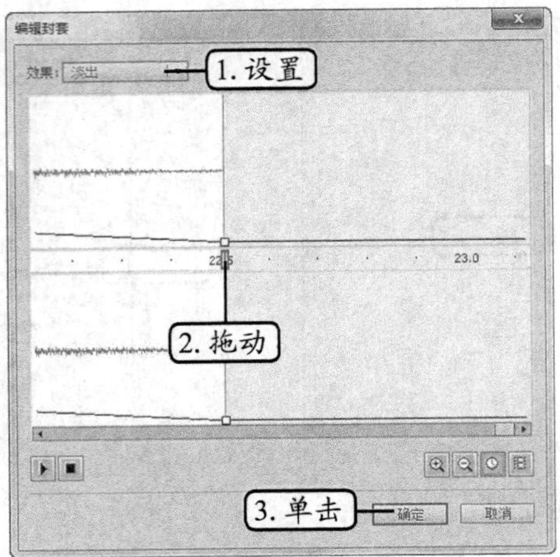

图7-15　编辑封套

任务二　制作问卷调查表

Flash CS6中可以使用组件实现网页表单类的功能，配合网页编程语言（如ASP、PHP、JSP、JAVA等），可实现与用户的交互操作。本例将使用组件功能制作问卷调查表。

一、 任务目标

本例将练习制作问卷调查表，制作时主要涉及创建组件并设置组件属性等知识。通过本例的学习，可以掌握利用组件制作动画的方法。本例完成后的效果如图7-16所示。

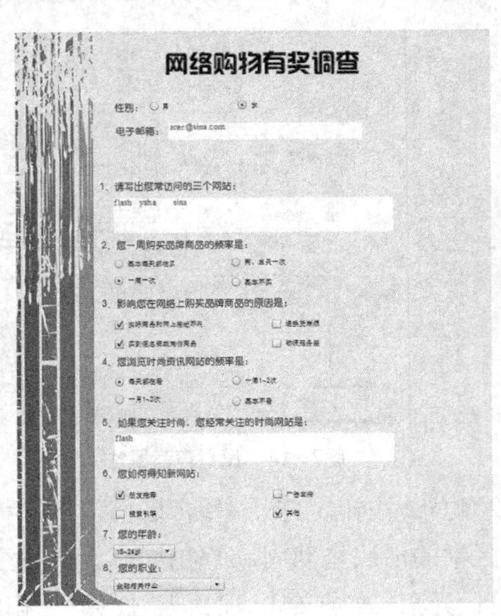

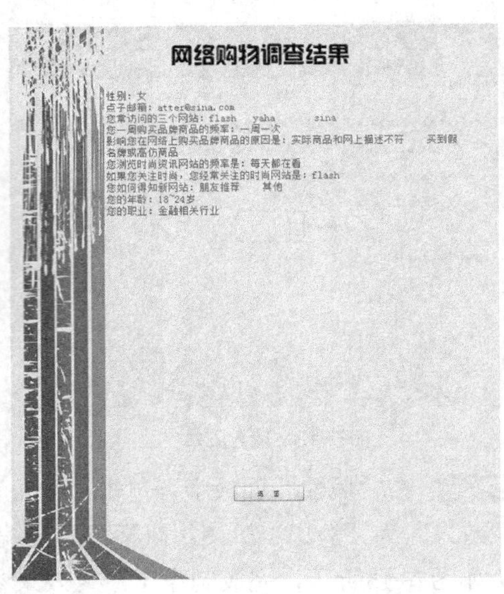

图7-16　问卷调查表

二、相关知识

制作本例的过程中用到了对象的使用、鼠标事件、键盘事件、处理声音、处理日期和时间、组件的优点、组件类型等知识，下面分别对其进行介绍。

（一）认识对象

ActionScript是一种面向对象的编程语言。组织程序中脚本的方法只有一种，即使用对象。假如定义了一个影片剪辑元件，并已在舞台上放置了该元件，从严格意义上来说，该影片剪辑元件也是ActionScript中的一个对象，任何对象都可以包含3种类型的特性：属性、方法和事件。这3种特性的含义如下。

- **属性**：表示某个对象中绑定在一起的若干数据块中的一个。可以像使用各变量那样使用属性。如song对象可以包含名为artist和title的属性；MovieClip类具有rotation、x、width、height和alpha等属性。
- **方法**：对象可执行的动作。如影片剪辑可以播放、停止或根据命令将播放头移动到特定帧。
- **事件**：确定计算机执行哪些指令以及何时执行的机制。本质上，事件就是所发生的、ActionScript能够识别并可响应的事情。许多事件与用户交互相关联，如用户单击某个按钮或按键盘上的某个键；如使用ActionScript加载外部图像时，有一个事件可以让用户知道图像何时加载完毕。当ActionScript程序运行时，从概念上讲，它只是坐等某些事情发生，当发生这些事情时，运行这些事件指定的特定ActionScript代码。

（二）鼠标事件

用户可以使用鼠标事件来控制影片的播放、停止及 x、y、alpha和visible属性等。在ActionScript中用MouseEvent表示鼠标事件，而鼠标事件又包括单击、跟随、经过和拖曳等。下面对常用的鼠标事件进行介绍。

- **鼠标单击**：常使用单击按钮来控制影片的播放、属性等，用CLICK表示鼠标单击。图7-17所示语句表示通过单击按钮btnmc来响应影片mc的属性。
- **鼠标跟随**：可以通过将实例x、y属性与鼠标坐标绑定来实现让文字或图形实例跟随鼠标移动。只需定义函数 txt，值为一串文字，然后让其跟随鼠标，如图7-18所示。

```
import flash.events.MouseEvent;
mc.stop();

function mcx(event:MouseEvent):void
{
    mc.visible = true;
    mc.play();
}
btnmc.addEventListener(MouseEvent.CLICK,mcx);
```

图7-17　鼠标单击

```
var arr=new Array();
var txt = "WLCOME";
var len = txt.length;
for (var j=0; j<len; j++)
{
    var mc=new txtmc();
    arr[j] = addChild(mc);
    arr[j].txt.text = txt.substr(j,1);
    arr[j].x = 0;
    arr[j].y = 0;
}
addEventListener(Event.ENTER_FRAME,run);
function run(evt)
{
    for (var j=0; j<len; j++)
    {
        arr[j].x=arr[i]+(mouseX-arr[j].x)/(1+j)+10;
        arr[j].y=arr[i]+(mouseY-arr[j].y)/(1+j);
    }
}
```

图7-18　鼠标跟随

- **鼠标经过**：常使用鼠标经过来制作一些特效动画，用 MOUSE_MOVE表示鼠标经过。图7-19所示语句为当鼠标经过时添加并显示实例paopao。

- **鼠标拖曳：**可以使用鼠标来拖曳实例对象，startDrag表示开始拖曳，stopDrag表示停止拖曳。图7-20所示为对实例对象 ball 进行拖曳。

```
var i = 0;
var k = 0;
var del = false;
var pao:Array=new Array();
//定义pao为数组对象;
function run(evt)
{
    K++;
    if (k == 10)
    {
        var pp=new paopao();
        pao[i] = addChild(pp);  //添加并显示实例
        pao[i].x = mouseX;
        pao[i].y = mouseY;
        i++;
        if (i == 10)
        {
            i = 0;
            del = true;
        }
        k = 0;
    }
}
addEventListener(MouseEvent.MOUSE_MOVE,run);
```

图7-19　鼠标经过

```
ball.addEventListener(MouseEvent.MOUSE_DOWN,run);
function run(evt)
{
    ball.startDrag();
}
ball.addEventListener(MouseEvent.MOUSE_UP,run);
function run(evt)
{
    ball.stopDrag();
}
```

图7-20　鼠标拖曳

（三）键盘事件

在玩一些Flash小游戏时，玩家往往需要使用键盘来操作。其实这是通过键盘事件编辑完成的，用户可以按下键盘的某个键来响应事件。

（四）处理声音

在 ActionScript 中处理声音时，可能会使用 Flash.media 包中的某些函数，加载声音文件或对声音数据进行采样的事件分配函数，然后开始播放。开始播放声音后，Flash Player和AIR提供对SoundChannel对象的访问。下面对Flash.media中常用的函数分别进行介绍。

- Sound：此类处理声音加载、管理基本声音属性以及启动声音播放。
- SoundChannel：当应用程序播放Sound对象时，将创建一个新的SoundChannel对象来控制播放。SoundChannel对象可控制声音的左、右播放声道的音量。
- SoundLoaderContext：指定在加载声音时使用的缓冲秒数，SoundLoaderContext对象用作Sound.load()方法的参数。
- SoundMixer：可控制与应用程序中的所有声音有关的播放和安全属性。该SoundMixer对象中的属性值将影响当前播放的所有SoundChannel对象。
- SoundTransform：包含控制音量和声相的值。可以将SoundTransform对象应用于单个SoundChannel对象、全局SoundMixer对象或Microphone对象等。
- Microphone：表示连接到用户计算机上的麦克风或其他声音输入设备。可以将来自麦克风的音频输入传送到本地扬声器或发送到远程服务器。

Flash用户不但能通过ActionScript语句引用外部的视频，还可对引用的视频进行控制，如处理声音流、播放声音、暂停和恢复播放声音等。下面讲解具体实现方法。

1. 处理声音流

如果在加载声音文件或视频文件数据的同时需要播放该文件，则认为是流式传输。通常，对从远程服务器加载的外部声音文件进行流式传输，以使用户不必等待加载完所有声音数据再收听该声音。

SoundMixer.bufferTime属性表示Flash CS6 Player或AIR在允许播放声音之前应收集多长时间的声音数据（以毫秒为单位）。通过在加载声音时显示指定新的bufferTime值，应用程序可以覆盖单个声音的全局SoundMixer.bufferTime值。要覆盖默认缓冲时间，需要先创建一个新的SoundLoaderContext函数实例，设置其bufferTime属性，然后将其作为参数传递给Sound.load()方法，其表达式如下。

```
var context:SoundLoaderContext = new SoundLoaderContext(8000, true);
s.load(req, context);
```

2. **播放声音**

播放加载的声音非常简单，只需为Sound对象调用Sound.play()方法。如要加载一个外部音频文件并播放音频，其表达式如下。

```
var snd:Sound = new Sound(new URLRequest("smallSound.mp3"));
snd.play();
```

使用 ActionScript 3.0 播放声音时，可以执行以下操作。

- 从特定起始位置播放声音。
- 暂停声音并稍后从相同位置恢复播放。
- 准确了解何时播放完声音。
- 跟踪声音的播放进度。
- 在播放声音的同时更改音量或声相。

若要在播放期间执行上述操作，可以使用SoundChannel、SoundMixer和SoundTransform类。SoundChannel函数控制一种声音的播放，可以将SoundChannel.position属性视为播放头，以指示所播放的声音数据中的当前位置。

当应用程序调用Sound.play()方法时，将创建一个新的SoundChannel函数实例来控制播放。通过将特定起始位置（以毫秒为单位）作为Sound.play()方法的startTime参数进行传递，应用程序可以从该位置播放声音。也可以通过在Sound.play()方法的loops参数中传递一个数值，指定快速且连续地以固定的次数重复播放声音。

使用startTime参数和loops参数调用Sound.play()方法时，每次将从相同的起始点重复播放声音，如代码将从声音开始后的1s起连续播放声音3次，其表达方式如下。

```
var snd:Sound = new Sound(new URLRequest("repeatingSound.mp3"));
snd.play(1000, 3);
```

3. **暂停和恢复播放声音**

通常用户在播放声音时需要进行暂停和恢复播放。实际上无法在ActionScript中的播放期间暂停声音，而只能将其停止，但是可以从任何位置开始播放声音，故可以记录声音停止时的位置，并随后从该位置开始重放声音。其表达式如下。

```
var snd:Sound = new Sound(new URLRequest("bigSound.mp3"));
```

```
var channel:SoundChannel = snd.play();
```

在播放声音时，SoundChannel.position 属性指示当前播放到的声音文件位置。应用程序可以在停止播放声音之前存储位置值，其表达式如下。

```
var pausePosition:int = channel.position;
channel.stop();
```

传递以前存储的位置值，以便从声音以前停止的相同位置重新启动声音。其表达式如下。

```
channel = snd.play(pausePosition);
```

4. 控制音量和声相

单个SoundChannel对象可控制声音的左立体声声道和右立体声声道。通过SoundChannel对象的leftPeak和rightPeak属性来查明所播放的声音的每个声道的波幅。这些属性显示声音波形本身的峰值波幅，并不表示实际播放音量。实际播放音量是声音波形的波幅以及SoundChannel对象和SoundMixer类中设置的音量值的函数来决定的。

在播放期间，可以使用SoundChannel对象的pan属性为左声道和右声道分别指定不同的音量级别。pan属性可以具有范围从−1～1的值，其中，−1表示左声道以最大音量播放，而右声道处于静音状态；1表示右声道以最大音量播放，而左声道处于静音状态。介于−1～1的数值为左和右声道值设置的一定比例，值为0表示两个声道以均衡的中音量级别播放。

如使用volume值0.6以及pan值−1创建一个SoundTransform对象，将SoundTransform对象作为参数传递给play()方法，此方法将该SoundTransform对象应用于为控制播放而创建的新SoundChannel对象，其表达式如下。

```
var snd:Sound = new Sound(new URLRequest("bigSound.mp3"));
var trans:SoundTransform = new SoundTransform(0.6, −1);
var channel:SoundChannel = snd.play(0, 1, trans);
```

可以在播放声音的同时更改音量和声相控制，其方法：设置 SoundTransform 对象的 pan 或 volume 属性，然后将该对象作为 SoundChannel 对象的 soundTransform 属性进行应用。

也可以通过使用 SoundMixer 类的 soundTransform 属性，同时为所有声音设置全局音量和声相值，其表达式如下。

```
SoundMixer.soundTransform = new SoundTransform(1, −1);
```

5. SoundMixer.stopAll() 方法

SoundMixer.stopAll()方法用于将当前播放的所有SoundChannel对象中的声音静音。SoundMixer.stopAll()方法还会阻止播放头继续播放从外部文件加载的所有声音。但是，如果动画移动到一个新帧，FLA文件中嵌入的声音以及使用Flash CS6创作工具附加到时间轴中的帧上的声音可能会重新开始播放。

（五）处理日期和时间

ActionScript 3.0的所有日期和时间管理函数都集中在顶级Date函数中。Date函数包含一些方法和属性，这些方法和属性按照本地时间来处理日期和时间。下面分别介绍处理日期和时间的两种方法。

1. 创建Date对象

Date函数是所有核心类中构造函数方法形式最为多变的类之一。如果未给定参数，则Date构造函数将按照所在时区的本地时间返回包含当前日期和时间的Date对象，其表达式如下。

```
var now:Date = new Date();
```

可以将单个字符串参数传递给Date构造函数。该构造函数将尝试把字符串分析为日期或时间部分，然后返回对应的Date对象。Date构造函数可接受多种不同的字符串格式，如语句使用字符串值初始化一个新的Date对象，其表达式如下。

```
var nextDay:Date = new Date("Mon May 1 2010 11:30:00 AM");
```

2. 获取时间单位值

可以使用Date函数的属性或方法从Date对象中提取各种时间单位的值。下面对Date对象中的属性选项作用分别进行介绍。

- **fullYear 属性**：获得年份。
- **month 属性**：以数字格式表示，分别以 0~11 表示一月到十二月。
- **date 属性**：表示月中某一天的日历数字，范围为 1 ~ 31。
- **day 属性**：以数字格式表示一周中的某一天，其中 0 表示星期日。
- **hours 属性**：获得时间中的小时，范围为 0 ~ 23。
- **minutes 属性**：获得时间中的分。
- **seconds 属性**：获得时间中的秒。

（六）组件的优点

组件可以将应用程序的设计过程和编码过程分开。通过使用组件，开发人员可以创建设计人员在应用程序中可能用到的功能。下面对ActionScript 3.0组件的一些优点进行介绍。

- **ActionScript 3.0的强大功能**：提供了一种强大的、面向对象的编程语言，这是Flash Player发展过程中的重要一步。该语言的设计意图是在可重用代码的基础上构建丰富的Internet应用程序。
- **基于FLA的用户界面组件**：提供对外观的轻松访问，以便在创作时进行方便的自定义。这些组件还提供样式（包括外观样式），可以利用样式来自定义组件的某些外观，并在运行时加载外观。
- **新的FVLPlayback组件**：添加了FLVPlaybackCaptioning组件及全屏支持、改进的实时预览、允许用户添加颜色和 Alpha 设置的外观，以及改进的FLV下载和布局功能。
- **“属性”检查器和“组件”检查器**：允许在Flash CS6中进行创作时更改组件参数。
- **ComboBox、List和TileList组件的新的集合对话框**：允许通过用户界面填充它们的dataProvider 属性。
- **ActionScript 3.0事件模型**：允许应用程序侦听事件并调用事件处理函数进行响应。
- **管理器类**：提供了一种在应用程序中处理焦点和管理样式的简便方法。
- **UIComponent 基类**：为扩展组件提供核心方法、属性和事件。

● **在基于UI FLA的组件中使用SWC**：可提供ActionScript定义（作为组件的时间轴内部资源），用以加快编译速度。

● **便于扩展的类层次结构**：可以使用ActionScript 3.0创建唯一的命名空间，按需要导入类，并且可以方便地创建子类来扩展组件。

（七）组件的类型

在安装Flash时会自动安装Flash组件，根据其功能和应用范围，主要将其分为User Interface组件（以下简称UI组件）和Video组件两大类。其作用分别介绍如下。

● UI 组件：即User Interface组件，主要用于设置用户交互界面，并通过交互界面使用户与应用程序进行交互操作，在Flash CS6中，大多数交互操作都通过这类组件实现。在UI组件中，主要包括Button、CheckBox、ComboBox、RadioButton、List、TextArea和TextInupt等组件。

● Video 组件：主要用于对动画中的视频播放器和视频流进行交互操作，主要包括FLVPlayback、FLVPlaybackCaptioning、BackButton、PlayButton、SeekBar、PlayPauseButton 以及 VolumeBar、FullScreenButton 等交互组件。

（八）常用组件

在Flash的组件中，Video组件通常只在涉及视频交互控制时才会应用，除此之外的大部分交互操作都可通过UI组件来实现，因而在制作交互动画方面，UI组件是应用最广、最常用的组件。下面对各常用组件进行介绍。

● Button：一个可调整大小的矩形按钮，用户可以用鼠标或空格键将其按下以在应用程序中启动某个操作。Button是许多表单和Web应用程序的基础部分。当需要让用户启动一个事件时可以使用按钮实现。如大多数表单都有的“提交”按钮。

● CheckBox：一个可以单击选中或撤销选中的复选框。被单击选中后，选择框中会出现一个复选标记，如表单上的“兴趣”选项。用户可以为CheckBox添加一个文本标签，并可以将其放在CheckBox的左侧、右侧、上方或下方。

● ComboBox：允许用户从下拉列表中进行单一选择。ComboBox可以是静态的，也可以是可编辑的。可编辑的ComboBox允许用户在列表顶端的文本字段中直接输入文本。如果下拉列表超出文档底部，该列表将会向上打开，而不是向下。ComboBox由3个子组件构成，包括BaseButton、TextInput和List组件。

● RadioButton：允许用户在一组选项中选择一项。该组件必须用于至少有两个RadioButton实例的组。在任何给定的时刻，都只有一个组成员被选择。单击选中组中的一个单选项将撤销选中组内当前选中的单选项。

● List：一个可滚动的单选或多选列表框。列表框还可显示图形和其他组件。在单击标签或数据参数字段时，会出现“值”对话框，可以使用该对话框添加显示在列表中的项目。也可以使用List.addItem()和List.addItemAt()方法将项添加到列表。

● TextArea：ActionScript TextField对象的包装，可以使用TextArea组件显示文本，如

果editable属性为true，也可以用TextArea组件来编辑和接收文本输入。如果wordWrap属性设置为true，则此组件可以显示或接收多行文本，并将较长的文本行换行。可以使用restrict属性限制用户能输入的字符，使用maxChars属性指定用户能输入的最大字符数。如果文本超出了文本区域的水平或垂直边界，则会自动出现水平和垂直滚动条，除非其关联的属性horizontalScrollPolicy和verticalScrollPolicy设置为off。在需要多行文本字段的任何地方都可使用TextArea组件。

- **TextInput**：单行文本组件，可以使用setStyle()方法来设置textFormat属性，以更改TextInput实例中所显示文本的样式。TextInput组件还可以用HTML进行格式设置，或用作遮蔽文本的密码字段。
- **DataGrid**：允许将数据显示在行和列构成的网格中，并将数据从可以解析的数组或外部XML文件放入DataProvider的数组中。DataGrid组件包括垂直和水平滚动、事件支持（包括对可编辑单元格的支持）和排序功能。

（九）应用组件

选择【窗口】/【组件】菜单命令，打开“组件”面板。从“组件”面板添加到舞台中的组件都带有参数，通过设置这些参数可以更改组件的外观和行为。参数是组件的类的属性，显示在“属性”检查器和“组件”检查器中。最常用的属性显示为创作参数，其他参数必须使用 ActionScript 来设置。在创作时设置的所有参数都可以使用 ActionScript 来设置。

1. 添加和删除组件

将基于FLA的组件从“组件”面板拖到舞台上时，Flash会将一个可编辑的影片剪辑导入到库中。将基于SWC的组件拖到舞台上时，Flash会将一个已编译的剪辑导入到库中。将组件导入到库中后，可以将组件的实例从“库”面板或“组件”面板拖入到舞台。下面对添加、删除组件的方法分别进行介绍。

- **添加组件**：从“组件”面板拖动组件或双击组件，可以将组件添加到文档中。在“属性”检查器中或在“组件”检查器的“参数”选项卡中可以设置组件中每个实例的属性，如图7-21所示。
- **删除组件**：在创作时若要从舞台删除组件实例，只需选择该组件，然后按【Delete】键或单击“删除”按钮。若要从Flash文档删除该组件，必须从库中删除该组件及其关联的资源，如图7-22所示。

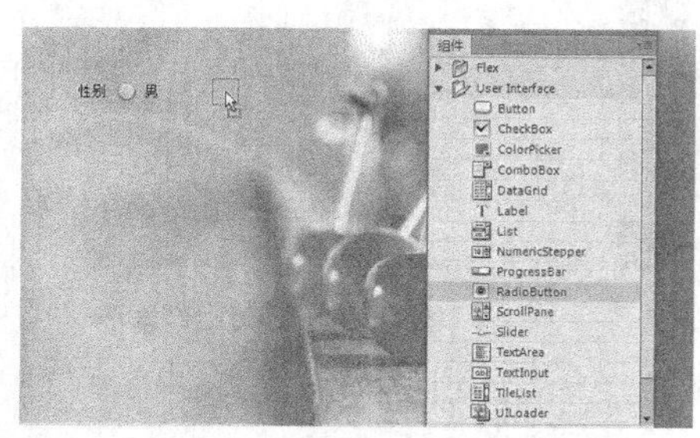

图7-21　添加组件

图7-22　删除组件

2. 设置参数和属性

每个组件都带有参数，通过设置这些参数可以更改组件的外观和行为。参数是组件类的属性，显示在“属性”检查器和“组件”检查器中。大多数ActionScript 3.0 UI组件都从UIComponent类和基类继承属性和方法。可以使用“属性”面板、“值”对话框、“动作”面板设置组件实例的参数。下面对参数和属性的一些设置方法分别进行介绍。

- **输入组件的实例名称：**在舞台上选择组件的一个实例，在“属性”面板的“实例名称”文本框中输入组件实例的名称。或者在“组件参数”栏中的组件标签中输入名称，如图7-23所示。
- **输入组件实例的参数：**在舞台上选择组件的一个实例，在“属性”面板的“组件参数”栏中单击“编辑”按钮，打开“值”对话框。单击“添加”按钮添加选项，并设置选项的名称和值。设置完成后单击确定按钮，如图7-24所示。

图7-23　输入组件的实例名称

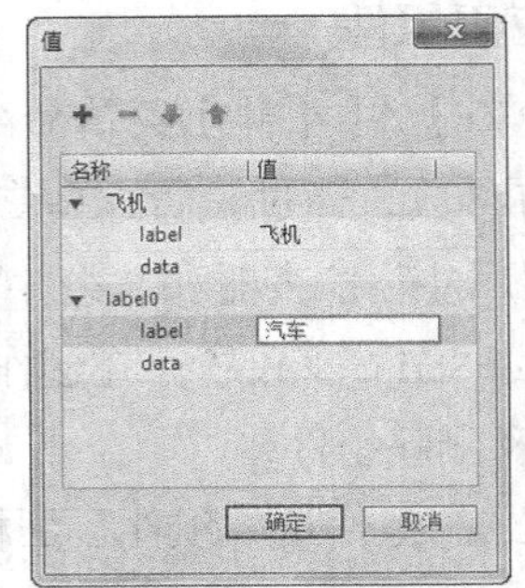

图7-24　输入组件实例的参数

- **设置组件属性：**在ActionScript中，应使用点（.）运算符（点语法）访问属于舞台上的对象或实例的属性或方法。点语法表达式以实例的名称开头，后面跟着一个点，最后以要指定的元素结尾，如图7-25所示。
- **调整组件大小：**组件不会自动调整大小以适合其标签，可以使用任意变形工具或setSize()方法调整组件实例的大小，如图7-26所示。

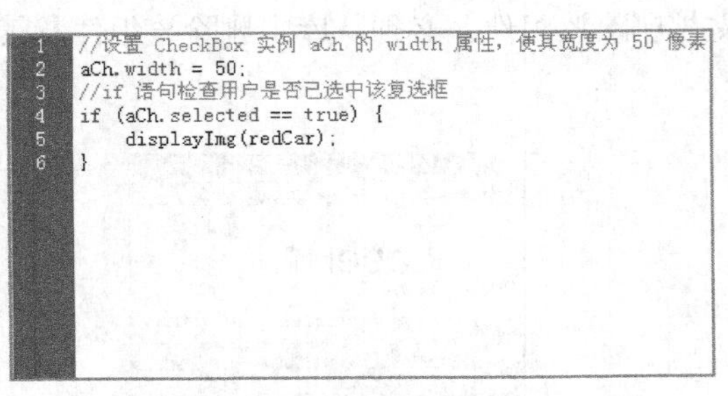

图7-25　设置组件属性

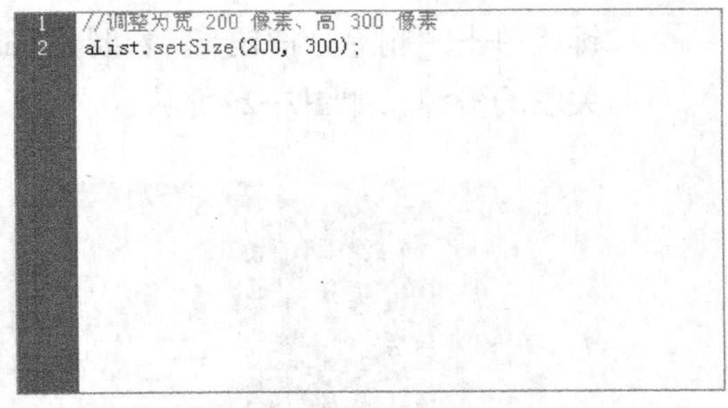

图7-26　调整组件大小

3. 处理事件

每一个组件在用户与其交互时都会广播事件。如当用户单击一个Button按钮时，会调用MouseEvent.CLICK事件；当用户选择List中的一个项目时，List会调用Event.CHANGE事件。当组件发生重要事情时也会引发事件，如当UILoader实例完成内容加载时，会生成一个Event.COMPLETE事件。若要处理事件，需要编写在该事件被触发时需要执行的ActionScript代码。下面对关于事件侦听器和事件对象分别进行介绍。

- **关于事件侦听器**：所有事件均由组件类的实例广播。通过调用组件实例的addEventListener() 方法，可以注册事件的“侦听器”，可以是一个组件，也可以是多个，如图7-27所示。
- **关于事件对象**：事件对象继承Event对象类的一些属性，包含了有关所发生事件的信息，其中包括提供事件基本信息的target和type属性，如图7-28所示。

```
//向 Button 实例 aButton 添加了一个 MouseEvent.CLICK 事件的侦听器
aButton.addEventListener(MouseEvent.CLICK, clickHandler);

//可以向一个组件实例注册多个侦听器。
aButton.addEventListener(MouseEvent.CLICK, clickHandler1);
aButton.addEventListener(MouseEvent.CLICK, clickHandler2);

//向多个组件实例注册一个侦听器。
aButton.addEventListener(MouseEvent.CLICK, clickHandler1);
bButton.addEventListener(MouseEvent.CLICK, clickHandler1);
```

图7-27　关于事件帧听器

```
//使用 evtObj 事件对象的 target 属性来访问 aButton 的 label 属性并将它显示在“输出”面板中：
import fl.controls.Button;
import flash.events.MouseEvent;

var aButton:Button = new Button();
aButton.label = "Submit";
addChild(aButton);
aButton.addEventListener(MouseEvent.CLICK, clickHandler);

function clickHandler(evtObj:MouseEvent){
trace("The " + evtObj.target.label + " button was clicked");
}
```

图7-28　关于事件对象

事件对象是自动生成的，当事件发生时会将其传递给事件处理函数。可以在该函数内使用事件对象来访问所广播的事件名称，或者访问广播该事件的组件的实例名称，可以从实例名称访问其他组件属性。

三、任务实施

（一）输入问卷调查表文本

要制作问卷调查表，需先进行问卷调查表的文本输入，其具体操作如下（微课：光盘\微课视频\项目七\输入问卷调查表文本.swf）。

STEP 1 新建一个尺寸为975×1300像素的ActionScript 3.0空白动画文档。按【Ctrl+R】组合键，打开“导入到舞台”对话框，将“调查表背景.png”图像（素材参见：光盘\素材文件\项目七\任务二\调查表背景.png）导入到舞台中。

STEP 2 将“图层1”重命名为“背景”，按【F6】键插入关键帧。新建“图层2”，并将其重命名为“标题”，选择第1帧，如图7-29所示。

STEP 3 选择文本工具T，在“属性”面板中设置“系列、大小、颜色”为“汉真广标、40.0点、#000000”。在舞台中输入“网络购物有奖调查”文本，如图7-30所示。按【F6】键，新建关键帧，将“网络购物有奖调查”文本修改为“网络购物调查结果”文本。

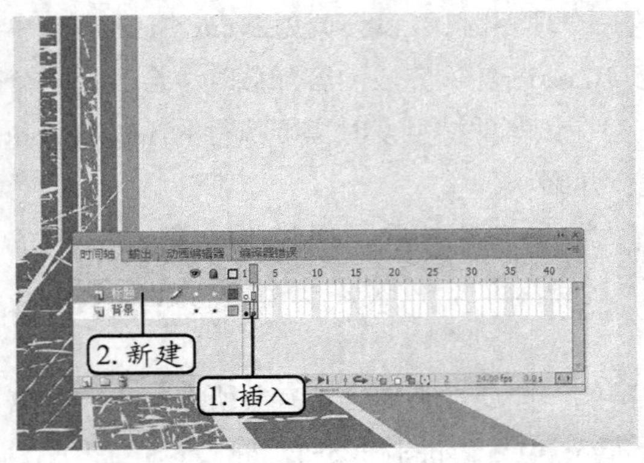

图7-29　新建图层

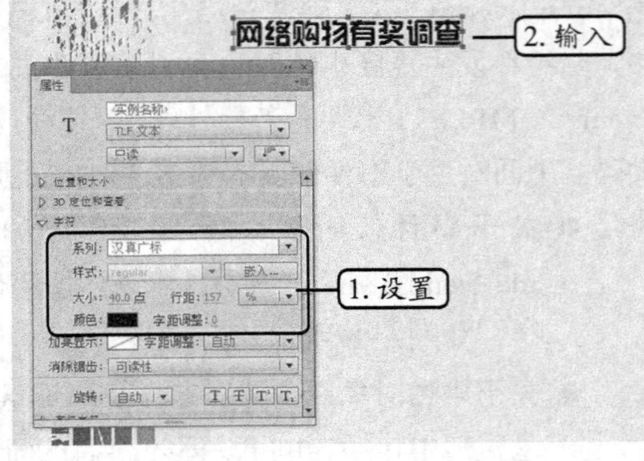

图7-30　输入文本

STEP 4 新建图层，并将其重命名为"项目"图层，选择第1帧。再选择文本工具T，在"属性"面板中设置"系列、大小、颜色"为"汉仪中圆简、16.0点、#000000"。在舞台中输入调查表的相关问题，如图7-31所示。

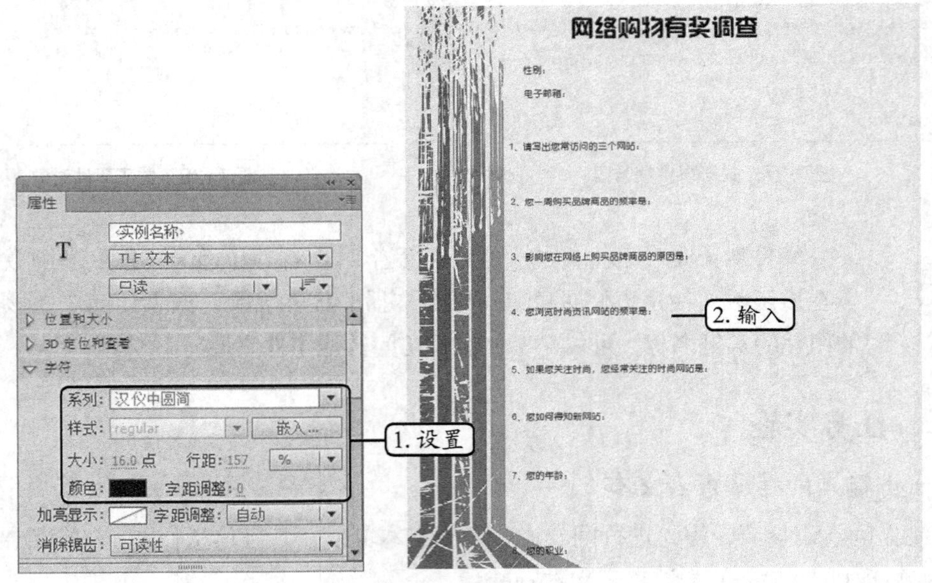

图7-31　输入文本

（二）添加组件并设置属性

下面将添加组件并对各组件的属性进行设置，其具体操作如下（微课：光盘\微课视频\项目七\添加组件并设置属性.swf）。

STEP 1 新建图层，并将其重命名为"组件"图层，选择第1帧。选择【窗口】/【组件】菜单命令，打开"组件"面板。展开"User Interface"文件夹，选择"RadioButton"选项，再将其移动到"性别"文本后，并插入组件，如图7-32所示。

STEP 2 选择组件，在"属性"面板中设置"实例名称、groupName、label"为"_l1、Radio-sex、男"。使用相同的方法，再添加一个"RadioButton"组件，并设置为"女"单选项，如图7-33所示。

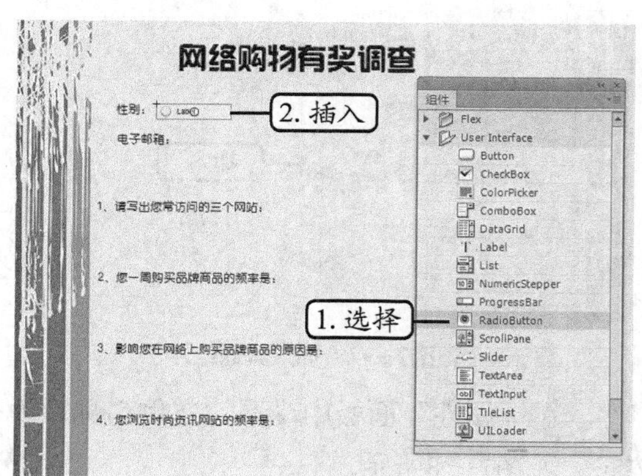

图7-32 插入RadioButton组件

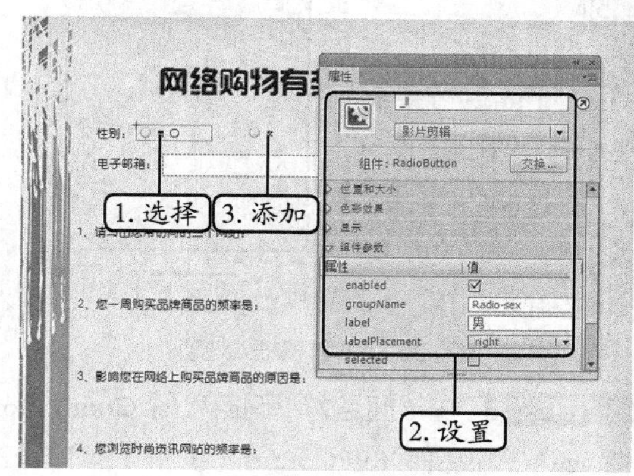

图7-33 设置组件属性

STEP 3 选择“文本工具”T，使用鼠标在“电子邮箱”文本后面绘制一个文本框，选择文本框，在“属性”面板中设置“实例名称、文本引擎、文本类型”为“_mail、TLF文本、可编辑”，设置“容器背景颜色”为“#FFFFFF”。使用相同的方法编辑“问题1”下的文本框，设置其“实例名称”为“_wed”，如图7-34所示。

STEP 4 在“问题2”下插入4个RadioButton组件，在“属性”面板中设置第1个RadioButton组件的“实例名称、groupName、label”为“buy1、buy-time、基本每天都在买”。使用相同的方法，设置其他3个RadioButton组件，如图7-35所示。

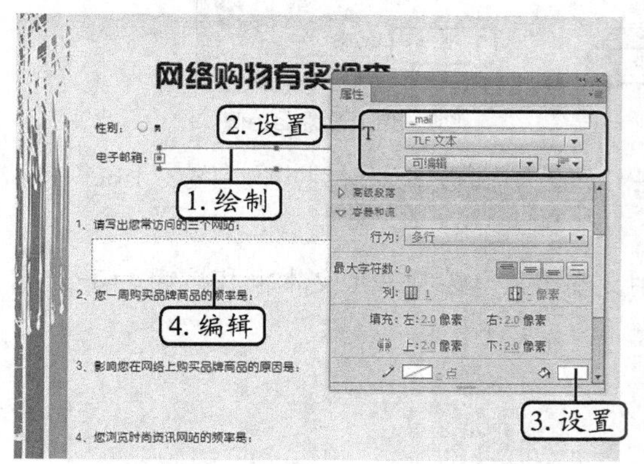

图7-34 制作文本框

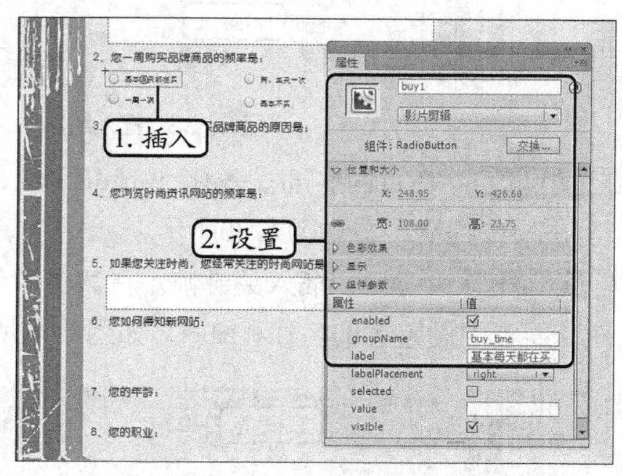

图7-35 为“问题2”插入选项

STEP 5 在“问题3”下插入4个CheckBox组件，在“属性”面板中根据需要分别设置其实例名称和label，如图7-36所示。

STEP 6 使用相同的方法，为问题4~6插入问题选项，如图7-37所示。

知识提示

“属性”面板中的enabled选项用于设置组件是否可见，当选择该项时，该组件才可见。

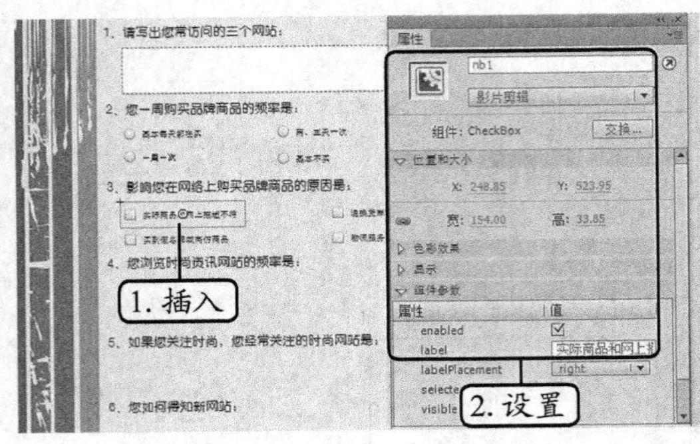

图7-36　为问题3插入选项

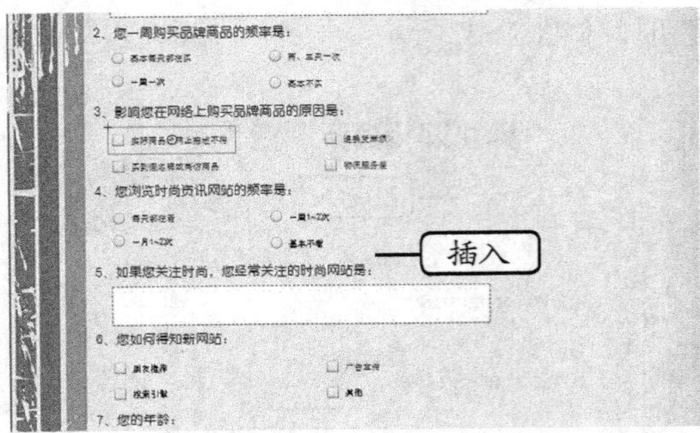

图7-37　插入其他组件

STEP 7 在“问题7”下插入1个ComboBox组件。在“属性”面板中设置“实例名称”为“_age”，设置“rowCount”为“4”，单击按钮，如图7-38所示。

STEP 8 打开“值”对话框，在其中输入年龄段，并为其设置date值，单击确定按钮，如图7-39所示。使用相同的方法在“问题8”下插入ComboBox组件。

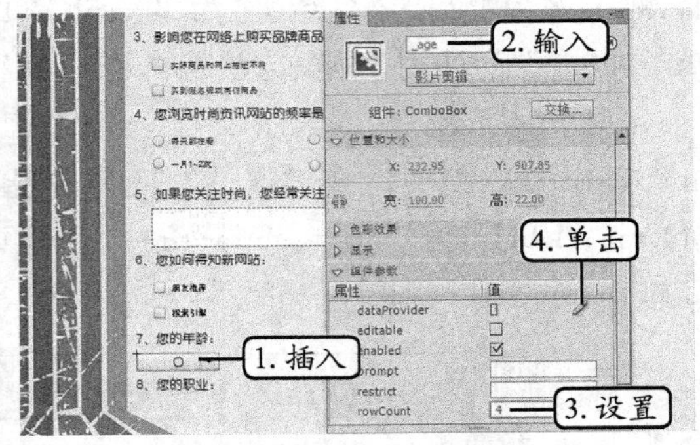

图7-38　插入组件

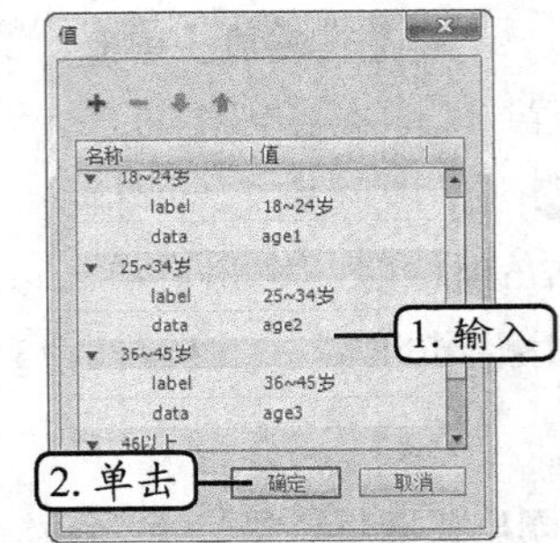

图7-39　设置date值

STEP 9 在页面底部插入1个Button组件，在“属性”面板中设置“实例名称、label”为“_tijiao、提交”，如图7-40所示。

STEP 10 在第2帧插入关键帧。在舞台中使用文本工具绘制一个文本框和按钮。在“属性”面板中设置实例名称和label，如图7-41所示。

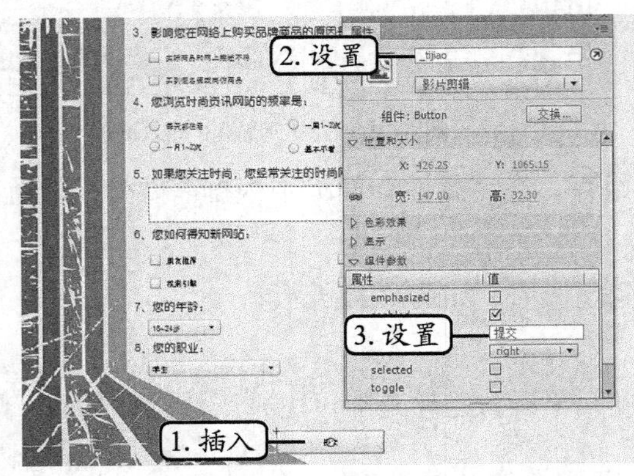

图7-40　插入Button组件

图7-41　绘制文本框

STEP 11 新建图层，并将其重命名为“AS”，选择第1帧。再选择【窗口】/【动作】菜单命令，在打开的“动作”面板中输入脚本，如图7-42所示。

```
stop();
var temp:String = "";

function _tijiaoclickHandler(event:MouseEvent):void
{
    //取得当前的数据
    temp +=  "性别：";
    if (_vv.selected)
    {
        temp +=  _vv.label;
    }
    else if (_ll.selected)
    {
        temp +=  _ll.label;
    }
    temp +=  "\n点子邮箱：" + _mail.text;
    temp +=  "\n您常访问的三个网站：" + _wed.text;
    temp +=  "\n您一周购买品牌商品的频率：";
    if (buy1.selected)
    {
        temp +=  buy1.label;
    }
    else if (buy2.selected)
    {
        temp +=  buy2.label;
    }
    else if (buy3.selected)
    {
        temp +=  buy3.label;
    }
    else if (buy4.selected)
    {
        temp +=  buy4.label;
    }
    temp +=  "\n影响您在网络上购买品牌商品的原因是：";
    if (nb1.selected)
    {
        temp +=  nb1.label + "    ";
    }
    if (nb2.selected)
    {
        temp +=  nb2.label + "    ";
    }
    if (nb3.selected)
    {
        temp +=  nb3.label + "    ";
    }
    if (nb4.selected)
    {
        temp +=  nb4.label + "    ";
    }
    temp +=  "\n您浏览时尚资讯网站的频率是：";
    if (look1.selected)
    {
        temp +=  look1.label;
    }
    else if (look2.selected)
    {
        temp +=  look2.label;
    }
    else if (look3.selected)
    {
        temp +=  look3.label;
    }
    else if (look4.selected)
    {
        temp +=  look4.label;
    }
    temp +=  "\n如果您关注时尚，您经常关注的时尚网站是：" + _flash.text;
    temp +=  "\n您如何得知新网站：";
    if (new1.selected)
    {
        temp +=  new1.label + "    ";
    }
    if (new2.selected)
    {
        temp +=  new2.label + "    ";
    }
    if (new3.selected)
    {
        temp +=  new3.label + "    ";
    }
    if (new4.selected)
    {
        temp +=  new4.label + "    ";
    }
    temp +=  "\n您的年龄：" + _age.selectedItem.label;
    temp +=  "\n您的职业：" + _job.selectedItem.label;
    //跳转
    this.gotoAndStop(2);
}
_tijiao.addEventListener(MouseEvent.CLICK, _tijiaoclickHandler);
```

图7-42 在第1帧中输入脚本

STEP 12 选择第2帧，在其中插入关键帧。在“动作”面板中输入脚本，如图7-43所示。

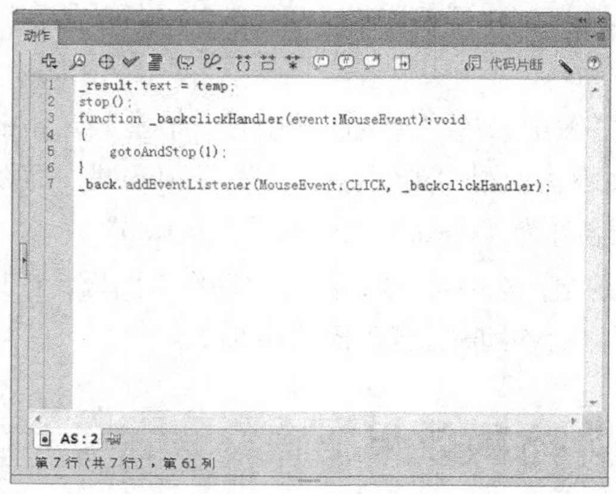

图7-43 在第2帧中输入脚本

STEP 13 保存文档，按【Ctrl+Enter】组合键测试播放效果，完成制作（最终效果参见：光盘\效果文件\项目七\任务二\问卷调查表.fla）。

实训一 制作音乐播放器

【实训要求】

本例将制作一个音乐播放器，通过ActionScript脚本添加按钮事件，实现加载外部MP3，并对音乐进行播放控制的效果。本实训的参考效果如图7-44所示。

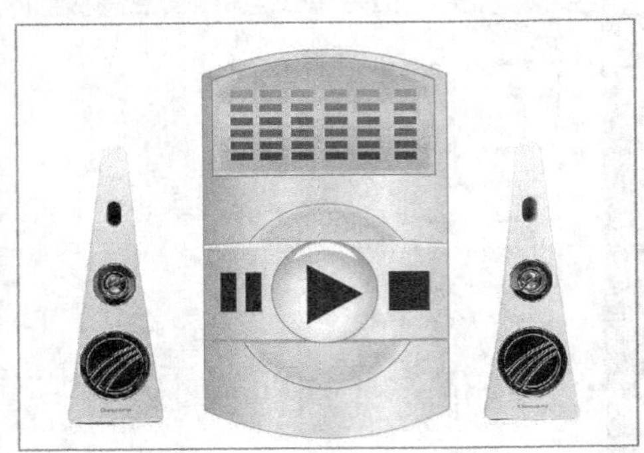
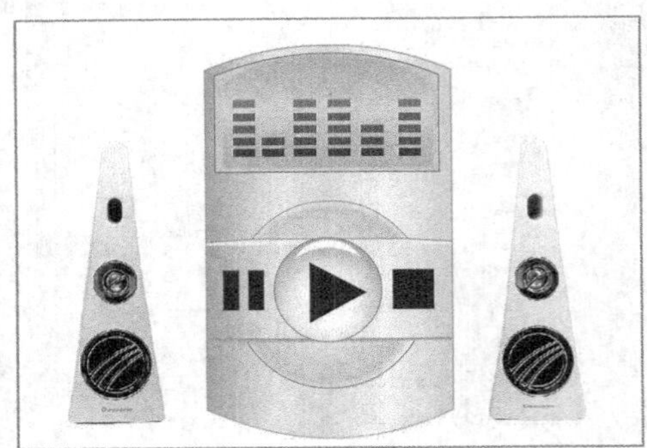

图7-44 音乐播放器

【实训思路】

在制作时需要通过ActionScript脚本添加按钮，再进行其他设置。

【步骤提示】

STEP 1 新建文档，将“音乐播放器”文件夹（素材参见：光盘\素材文件\项目七\实训一\音乐播放器\）中的所有文件都导入到库中。从“库”面板中将“音响”图像拖曳到舞台中。

STEP 2 打开“转换为元件”对话框，在其中设置“名称、类型”为“音响、图形”。进入元件编辑窗口，按【Ctrl+B】组合键分离位图，删除不需要的部分。在舞台中间绘制一个音响图形，并为其填充渐变颜色。

STEP 3 新建“节奏”影片剪辑元件，插入关键帧，并编辑节奏音量格子。新建“按钮”元件。使用绘图工具分别制作用于控制音乐播放的“播放按钮”“暂停按钮”“停止按钮”按钮元件。

STEP 4 新建“节奏”图层，从“库”面板中将“节奏”元件拖曳到舞台中，选择拖动的元件，打开“属性”面板，设置“实例名称”为“s_show”。新建“按钮”图层，拖入3个按钮，并分别定义实例名称为“s_pau”“s_play”“s_stop”。

STEP 5 新建“AS”图层，选择第1帧，打开“动作”面板，在其中输入脚本（最终效果参见：光盘\效果文件\项目七\实训一\音乐播放器.fla）。

实训二 制作声音控制效果

【实训要求】

本例将为动画创建一个按钮，使用代码片段为按钮添加动作脚本，来实现加载外部声音并进行播放和停止控制。本实训的最终效果如图7-45所示。

图7-45 声音控制

【实训思路】

在制作时将先导入素材，新建影片剪辑，然后通过代码片段为按钮添加动作脚本。

【步骤提示】

STEP 1 新建文档，将“声音控制”文件夹（素材参见：光盘\素材文件\项目七\实训二\声音控制\）中除“gz.mp3”音频文件以外的所有文件导入到库中，并从“库”面板中将“背景.jpg”图像拖曳到舞台中。

STEP 2 新建影片剪辑，再创建补间动画，然后转换元件并设置元件属性。

STEP 3 选择“按钮”元件，打开“代码片断”面板，展开“音频和视频”文件夹。双击其下方的“单击以播放/停止声音”选项。

STEP 4 将素材文件夹中的“gz.mp3”音频文件复制到保存本动画文档的文件夹中。在“动作”面板中，将第21行程序中的文本“http://www.helpexamples.com/flash/sound/song1.mp3”修改为“gz.mp3”（最终效果参见：光盘\效果文件\项目七\实训二\声音控制.fla）。

常见疑难解析

问：为什么在“动作”面板中，按照书上的语句输入后，在检查语句时却出现错误？

答：出现这种情况通常有两个原因：一是在输入语句的过程中，输入了错误的字母或字母的大小写有误，使得Flash CS6无法正常判断语句，对于这种情况，应仔细检查输入的语句，并对错误进行修改；二是输入的标点符号采用了中文格式，即输入了中文格式的分号、冒号或括号等，在Flash CS6中，ActionScript语句只能采用英文格式的标点符号，此时可将标点符号的输入格式设置为英文状态，重新输入标点符号即可。

问：为按钮添加了代码，为何单击不能跳转到第2帧？

答：可能是因为没有对按钮进行实例命名或命名不正确，按钮的实例名称一定要和语句中引用的名称保持一致，在制作过程中可以将组件的实例名称记录下来，在编写语句时对照着进行编写，以免出错。

拓展知识

1. 编译ActionScript 3.0脚本

除了可在Flash CS6中编译ActionScript 3.0脚本外，还可以使用Adobe Flex Builder 2开发环境进行编译。使用Flex Builder 2创建ActionScript 3.0应用程序比较简单。只要在电脑中安装了Flex Builder 2，就可以得到一些工具，甚至不需要考虑创建多个（.as和.fla）文件和确认它们是否保存在正确的位置，用户要做的只是创建相应的类并编译它们。

2. 修改组件的外观

组件的外观可以修改，如要修改鼠标指针移动到按钮上时Button组件的颜色，可以双击该Button组件，进入编辑窗口，然后双击“selected_over”外观，在元件编辑模式下打开它，将缩放控制设置为400%，以便放大图标进行编辑，双击背景，在“颜色”面板中重新设置颜色即可。

课后练习

（1）本例将制作动态风光相册，完成后的最终效果如图7-46所示（最终效果参见：光盘\效果文件\项目七\课后练习\动态风光相册.fla）。

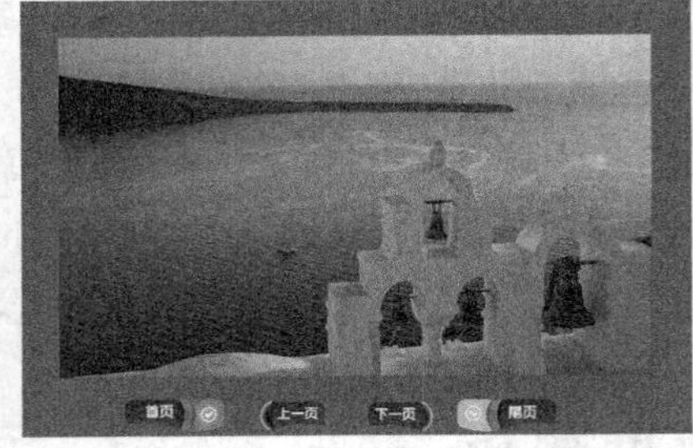

图7-46　动态风光相册

（2）本例将制作交互式滚动广告，完成后的最终效果如图7-47所示（最终效果参见：光盘\效果文件\项目七\课后练习\交互式滚动广告.fla）。

图7-47　交互式滚动广告

PART 8

项目八 Flash动画后期操作

情景导入

小白：阿秀，我的Flash动画制作完成了，但发布到网上，要很久才能打开看到动画播放效果，这是怎么回事啊?

阿秀：可能是你的Flash文档没有进行优化，文件太大了，造成网络下载文件需要花费较多的时间。

小白：Flash动画制作完了还要进行优化啊，我以为做完发布成Flash影片就行了呢!

阿秀：当然要优化了，另外还要对动画进行测试，包括播放效果是否正常、脚本运行是否正常等。

小白：看来事情还比较多。

阿秀：是的，要制作出精品Flash作品，当然要付出更多的精力。

小白：嗯，我一定会努力学习的!

学习目标

- 了解优化与测试动画的方法
- 了解导出影片的方法

技能目标

- 掌握动画发布的方法
- 掌握“优化‘称赞’动画”和“发布风景动画”的制作方法

任务一 优化“称赞”动画

测试动画贯穿整个Flash动画的制作过程，读者应该养成按【Ctrl+Enter】组合键随时测试动画的习惯。在Flash制作后期，还应该对Flash动画进行优化，以便缩减Flash文档的大小，利于Flash的快速加载。本节将具体讲解学习优化与测试动画的方法。

一、任务目标

本例将优化“称赞”动画。操作过程包括测试并修改动画与优化动画，通过该操作可使动画更加完美、播放效果更加流畅。通过本例的学习，可以掌握Flash动画的优化与测试方法。本例制作完成后的最终效果如图8-1所示。

图8-1 优化“称赞”动画

二、相关知识

本例涉及优化动画、测试动画、测试脚本动画、预览动画等操作，下面先对这些相关知识进行介绍。

（一）优化动画

随着Flash动画文档大小的增加，其下载和播放时间也有所增加。此时可以采取多个步骤来准备文档，以获得最佳的播放质量。在发布过程中，Flash会自动对文档进行一些优化，而在导出文档之前，还可以使用多种策略来减小文件，从而对其进行进一步的优化，也可以在发布时压缩SWF文件减小文档大小，达到优化动画的目的。进行更改时，可以预先在各种计算机、操作系统和Internet连接上运行文档以对其进行测试。优化动画中各个项目的目的是为了保证动画在各个计算机上呈现的效果一致，同时动画效果要尽量完美，下载和传播的速度要尽量快，播放时要尽量流畅。优化动画主要包括7个方面，下面分别进行介绍。

1. 优化文档

对动画文档整体进行优化，可以有效地降低文档大小。在对动画文档细节进行优化时不能忘记对文档的整体优化，对动画文档进行优化一般可以从以下6个方面进行。

- 对于多次出现的元素，最好使用元件、动画或者其他对象。
- 创建动画序列时，尽可能使用补间动画。补间动画所占用的文件空间要小于关键帧。

- 对于动画序列，使用影片剪辑元件而不使用图形元件。
- 限制每个关键帧中的改变区域，在尽可能小的区域内执行动作。
- 避免使用动画式的位图元素，使用位图图像作为背景或者使用静态元素。
- 尽可能使用MP3这种占用空间小的声音格式。

2. 优化元素和线条

对文档中的元素以及线条进行优化能最大限度地压缩文档大小，对文档进行元素和线条优化可以从以下3个方面进行。

- 将所有能组合的对象组合起来。
- 使用图层将动画过程中发生变化的元素与保持不变的元素分离。
- 限制特殊线条类型（如虚线、点线、锯齿线等）的数量。用铅笔工具创建的线条比用刷子笔触创建的线条所需的内存更少。

3. 加快文档显示速度

若要加快文档的显示速度，可以使用“视图”菜单中的命令关闭呈现品质功能，该功能需进行额外的计算，因此会降低文档的显示速度。选择【视图】/【预览模式】菜单命令，然后在弹出的子菜单中进行选择，Flash中的预览模式如下。

- **轮廓：**只显示场景中形状的轮廓，从而使所有线条都显示为细线。这样就更容易改变图形元素的形状以及快速显示复杂场景。
- **快速：**将关闭消除锯齿功能，并显示绘画的所有颜色和线条样式。
- **消除锯齿：**打开线条、形状和位图的消除锯齿功能并显示形状和线条，从而使屏幕上显示的形状和线条的边沿更为平滑。但绘画速度比“快速”选项的速度要慢很多。消除锯齿功能在提供数千（16位）或上百万（24位）种颜色的显卡上处理效果最好。在16色或256色模式下，黑色线条经过平滑，但是颜色的显示在快速模式下可能会更好。
- **消除文字锯齿：**平滑所有文本的边缘。处理较大的文字时效果最好，如果文本数量太多，则速度会较慢。这是最常用的预览模式。
- **颜色：**完全呈现舞台上的所有内容，但可能会减慢显示速度。

4. 优化文本和字体

通过文本和字体的优化能使动画文档体积变得更小，所以在优化文档时，优化文本和字体也是优化的一个重要步骤。优化文本和字体可以从以下两个方面进行。

- 限制字体和字体样式的数量。尽量少用嵌入字体，因为它们会增加文件的大小。
- 对于必须嵌入的字体，只选择需要的字符，而不要包括所有文本。

5. 优化颜色

在Flash中过于丰富的颜色，不但会增大文档的体积，而且在播放时也不能完全将制作的颜色展示出来。优化颜色可以从以下4个方面进行。

- 使用元件属性检查器中的“颜色”菜单，可为单个元件创建很多不同颜色的实例。
- 使用“颜色”面板，使文档的调色板与浏览器特定的调色板相匹配。

- 尽量少用渐变色。使用渐变色填充区域比使用纯色填充区域大概多50个字节。
- 尽量少用Alpha透明度。

6. **优化动画和图形**

在创建经过优化和简化的动画或图形之前，应对项目进行概括和计划，为文件大小和动画长度制定一个目标，并在整个开发过程中对目标进行测试。应遵循以下5大优化准则。

- 优化位图时不要对其进行过度压缩，72dpi的分辨率最适合Web使用。压缩位图图像可减小文件大小，但过度压缩将损害图像质量。可以检查“发布设置”对话框中的JPEG品质，确保未过度压缩图像。在大多数情况下，最佳做法是将图像转换为矢量图形。使用矢量图像可以减小文件大小，因为它是通过计算（而非通过许多像素）产生出图像的。还需在保持图像质量的同时限制图像中的颜色数量。
- 将_visible属性设置为false，而不是将SWF文件中的_alpha级别更改为0或1。计算舞台上实例的_alpha级别将占用大量处理器资源。如果禁用实例的可见性，可以节省CPU周期和内存，从而使SWF文件的动画更加平滑。通常无需卸载和重新加载资源，只需将_visible属性设置为false，这样可减少对处理器资源的占用。
- 减少在SWF文件中使用线条和点的数量。使用“最优化曲线”对话框（选择【修改】/【形状】/【优化】菜单命令打开）来减少绘图中的矢量数量。选择“使用多重过渡”选项来执行更多优化。还可优化曲线可减小文件大小，从而提高SWF文件性能。
- 避免使用渐变，因为渐变要求对多种颜色进行计算处理，计算机处理器完成操作的难度较大。应使SWF文件中使用的Alpha或透明度数量保持在最低限度。
- 包含透明度的动画对象会占用大量处理器资源，因此必须将其保持在最低限度。位图之上的动画透明图形是一种占用大量处理器资源的动画，因此必须将其保持在最低限度，或完全避免使用透明图形。

7. **动画帧频和性能**

在向应用程序中添加动画时，需要考虑为FLA文件设置的帧频。因为帧频可能影响SWF文件以及播放该文件的计算机性能。将帧频设置得过高可能会导致处理器出现问题，特别是在使用了许多资源或使用ActionScript创建动画时，因此，要合理设置帧频。

（二）影响动画性能的因素

尽管制作Flash动画的方式和效果多样化，但是，这些因素可能会影响动画的性能，因此应根据这些因素的特点，对动画内使用的方式和效果做最佳选择。常见影响动画性能的因素包括3种，下面分别进行介绍。

1. **使用位图缓存**

位图缓存就是把矢量图缓存成位图，若要减轻CPU的运算压力，只需设置属性参数即可实现。在以下3种情形中使用位图缓存，可以提升有效播放质量和效果。

- 包含矢量数据和复杂背景图像时。若要提高性能，将内容存储到影片剪辑中，然后将opaqueBackground属性设置为true。背景将呈现为位图，可以重新绘制，以便更快地播放动画。

- 在滚动文本字段中显示大量文本时。将文本字段放置在通过滚动框（scrollRect属性）设置为可滚动的影片剪辑中，能够加快指定实例的像素滚动。
- 窗口系统具有重叠窗口，且每个窗口都可以打开或关闭（如Web浏览器窗口）时。如果将每个窗口标记为一个表面（将cacheAsBitmap属性设置为true），则各个窗口将隔离开并进行缓存。用户可以拖动窗口使其互相重叠，每个窗口无需重新生成矢量内容。

2. 使用滤镜

在应用程序中使用太多滤镜，会占用大量内存，从而影响Flash Player的性能。由于附加了滤镜的影片剪辑有两个32位位图，因此如果过多使用位图，会导致占用大量内存，计算机操作系统可能出现内存不足的错误。在现在的计算机中，内存不足的错误应该很少出现，除非在一个应用程序中过多地使用滤镜效果（如在舞台中存在数千个位图）。但是，如果确实遇到内存不足错误，则将出现以下3种情况。

- 滤镜数组被忽略。
- 使用常规矢量渲染器绘制影片剪辑。
- 不为影片剪辑缓存任何位图。

3. 使用运行时共享库

有时可以使用运行时共享库来缩短下载时间。对于较大的应用程序或当某站点上的许多应用程序使用相同的组件或元件时，这些库通常是必需的。使用共享库的第一个SWF文件的下载时间较长，因为需要加载SWF文件和库。库将放在用户计算机的缓存中，所有后续SWF文件将使用该库。对于一些较大的应用程序，这一过程可以快速缩短下载时间。

（三）测试动画

在发布和导出Flash动画之前，必须对动画进行测试，通过测试可以检查动画是否能正常播放，播放效果是否是用户想要达到的效果，并检查动画中是否有明显的错误，以及根据模拟不同的网络带宽对动画的加载和播放情况进行检测，从而确保动画既有好的质量，又能流畅地在网络上播放。

1. 测试下载性能

Flash Player会尝试满足动画文档所设置的帧频，播放期间的实际帧频可能会因计算机而有所差异。 如果正在下载的文档到达了某个特定的帧，但是该帧所需的数据尚未下载，则文档会暂停，直到数据到达为止。

要以图形化方式查看下载性能，可以使用“带宽设置”根据指定的调制解调器速度显示为每个帧发送的数据量。在模拟下载速度时，Flash使用典型Internet性能的估计值，而不是精确的调制解调器速度。选择模拟速度为28.8kbit/s的调制解调器，Flash会将实际速率设置为2.3kbit/s以反映典型的Internet性能。 “带宽设置”还针对SWF文件新增的压缩支持进行补偿，从而减少了文件大小并改善了数据流性能。

当外部SWF文件、GIF文件、XML文件以及变量通过ActionScript调用（如loadMovie和getUrl）流入播放器时，数据将按数据流设置的速率流动。当带宽因为出现其他数据请求而减少时，SWF文件的流速率也会随之降低。这就需要在计算机上以各种速度测试文档，确保文档在最慢的网络连接和计算机上都不会出现过载情况。

2. 生成最终报告

Flash也可以生成一个扩展名为.txt的最终效果报告文件，如文档文件为myMovie.fla，则文本文件为myMovieReport.txt。报告会逐帧列出各帧的大小、形状、文本、声音、视频和ActionScript脚本。

（四）测试脚本动画

使用测试窗口虽然能对动画的效果进行测试，但若是对有脚本的动画进行测试，则其中的脚本并不能得到有效的检查。Flash 行业中测试含有脚本的 Flash 动画都会使用调试功能调试动画中的脚本，保证其正确性。用户可在本地或通过远程使用 ActionScript 2.0 调试器、调试 ActionScript 3.0 和远程调试的方法测试脚本动画。下面将分别对其方法进行讲解。

1. ActionScript 2.0调试器

没有包含ActionScript脚本的动画不能被调试，而包含ActionScript脚本的动画则最好被调试。调试动画的方法：打开要测试的动画，选择【窗口】/【调试面板】/【ActionScript 2.0】菜单命令，打开“ActionScript 2.0调试器”面板。此时调试器处于非活动状态，在该面板可检查ActionScript 1.0、ActionScript 2.0中的错误。

选择【调试】/【调试影片】/【在Flash Professional】菜单命令，在“ActionScript 2.0调试器”面板中将会显示当前Flash中的影片剪辑的分层显示列表，如图8-2所示。

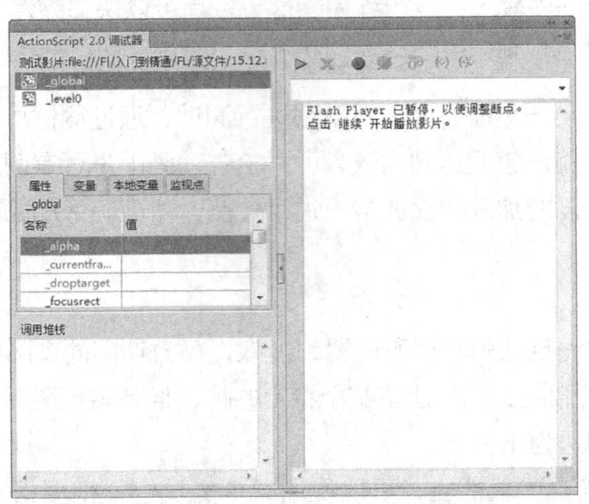

图8-2 “ActionScript 2.0调试器”面板

在“ActionScript 2.0调试器”面板上方单击“播放”按钮▷可控制动画文件的播放，在播放时将显示变量和属性的值。单击“停止”按钮●可以使用断点停止动画的播放并逐行跟踪脚本。用户返回脚本，即可对其进行修改。

2. 调试ActionScript 3.0

ActionScript 3.0和ActionScript 2.0的调试方法有所不同。调试ActionScript 3.0时，用户只需打开需调试的文档，选择【调试】/【调试影片】/【调试】菜单命令，此时Flash重新打开一个显示调整工作区。在该工作区中包含“动作”面板、“调试控制台”面板和“变量”面板等。其中，“调试控制台”面板用于显示调用的堆栈，在面板中还集成了用于跟踪脚本的工具。“变量”面板用于显示当前一定范围内的变量数值。图8-3和图8-4所示分别为“调试控制台”面板和“变量”面板。

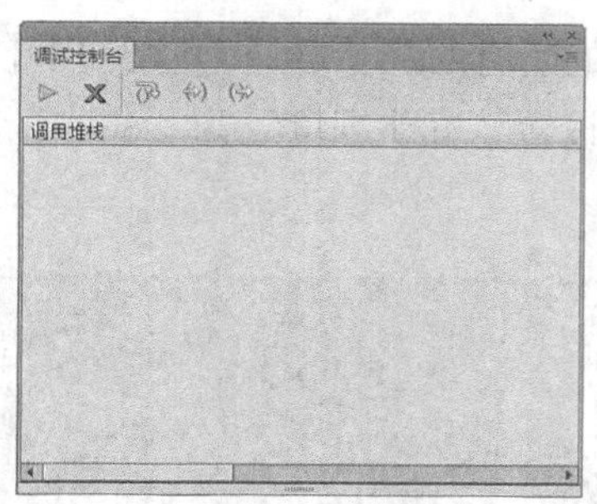

图8-3 “调试控制台”面板

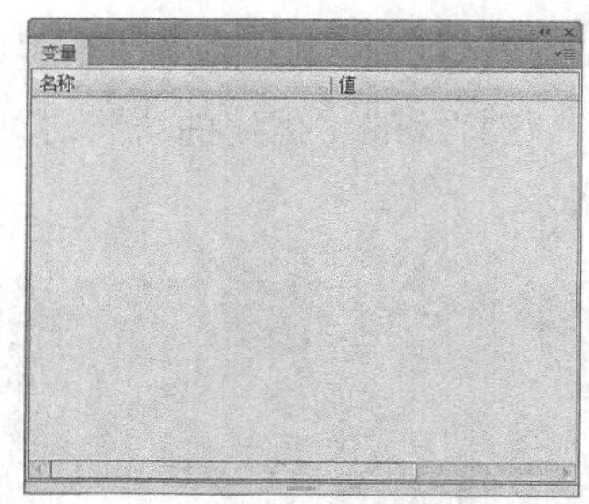

图8-4 “变量”面板

ActionScript 3.0的调试工作区只能调试ActionScript 3.0和AS文件，且Flash动画的发布设置必须是Flash Player 9。

3. 远程调试

当用户需要远程对Flash文档进行调试时，可通过使用Debug Flash Player的独立版本、ActiveX版本调试远程的SWF文件。需要注意的是，调试这类SWF文件时，必须确保调试的文件和远程计算机在同一本地主机上，且有独立调试播放器、ActiveX插件等。

在JavaScript或HTML环境中进行调试时，用户可以在ActionScript中查看调试文件的变量。为了安全起见，用户可以设置调试密码增强安全性。此外，在存储SWF文件中的变量时，一定要将变量发送到本地主机端的应用程序中，而且不要存储在文件中。

（五）预览动画

在正式发布之前可以对即将发布的动画格式进行预览，以确定发布设置是否合适。根据发布格式的设置，可以对文档进行该格式的预览。根据格式预览动画的方法如下。

- **预览SWF动画**：选择【文件】/【发布预览】/【Flash】菜单命令，打开SWF预览窗口。
- **预览HTML文档**：选择【文件】/【发布预览】/【Html】菜单命令，打开HTML预览窗口。

允许远程调试的动画，一定要在“发布设置”对话框中单击选中☑允许调试(D)复选框，允许调试。

三、任务实施

（一）转换元件

下面进行元件的转换并优化，其具体操作如下（微课：光盘\微课视频\项目八\转换元件.swf）。

STEP 1 打开“称赞.fla”动画文档（素材参见：光盘\素材文件\项目八\任务一\称赞.fla）。锁定所有图层，解锁“图层1”，使用墨水瓶工具为背景图形填充轮廓线条，如图8-5所示。

STEP 2 隐藏锁定的图层。选择“图层1”中的所有曲线。选择【修改】/【形状】/【优化】菜单命令，在打开的“优化曲线”对话框中设置“优化强度”为“60”，单击确定按钮，如图8-6所示。

图8-5 打开动画文档

图8-6 优化曲线

STEP 3 选择“小树”图形，然后按【F8】键，在打开的“转换为元件”对话框中设置“名称、类型”为“小树、图形”，单击确定按钮，如图8-7所示。

STEP 4 选择并删除背景图形中的小树。从“库”面板中拖入几个“小树”元件到舞台中，创建小树实例。调整小树大小和位置，如图8-8所示。

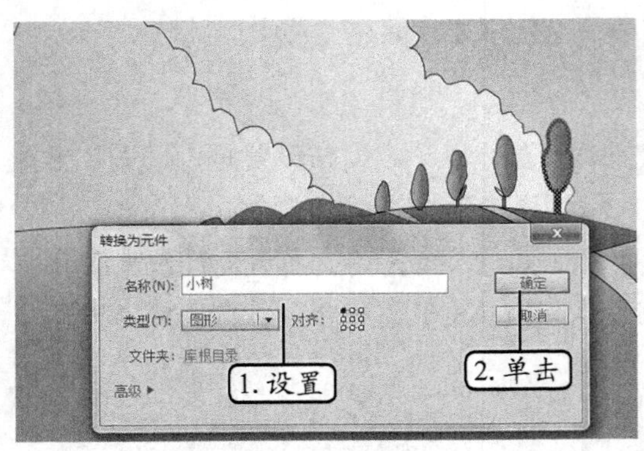

图8-7 转换为元件

图8-8 创建元件实例

STEP 5 选择舞台中近处的草坪，使用前景色将其填充为“#00CC00”，将其转换为纯色，如图8-9所示。

STEP 6 选择所有轮廓曲线，然后按【Delete】键将其删除，如图8-10所示。

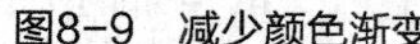
图8-9 减少颜色渐变

图8-10 删除轮廓曲线

删除轮廓曲线，不但能使动画文档变小，而且能使画面看起来更加简洁。

STEP 7 解锁“图层3”，删除房子的轮廓曲线。按【F8】键打开“转换为元件”对话框，在其中设置“名称、类型”为“房子、图形”，单击确定按钮，如图8-11所示。

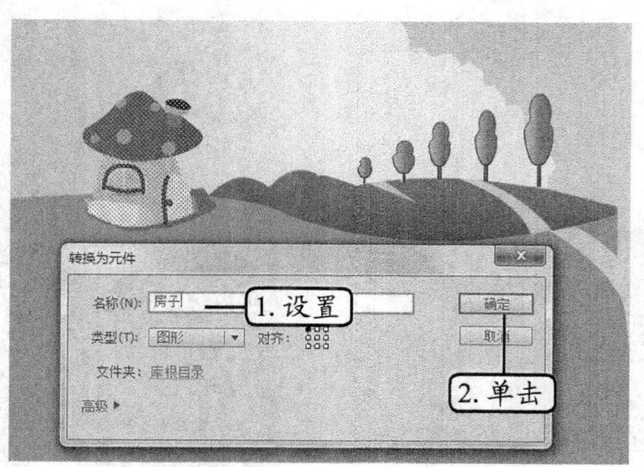

图8-11 转换房子

（二）优化文字并导入声音

下面将对文字进行优化并导入声音，其具体操作如下（微课：光盘\微课视频\项目八\优化文字并导入声音.swf）。

STEP 1 显示所有图层。选择刺猬动画图层的所有帧，单击鼠标右键，在弹出的快捷菜单中选择“复制帧”命令，如图8-12所示。

STEP 2 新建“刺猬”影片剪辑元件，在第1帧处单击鼠标右键，在弹出的快捷菜单中选择“粘贴帧”命令，粘贴刺猬的动作，如图8-13所示。

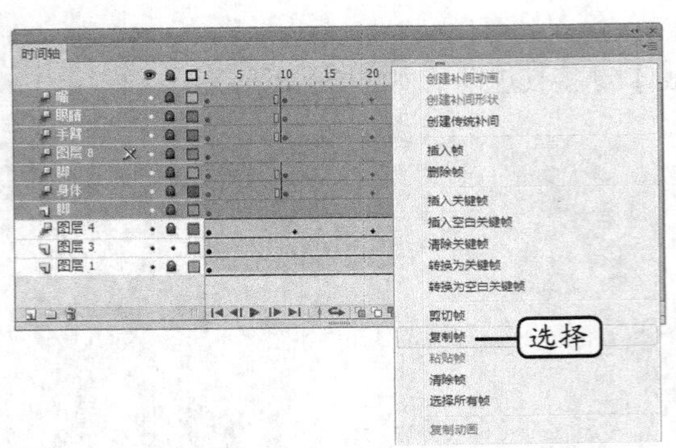

图8-12　复制帧

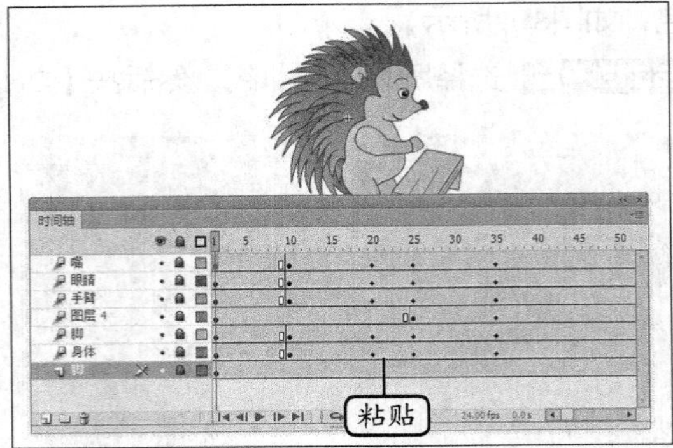

图8-13　创建影片剪辑元件

选择刺猬动画图层的所有帧后，选择【编辑】/【时间轴】/【复制帧】菜单命令，也可完成复制帧操作。

STEP 3 新建“叶子1”影片剪辑元件，用相同的方法将“图层4”的所有帧复制到影片剪辑元件中，创建枫叶动画影片，如图8-14所示。

STEP 4 删除动画片段图层后，新建两个图层，并从“库”中分别将“刺猬”元件和“叶子1”元件拖入到新建图层的第1帧中，如图8-15所示。

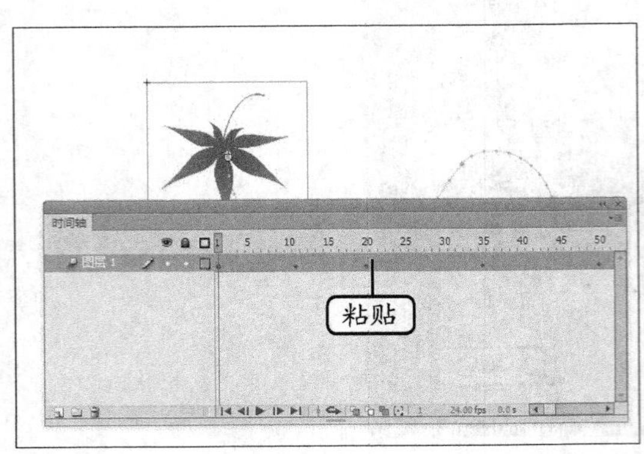

图8-14　创建枫叶影片

图8-15　创建影片元件实例

若想使文件更小，用户可将除“图层4”“图层5”第1帧以外的所有帧都删除。

STEP 5 在“库”面板中分别双击文本元件。打开文字编辑窗口，选择文字，将字体设置为“宋体”，并删除其应用的滤镜效果，设置的效果如图8-16所示。

STEP 6 使用音频处理软件，将WAV格式的声音文件转换为MP3格式的声音文件，如图8-17所示。

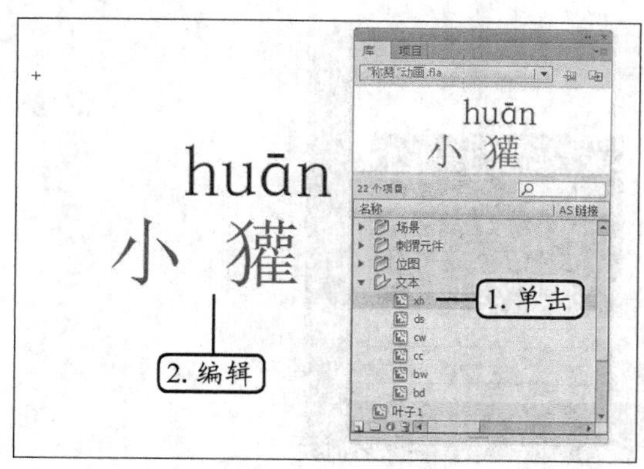

图8-16 优化文字

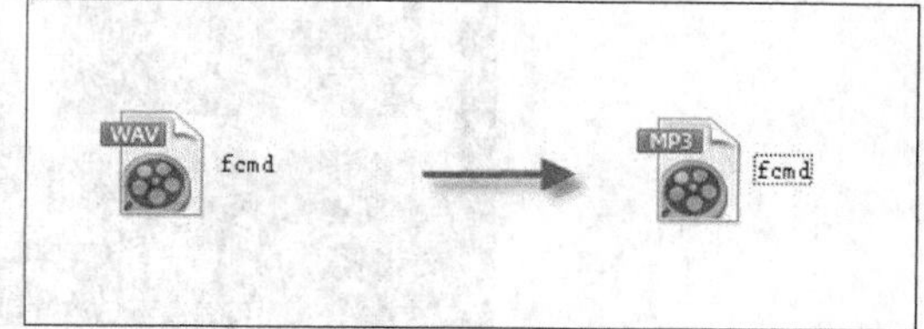

图8-17 转换声音格式

STEP 7 选择【文件】/【导入】/【导入到库】菜单命令，导入"fcmd.mp3"声音（素材参见：光盘\素材文件\项目八\任务一\fcmd.mp3）文件到库中。新建图层，并选择第1帧。在"属性"面板中设置"名称"为"fcmd.mp3"，为动画添加声音，如图8-18所示。

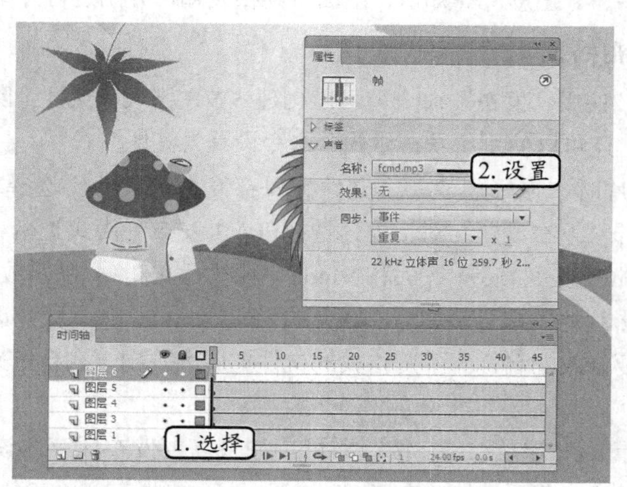

图8-18 导入声音

STEP 8 保存文档，按【Ctrl+Enter】组合键进行最终测试，完成整个动画的优化与测试（最终效果参见：光盘\效果文件\项目八\任务一\称赞.fla）。

任务二 发布风景动画

Flash制作的动画源文件格式为FLA，所以在完成动画作品的制作后，需要把FLA格式的文件发布成便于网上发布或在计算机中播放的格式。FLA可以发布为多种格式。本例将发布风景动画。

一、任务目标

本例将练习发布风景动画，通过本例的学习可以掌握发布动画的方法。本例完成后的效果如图8-19所示。

图8-19　发布风景动画

二、相关知识

制作本例的过程中涉及设置发布格式、发布预览、发布动画、创建独立的播放器、发布AIR for iOS应用程序、导出影片等知识，下面对其相关知识分别进行介绍。

（一）设置发布格式

在默认情况下，使用“发布”命令就可以创建 SWF 格式的文件。除了可以将文件发布成SWF格式的文件，还可以使用“发布格式”命令设置为其他格式。

在发布Flash影片时，最好创建一个文件夹保存发布的文件。选择【文件】/【发布设置】菜单命令，打开“发布设置”对话框，选择FLA可发布的格式类型。具体的格式和文件后缀包括：.swf、.html、.gif、.jpg、.png和Windows可执行文件.exe以及放映文件。

默认情况下，影片的发布会使用与Flash文档相同的名称，如果要修改，可以在“输出文件”文本框中输入要修改的名称。不同格式的文件扩展名不同，在自定义文件名称时不能修改扩展名。

在完成发布设置后，单击 确定 按钮即可。如果需要发布保存的设置，可以选择【文件】/【发布】菜单命令，然后直接单击 发布(P) 按钮，将动画发布到源文件夹所在的文件夹中。

1. SWF文件的发布设置

在“发布设置”对话框中SWF格式为默认选中状态。单击选中“Flash”复选框，对SWF格式进行发布设置，如图8-20所示。该发布设置中主要参数的作用如下。

- **“目标”下拉列表框**：用于选择播放器版本。
- **“脚本”下拉列表框**：用于选择ActionScript版本。如果选择ActionScript 3.0并创建了类，则单击“设置”按钮来设置类文件的相对类路径。
- **“JPEG 品质”选项**：调整“JPEG品质”滑块或输入一个值，可以控制位图的压缩品质。图像品质越低，生成的文件就越小；图像品质越高，生成的文件就越大。
- **“音频流”和“音频事件”选项**：单击“音频流”或“音频事件”选项后的超级链接，然后在打开的对话框中根据需要选择相应的选项，可以为SWF文件中的所有声音流或事件声音设置采样率和压缩比。

- **“覆盖声音设置”复选框：**若要覆盖在属性检查器的“声音”部分中为个别声音指定的设置，则需单击选中该复选框。
- **“导出设置声音”复选框：**若要导出适合于设备（包括移动设备）的声音而不是原始库声音，则需单击选中该复选框。
- **“压缩影片”复选框：**（默认为选中状态）压缩SWF文件将减小文件大小和缩短下载时间。
- **“包括隐藏图层”复选框：**（默认为选中状态）导出Flash文档中所有隐藏的图层。撤销选中该复选框将阻止把生成的SWF文件中标记为隐藏的所有图层（包括嵌套影片剪辑）导出。
- **“包括XMP元数据”复选框：**（默认为选中状态）单击其后的🔧按钮，在打开的对话框中导出输入的所有元数据。
- **“生成大小报告”复选框：**生成一个报告，按文件列出最终Flash中的数据量。
- **“省略trace语句”复选框：**忽略当前SWF文件中的Action Script trace语句。
- **“允许调试”复选框：**激活调试器并允许远程调试FlashSWF文件。
- **“防止导入”复选框：**防止其他用户导入SWF文件并将其转换为FLA文档。可使用密码来保护FlashSWF文件。
- **“密码”文本框：**用于设置密码，可防止他人调试或导入SWF动画。

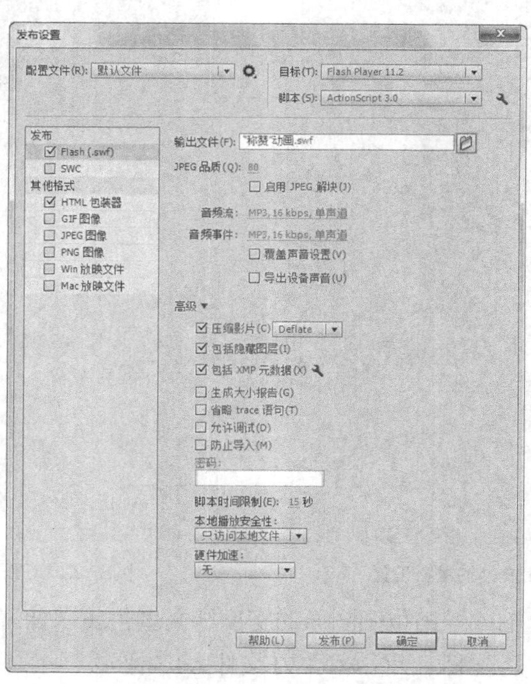

图8-20 SWF文件的发布设置

2. HTML 文档的发布设置

在“发布设置”对话框中，.html 格式为默认选中状态。单击选中“HTML包装器”复选框，对HTML格式进行发布设置，如图8-21所示。该发布设置中主要参数的作用如下。

- **“模板”下拉列表框：**用于选择模板。
- **“大小”选项：**用于设置object和embed标记中宽和高属性的值。
- **“播放”栏：**可以选中相应的复选框来设置播放的方式。
- **“品质”下拉列表框：**用于设置object和embed标记中QUALITY参数的值。
- **“窗口模式”下拉列表框：**该选项控制object和embed标记中的HTMLwmode属性。窗口模式修改内容边框或虚拟窗口与HTML页中内容的关系。
- **“缩放”下拉列表框：**设置缩放方式。
- **“HTML对齐”下拉列表框：**设置HTML的对齐方式，如顶部对齐、左对齐等。
- **“Flash水平对齐”下拉列表框：**用于在测试窗口中的水平方向定位SWF文件窗口。
- **“Flash垂直对齐”下拉列表框：**用于在测试窗口中的垂直方向定位SWF文件窗口。

3. GIF文件的发布设置

使用GIF文件可以导出绘画和简单动画，以供在网页中使用。在“发布设置”对话框的“其他格式”栏中会出现“GIF图像”复选框，但单击选中“GIF图像”复选框，可对GIF格式进行发布设置，如图8-22所示。该发布设置中主要参数的作用如下。

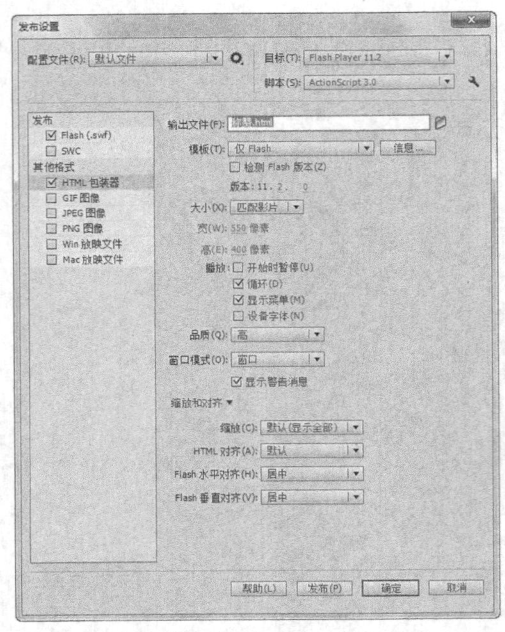

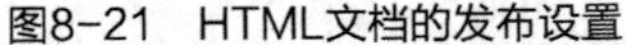
图8-21 HTML文档的发布设置

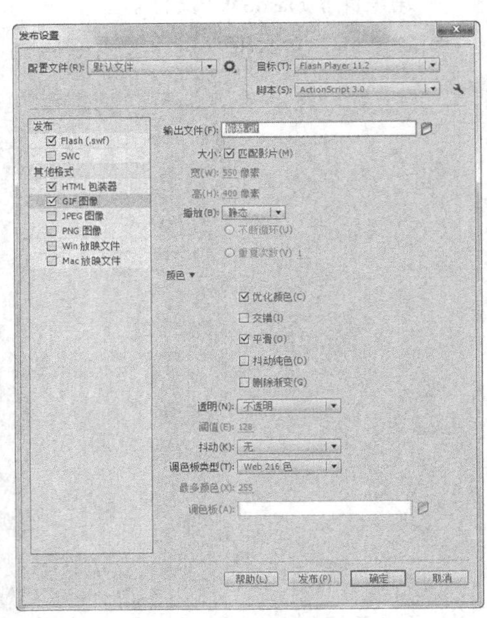

图8-22 GIF文件的发布设置

- **“大小”选项：**输入导出位图图像的宽度和高度值（以像素为单位），或者单击选中“匹配影片”复选框，使GIF和SWF文件大小相同。
- **“播放”下拉列表框：**确定Flash创建的是静止图像还是GIF动画。如果在该下拉列表框中选择“动画”选项，可设置不断循环或输入重复次数。
- **“颜色”栏：**用于指定导出的GIF文件的外观设置范围。

- **“透明”下拉列表框**：确定应用程序背景的透明度以及将Alpha设置转换为GIF的方式。
- **“抖动”下拉列表框**：指定如何组合可用颜色的像素来模拟当前调色板中没有的颜色，抖动可以改善颜色品质，但是也会增加文件大小。
- **“调色板类型”下拉列表框**：用于定义图像的调色板，其中“Web 216色”选项表示使用标准的Web安全216色调色板来创建GIF图像，“最合适”选项表示分析图像中的颜色，并为所选GIF文件创建唯一的颜色表，“接近Web最适色”选项，与“最适色彩调色板”选项相同；“自定义”选项表示指定已针对所选图像进行优化的调色板。

4. JPEG 文件的发布设置

JPEG格式可将图像保存为高压缩比的24位位图，以供在网页中使用。在“其他格式”栏中单击选中“JPEG图像”复选框，对JPG格式进行发布设置，如图8-23所示。该发布设置中主要参数的作用如下。

- **“大小”选项**：输入导出的位图图像的宽度和高度值，或者单击选中“匹配影片”复选框，使JPEG图像和舞台大小相同并保持原始图像的高宽比。
- **“品质”选项**：拖动滑块或在文本框中输入值，可控制 JPEG 文件的压缩量。图像品质越低则文件越小，反之则越大。若要确定文件大小和图像品质之间的最佳平衡点，可尝试使用不同的设置。
- **“渐进”复选框**：在 Web 浏览器中增量显示渐进式JPEG图像，从而可在低速网络连接上以较快的速度显示加载的图像。类似于GIF和PNG图像中的交错选项。

5. PNG文件的发布设置

PNG文件是唯一支持透明度（Alpha通道）的跨平台位图格式。在“其他格式”栏中单击选中“PNG图像”复选框，对PNG格式进行发布设置，如图8-24所示。该发布设置中主要参数的作用如下。

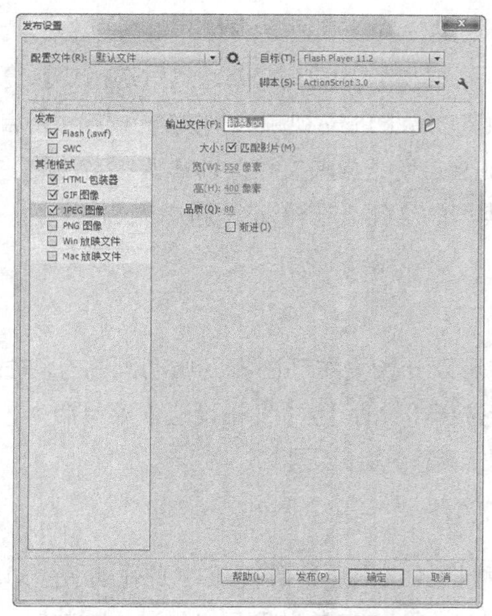

图8-23 JPEG文件的发布设置

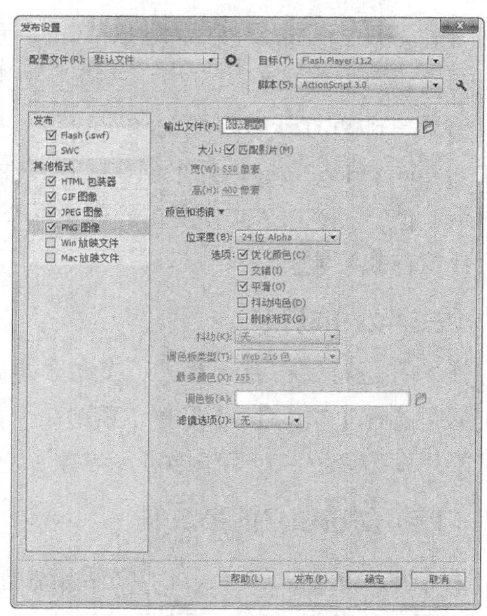

图8-24 PNG文件的发布设置

- **“大小”选项**：输入导出位图图像的宽度和高度值（以像素为单位），或者单击选中☑匹配影片(M)复选框使GIF和SWF文件大小相同。
- **“位深度”下拉列表框**：设置创建图像时要使用的每个像素的位数和颜色数。位深度越高，文件就越大。
- **“选项”栏**：用于指定导出的PNG文件的外观设置范围。
- **“抖动”下拉列表框**：指定如何组合可用颜色的像素来模拟当前调色板中没有的颜色，抖动可以改善颜色品质，但是也会增加文件大小。
- **“调色板类型”下拉列表框**：定义图像的调色板，与GIF格式的设置相同。如果选择了“最适色彩”或“接近Web最适色”选项，则需输入一个“最大颜色数”值设置PNG图像中使用的颜色数量。颜色数量越少，生成的文件也越小，但可能会降低图像的颜色品质。
- **“滤镜选项”下拉列表框**：选择一种逐行过滤方法使PNG文件的压缩性更好，并用特定图像的不同选项进行实验。

6. Win和Mac文件的发布设置

若是想在没有安装Flash的计算机上播放Flash，可将动画发布为可执行文件。需要播放时，双击可执行文件即可。在“发布设置”对话框的“其他格式”栏中单击选中“Win放映文件”复选框，影片将发布为适合Windows操作系统使用的EXE可执行文件；若在“其他格式”栏中单击选中“Mac放映文件”复选框，影片将发布为适合苹果Mac操作系统使用的APP可执行文件。需要注意的是，单击选中“Win放映文件”复选框和单击选中“Mac放映文件”复选框后，在“发布设置”对话框中将只出现“输出文件”文本框。

（二）发布预览

设置好动画发布属性后需要对其进行预览，如果预览动画效果满意，就可以将影片进行发布。进行发布预览的方法：选择【文件】/【发布预览】菜单命令，然后选择要预览的文件格式，即可打开该格式的预览窗口。如果预览QuickTime视频，则发布预览时会启动QuickTime VideoPlayer；如果预览放映文件，Flash会启动该放映文件，Flash使用当前的“发布设置”值，并在FLA文件所在处创建一个指定类型的文件，在覆盖或删除该文件之前，一直会保留在此位置上。

（三）发布动画

用户在进行发布设置并进行发布预览后，就可以开始发布动画。发布动画的方法很简单，只需选择【文件】/【发布】菜单命令，或者选择【文件】/【发布设置】菜单命令，在打开的“发布设置”对话框中进行参数设置后单击发布(P)按钮即可。

（四）创建独立的播放器

发布出来的Flash（*.swf）文件如果需要直接播放，则用户计算机中必须安装好Flash Player 9及以上的播放器，否则不能播放。用户也可以通过SWF播放窗口创建独立播放器。其方法：在安装有Flash Player播放器的计算机中打开后缀名为.swf的文件，选择【文件】/【创建播放器】菜单命令，在打开的“另存为”对话框中保存文件。打开保存播放器所在的目录，可以查看创建的播放器，即后缀名为.exe的文件。双击该EXE文件，可以直接打开动画文档，播放动画。

Flash Player播放器可通过下载得到，打开百度搜索引擎（http:\\www.baidu.com），在搜索框中输入“Flash Player”，单击 百度一下 按钮，即可在打开的页面中找到相关下载列表。

（五）发布AIR for Android应用程序

Flash可以随意创建和预览AIR for Android应用程序。用户通过AIR for Android预览动画效果和在AIR应用程序中相同，这种预览方法在计算机上没有AIR安装相关应用程序查看效果时很必要。

发布AIR for Android应用程序首先要求发布的文档格式为AIR for Android。在编辑完动画文档后，选择【文件】/【AIR3.2 for Android设置】菜单命令，或在“发布设置”对话框的“目标”下拉列表中选择“AIR 3.2 for Android”选项，单击 发布(P) 按钮。打开“AIR for Android设置”对话框，在其中可对应用程序图标文件以及包含的程序等进行设置，如图8-25所示。

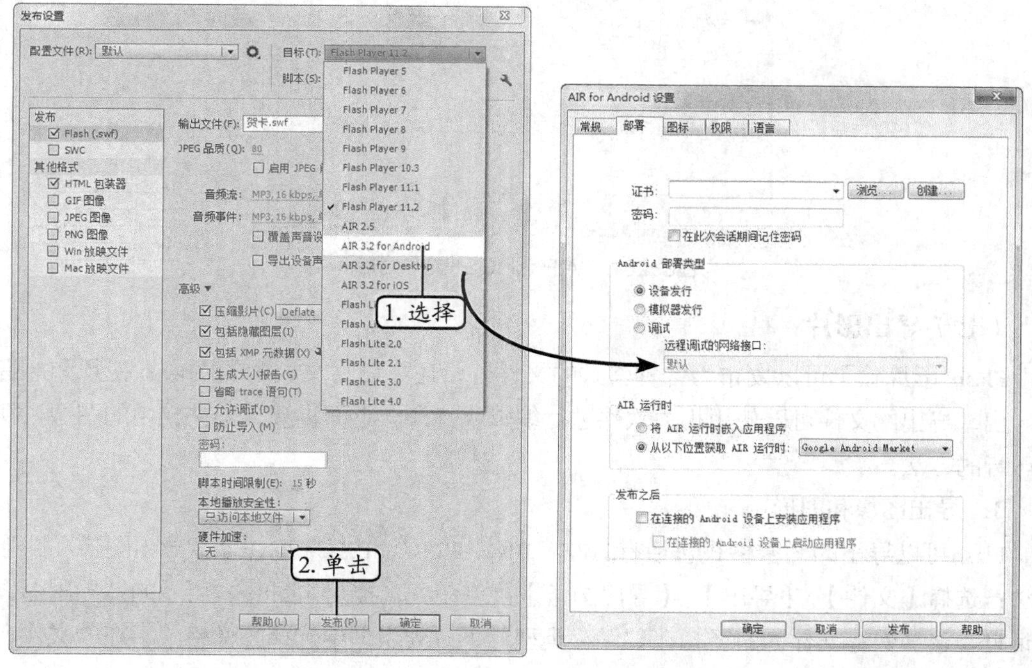

图8-25　发布AIR for Android应用程序

已创建的ActionScriprt 3.0文档可通过发布设置直接将文档格式设置为AIR for Android，但在转换后一定要先对转换后的文档效果进行预览。

（六）发布AIR for iOS应用程序

和发布AIR for Android应用程序相同，用户制作的AIR for iOS应用程序也可发布。其方法：选择【文件】/【AIR 3.2 for iOS设置】菜单命令，在打开的如图8-26所示的“AIR for iOS设置”对话框中设置发布的高宽比、渲染模式、分辨率等。需要注意的是，在发布前一定要确保文档格式为“AIR for iOS”。

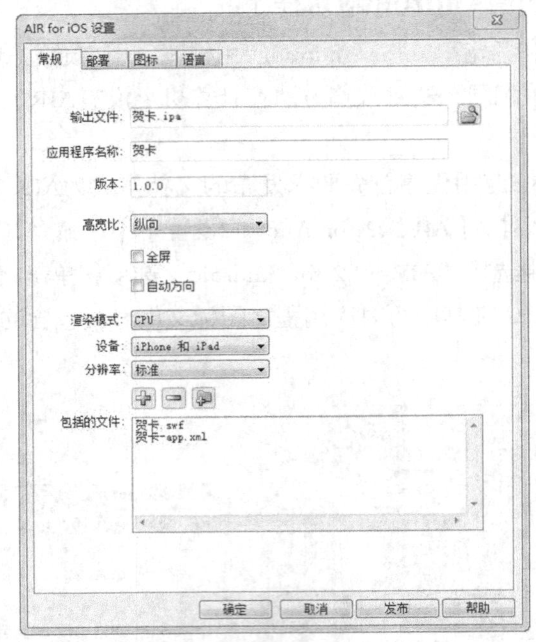

图8-26　“AIR for iOS设置”对话框

（七）导出影片

Flash 影片除了可以发布为各种格式的文件外，还可以将文档中的图像、视频和声音进行导出，导出的文件可以使用相关软件进行编辑或打开。下面讲解导出文档中的图像、视频和声音的方法。

1. 导出图像和图形

Flash可以导出的图像格式包括有SWF、JPG、PNG、PXG和GIF等。导出图像和图形的方法：选择【文件】/【导出】/【导出图像】菜单命令，打开如图8-27所示的“导出图像”对话框，选择保存文件的路径，在“保存类型”下拉列表框中选择图像格式，在“文件名”文本框中输入保存的文件名，单击 保存(S) 按钮，保存导出的图像。

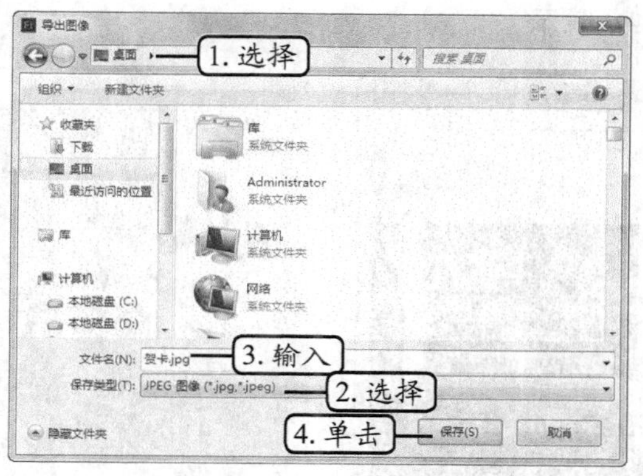

图8-27　导出图像和图形

2. 导出视频和声音

当需要Flash中的视频和声音时，可以将其导出。导出FLV格式的包含音频流的视频剪辑时，将使用“音频流”设置对音频进行压缩。导出视频和声音的方法：在“库”面板中选择视频剪辑，单击“库”面板底部的“属性”按钮，打开如图8-28所示的“视频属性”对话框，单击导出...按钮，打开“导出 FLV”对话框，选择导出位置，输入文件的名称，单击保存(S)按钮导出视频。

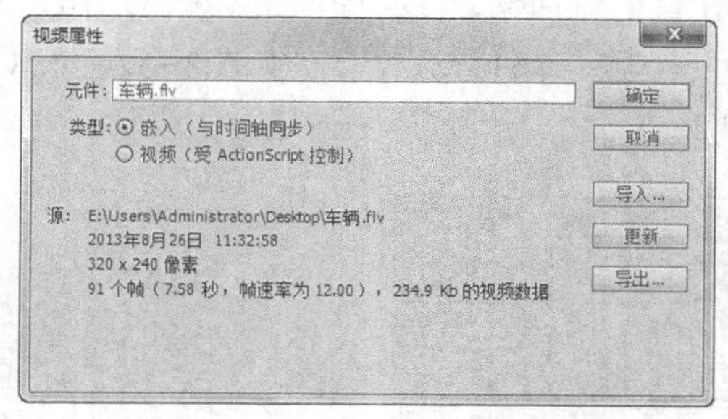

图8-28　“视频属性”对话框

如要将文档导出为Windows视频，会丢弃所有的交互性，对于在视频编辑应用程序中打开Flash动画而言，这是一个好的选择。

三、任务实施

下面将具体讲解发布风景动画的方法，其具体操作如下（微课：光盘\微课视频\项目八\发布风景动画.swf）。

STEP 1 打开“风景.fla”动画文档（素材参见：光盘：\素材文件\项目八\任务二\风景.fla），选择【控制】/【测试影片】菜单命令，打开动画测试窗口。在窗口中仔细观察动画的播放情况，查看其是否有明显的错误，声音、视频文件是否正常播放，如图8-29所示。

STEP 2 在“库”面板中选择“风景音乐.mp3”音乐文件，单击鼠标右键，在弹出的快捷菜单中选择“属性”命令，打开“声音属性”对话框，在其中设置“压缩”为“MP3”，

单击 确定 按钮，如图8-30所示。

图8-29　打开动画文档

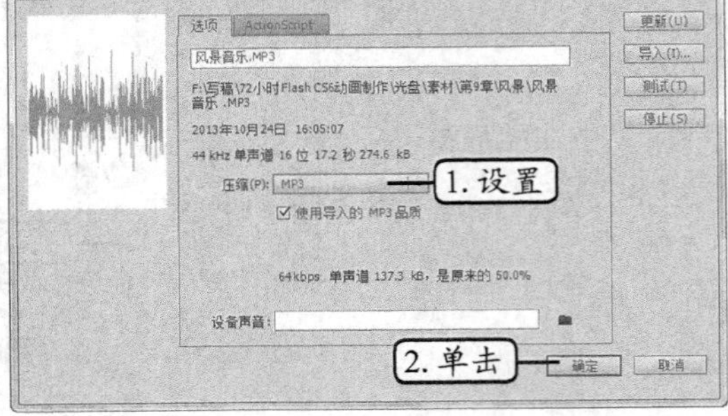

图8-30　设置声音输出

STEP 3 选择【文件】/【发布设置】菜单命令，打开“发布设置”对话框，单击选中“Flash”复选框，并设置“目标、脚本、JPEG品质”为“Flash Player 9、ActionScript 3.0、85”，单击选中“防止导入”复选框，并在其下方的“密码”文本框中输入导入密码“aaa”，单击“音频事件”后的文本，如图 8-31 所示。

STEP 4 打开“声音设置”对话框，设置“比特率、品质”为“20 kbps、中”，单击 确定 按钮。返回“发布设置”对话框，在其中单击 发布(P) 按钮，发布动画。此时在发布保存目录中将出现一个SWF文件和一个HTML文件，如图8-32所示（最终效果参见：光盘\效果文件\项目八\任务二\风景\）。

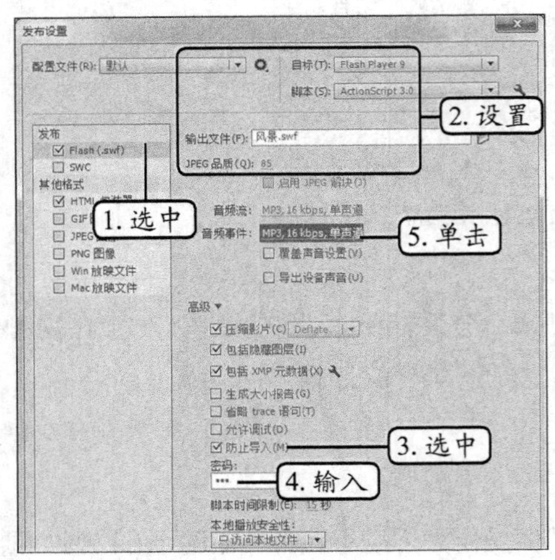

图8-31　发布设置

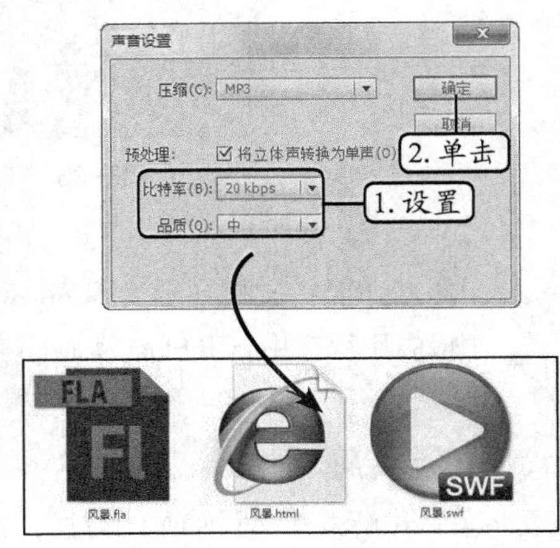

图8-32　设置压缩品质

实训一　导出图像

【实训要求】

本例要求将“照片墙.fla” Flash文档中的图片导出，主要通过“导出所选内容”命令导出图像。本实训的参考效果如图8-33所示。

图8-33 导出图像

【实训思路】

在制作本例时可以使用“导出所选内容”命令对图像进行导出。

【步骤提示】

STEP 1 启动Flash，打开“照片墙.fla”文档（素材参见：光盘\素材文件\项目八\实训一\照片墙.fla），并在场景中选择需要导出的图像。

STEP 2 选择【文件】/【导出】/【导出所选内容】菜单命令，在打开的“导出图像”对话框中选择导出的位置，单击保存(S)按钮后即可将所选择的图像导出。

STEP 3 将文件保存后，即可在文件的保存位置出现一个“闪烁的图片.assets”文件夹，在该文件夹中即可找到被导出的图片。

STEP 4 继续选择【文件】/【导出】/【导出图像】菜单命令，在打开的“导出图像”对话框中选择导出的位置，并选择“保存类型”为“PNG”，最后单击保存(S)按钮。

STEP 5 此时Flash文档当前场景中的内容即可以“PNG”格式的图片形式导出到指定的位置（最终效果参见：光盘:\效果文件\项目八\实训一\照片墙\）。

实训二 发布“迷路的小孩”动画

【实训要求】

本例将发布“迷路的小孩.fla”动画并将其作为网站的进入动画，本实训的最终效果如图8-34所示。

图8-34 发布“迷路的小孩”动画

【实训思路】

在发布“迷路的小孩.fla”动画前，首先需要练习打开文档测试影片、进行模拟下载动画、设置发布格式等方法，最后将其以Flash格式的方法进行发布即可。

【步骤提示】

STEP 1 打开“迷路的小孩.fla”文档（素材参见：光盘\素材文件\项目八\实训二\迷路的小孩.fla），选择【控制】/【测试影片】菜单命令或按【Ctrl+Enter】组合键，打开动画测试窗口，在窗口中仔细观察动画的播放情况，看其是否有明显的错误。

STEP 2 在打开的动画测试窗口中，选择【视图】/【下载设置】菜单命令，在弹出的子菜单中选择“56K（4.7Kb/s）”命令。再选择【视图】/【模拟下载】菜单命令，对指定带宽下动画的下载情况进行模拟测试。

STEP 3 选择【视图】/【带宽设置】菜单命令，查看动画播放过程中的数据流情况，关闭动画测试窗口。

STEP 4 选择【文件】/【发布设置】菜单命令，打开“发布设置”对话框，在“发布”栏中单击选中“Flash”复选框，并设置“目标、脚本”为“Flash Player8、ActionScript 2.0”，并单击选中“生成大小报告”和“允许调试”复选框，使动画在发布时，同时产生相应的报告文件和调试文件并显示在“输出”面板中，以便用户对动画发布的具体情况进行了解。

STEP 5 由于该动画中没有涉及声音的应用，因此分别单击“音频流”和“音频事件”后面的文本框。在打开的“声音设置”对话框中，设置“压缩”都为“禁用”。

STEP 6 选择【文件】/【发布预览】/【Flash】菜单命令，按照设置的发布参数，对动画发布的效果进行预览。确认无误后，选择【文件】/【发布】菜单命令，以Flash格式发布动画（最终效果参见：光盘\效果文件\项目八\实训二\迷路的小孩\）。

常见疑难解析

问：为什么动画中的文本在不同的计算机中显示不一样？

答：出现这种情况的原因是Flash动画中使用了特殊字体，在其他用户的计算机中没有该字体，系统会使用其他字体进行代替，因此文本显示效果就不一样。为了避免这种情况的发生，可在制作Flash动画时使用常用字体，或将文本转换为矢量图形。

问：选择Flash中的图像并导出，却发现导出了其他图像？

答：Flash并不会单独导出选择的图像，而是针对这一帧中舞台的显示效果进行导出，因此在导出时需要隐藏其他不需要导出的元素。

问：已安装闪客利器（Flash Saver），但将鼠标指针移动到动画中时却不显示工具条？

答：在网页中除了Flash可以实现动态效果外，GIF动画以及采用HMTL5、JS+图像轮播等技术，都可以实现动态效果，如果用户将鼠标指针移动到这些图像上，由于其本身并不是Flash动画，因此不会出现闪客利器（Flash Saver）的工具条。

问：为什么插入到网页中的Flash有白底，与网页背景不协调？

答：默认情况下Flash动画有背景颜色，这个颜色可在Flash文档属性中进行设置。如果不想在网页中显示Flash的背景颜色，则可在"属性"面板的"Wmode"下拉列表框中选择"透明"选项。

问：发布动画与按【Ctrl+Enter】组合键有什么区别？

答：按【Ctrl+Enter】组合键是测试动画，只会生成.swf影片文件，而发布动画则是根据发布设置一键生成多个文件，如在发布设置中同时选择了Flash影片及HTML网页，则发布时就会同时生成.swf文件及.html文件。

问：硕思闪客精灵反编译生成的Flash源文件与原始制作的Flash源文件一样吗？

答：反编译生成的.fla文件与实际制作的Flash源文件还是有不少差别的，如原始制作的Flash动画源文件中采用的是传统补间动画，但反编译后有可能就变成了逐帧动画，或者原来是在时间轴中添加的AS脚本，但反编译生成的却是单独的AS脚本文本。虽然有许多不同，但一般都能正常播放，而且反编译的文件除了时间轴变化不一样外，其他变化不大。

问：能对Flash动画中的视频或声音进行优化吗？

答：为了减少Flash动画的大小，可以对Flash中的声音或视频进行优化。如将声音变为单声道，或者使用专业的声音处理软件将声音文件多余部分删除后再导入到Flash中。如果是视频，则可以考虑减少视频的尺寸或转换成压缩率较高的视频格式。

问：位图缓存有什么具体作用？

答：位图缓存有助于增强应用程序中不会更改的影片剪辑的性能。将MovieClip.cacheAsBitmap或Button.cacheAsBitmap属性设置为true时，Flash Player将缓存影片剪辑或按钮实例的内部位图表示图形。这可以提高包含复杂矢量内容的影片剪辑的性能。具有已缓存位图的影片剪辑的所有矢量数据都会绘制到位图而不是主舞台中。

问：在将动画发布为GIF格式时，为什么发布的作品设置了动态选项却还是静态画面呢？

答：在将动画发布为GIF格式时，如果作品作为一个元件，那么应该在元件所在的图层中插入帧使时间轴延长，这样发布的GIF格式的文件才能以动画的形式播放，否则导出的动画为第1帧中的内容。

问：为什么导出发布动画不能使用QuickTime格式？遇到这种情况应如何处理？

答：出现这种情况，是因为电脑中没有安装QuickTime造成的，使在发布和导出动画时，因为找不到相应组件而出现错误提示或导致发布失败。遇到这种情况时，只需要在电脑中安装该软件后即可正常使用该格式导出和发布动画。

问：想将Flash中的声音单独提取出来使用，应该怎么办呢？

答：Flash动画中的声音可以随意进行导出。其方法：在"时间轴"面板中新建一个图层，将库中的声音添加到新建的图层中，为该图层添加足够长度的帧，使声音能全部播放。选择【文件】/【导出】/【导出影片】菜单命令，并在打开的对话框中设置"保存类型"为"WAV音频"，然后单击保存(S)按钮。

拓展知识

1. 在Flash CS6中导出声音

在时间轴中选择要导出的声音，然后选择【文件】/【导出】/【导出影片】菜单命令，打开"导出影片"对话框。在打开的"导出Windows WAV"对话框中，选择WAV的声音格式，然后单击确定按钮即可导出选择的声音。在"保存在"下拉列表框中指定文件要导出的路径，在"文件名"文本框中输入文件名称，在"保存类型"下拉列表框中选择"WAV音频"文件格式，然后单击保存(S)按钮。

2. 导出视频

在Flash CS6中，可将动画片段导出为Windows AVI和QuickTime两种视频格式。若要导出为QuickTime视频格式，需要在用户的电脑中安装QuickTime相关软件。其操作方法与导出声音相似。

3. 导出为gif动画

选择【文件】/【导出】/【导出影片】菜单命令，在"保存在"下拉列表框中指定文件路径，在"文件名"文本框中输入文件名称，在"保存类型"下拉列表框中选择导出的文件格式"动画GIF"，然后单击保存(S)按钮。在打开的"导出GIF"对话框中，设置导出文件的尺寸、分辨率和颜色等参数，然后单击确定按钮，即可将动画中的内容按设定的参数导出为GIF动画。

4. 包含代码的独立播放器

很多Flash动画都包含了各种代码和TLF文本等，在发布这些动画时，如果需要发布独立播放器，会因为独立播放器不支持代码等原因而导致发布的动画缺少很多元素，所以不能直接将包含代码或TLF文本的Flash动画发布为独立播放器格式。

要想将包含代码或TLF文本的Flash动画发布为独立播放器格式，其方法：打开"发布设置"对话框，单击"ActionScript 3.0"选项后面的"ActionScript 设置"按钮，在打开的"高级ActionScript 3.0设置"对话框中选择"库路径"选项卡，最后单击"默认链接"下拉列表框，选择"合并到代码"选项，单击确定按钮，之后再进行发布即可。

5. 导出Flash动画中的声音

如果需要将一个Flash动画中的声音用于其他操作，可以将该声音导出。其方法：在“时间轴”面板中新建一个图层，将“库”中的声音文件添加到该图层中，然后在该图层添加足够长度的帧，使其包含全部的声音，如图8-35所示。选择【文件】/【导出】/【导出影片】菜单命令，并在打开的对话框中设置保存的名称和位置后，选择“保存类型”为“WAV音频”，单击保存(S)按钮，如图8-36所示。最后在打开的“导出Windows WAV”对话框中设置声音的格式，并单击确定按钮即可。

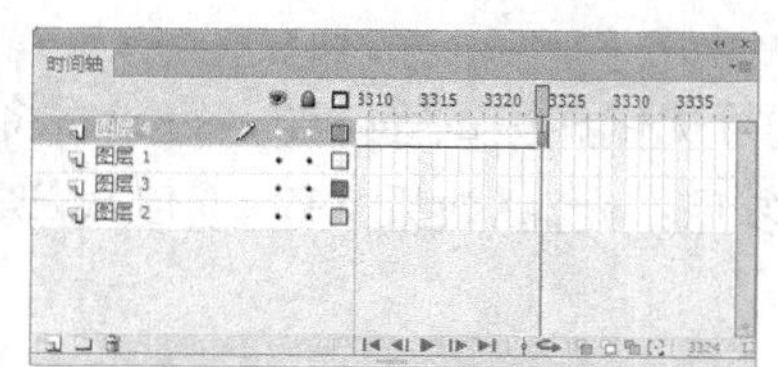

图8-35 设置时间轴

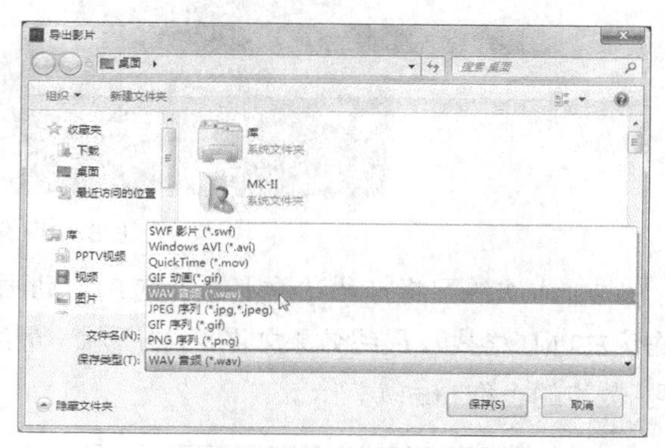

图8-36 选择WAV音频

6. 使用硕思闪客精灵替换Flash影片元素

使用硕思闪客精灵可直接替换Flash影片元素，如图片等。首先导出Flash影片中要替换的资源，如图8-37所示。然后根据导出的图片的尺寸对要替换的图片素材进行处理，主要是保持大小尺寸一致。返回到硕思闪客精灵中进行图片编辑，如图8-38所示，在窗口下方单击按钮，如图8-39所示，在打开的对话框中选择要替换的图像。单击窗口右上角的另存为按钮进行保存即可。

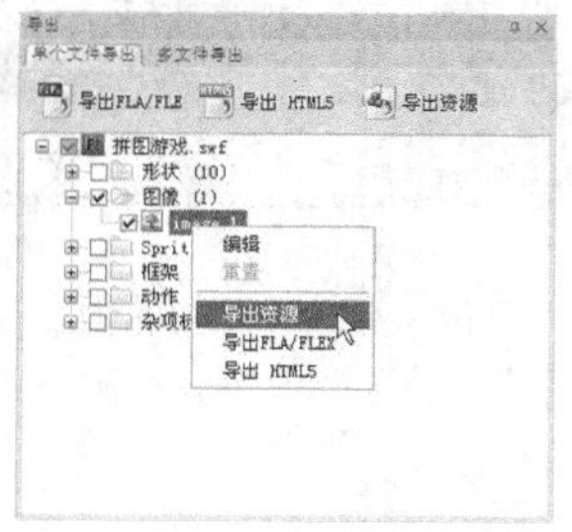

图8-37 导出资源

图8-38 编辑资源

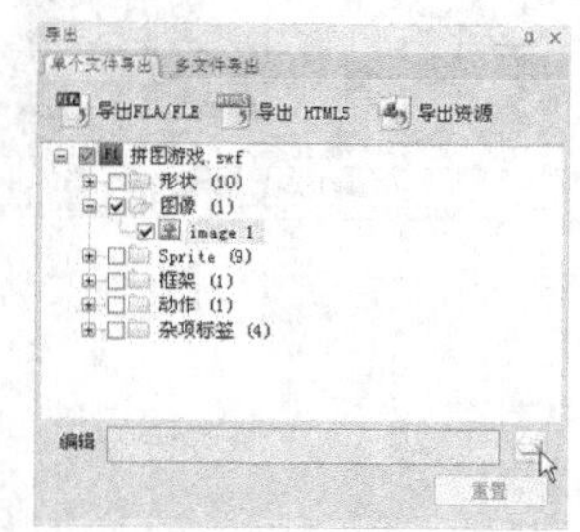

图8-39 选择替换图像

课后练习

（1）本例将对“爱.fla”（素材参见：光盘\素材文件\项目八\课后练习\爱.fla）动画进行优化，管理元件，并删除没有使用过的元件、图像或声音，优化动画中的文字，然后压缩并优化声音。最后测试并优化 ActionScript 脚本，使动画更加精美流畅，完成后的最终效果如图8-40所示（最终效果参见：光盘\效果文件\项目八\课后练习\爱.fla）。

图8-40 爱

（2）本次练习将打开“散步的小狗.fla”动画对其进行优化和测试等操作，完成后将其发布为HTML格式，最终效果如图8-41所示（最终效果参见：光盘\效果文件\项目八\课后练习\散步的小狗.html）。

图8-41 散步的小狗

PART 9

项目九 Flash综合商业案例

情景导入

小白：阿秀，我的Flash学完了，刚好有家企业让我给他们的网站做一个网站进入动画，能给我一些建议吗?

阿秀：网站进入动画不是很难做，但要做好做精还得不断地磨砺。

小白：是啊，昨天晚上我抽时间看了不少网站进入动画，分析是如何做出来的，很多都不明白其制作方法呢!

阿秀：制作方法还是其次，最重要的是创意，毕竟网站进入动画只有短短几十秒，要在这么短的时间将广告意图传递给用户，怎么表现、写些什么文案等，都需要仔细考量。

小白：是啊，这些我都没有想过，看来你还得多教我几招。

阿秀：没问题，今天就教你做一个网站进入动画，另外再教你做一个简单的小游戏动画。

学习目标

- 了解构建Flash网站的常用技术
- 了解常见的Flash游戏类型与创作流程

技能目标

- 掌握制作进入动画的方法
- 掌握“网站进入动画”和“打地鼠游戏”的制作方法

任务一　制作网站进入动画

网站的进入动画直接影响着浏览者对网站的整体印象，一个好的网站设计都会根据网站的主题分别制作相对应的进入动画，达到相辅相成的目的。本例将制作一个电子产品公司的网站动画，且在进入动画中添加公司最近正在进行的活动信息，吸引浏览者的注意。

一、任务目标

本例将制作网站进入动画。通过本例的制作，用户可以了解网站进入动画和网站导航条的制作方法，并要认识补间动画、遮罩动画、引导动画、元件的制作以及脚本的编辑等操作。本例制作完成后的最终效果如图9-1所示。

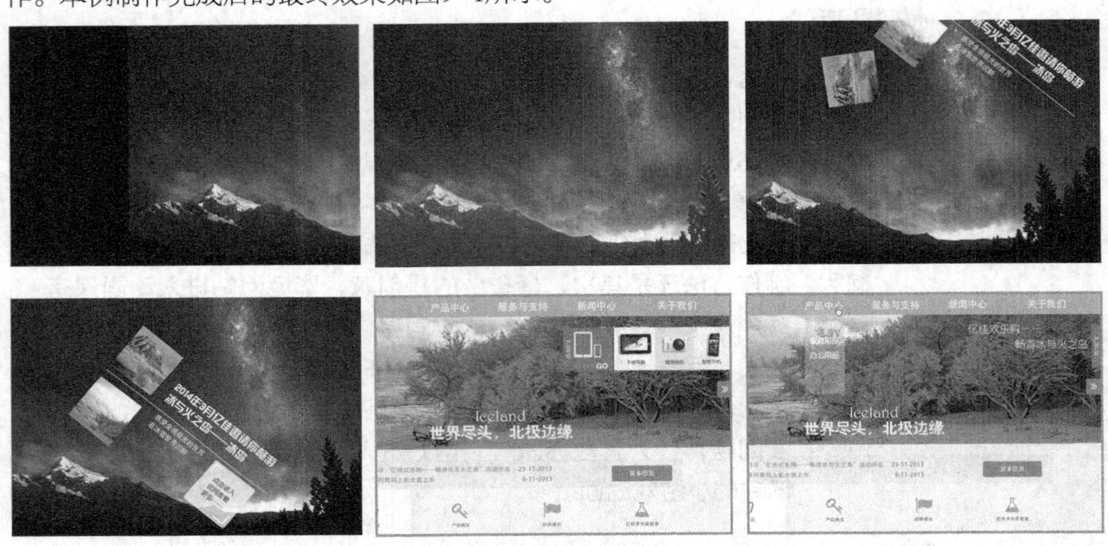

图9-1　制作网站进入动画

二、相关知识

本例涉及构建Flash网站的常用技术和如何规划Flash网站等相关知识，下面先对这些相关知识进行介绍。

（一）构建Flash网站的常用技术

随着计算机和网络的发展，构建网站的方式也多种多样，构建一个门户网站一般涉及页面设计、服务器的搭建与维护、数据和程序的开发等方面。使用Flash构建网站，主要涉及网站常用的ActionScript脚本的应用、网站导航中按钮的事件类型、声音和视频在网站中的应用，以及外部内容的处理等。

（二）如何规划Flash网站

网站创建的成功与否，与网站的创意、设计和交互这3个元素息息相关，任何一个元素的缺失都会使网站不够完美。但这3个元素并不能完全决定网站的成败，若要使网站更加完善，在创建之前还需要对网站进行规划，使网站的存在更加合理。

Flash网站的规划主要包括以下几个方面。

1. 结构的规划

每一个网站都有其存在意义，在创建之前需要对其存在的目的进行梳理，如这个网站是一个什么类型的网站？面向哪一方面的用户群体？需要满足用户的什么需求……完成这些问题的梳理即可对网站的结构有一个大致的了解，对网站的类型有一个清晰的定位，从而规划出网站的结构。

为了使网站运行顺畅，还需要对网站的层次结构进行规划，使用户能顺畅、自然地浏览网站。

2. 设计的规划

设计的规划实际上就是使网站风格统一，优秀的网站其站内风格都是一致的，在浏览时始终有一条统一的线贯穿整个网站。因此在创建网站之前需要对这条统一的线进行设计，如统一的交互变化、统一的场景转换或统一的Logo符号等，然后再按照设计的规划去实施，创建Flash网站。

3. 内容的规划

在创建网站前，还应当对需要使用到的内容进行规划，如将网站中的文本内容以动态文本的形式载入，方便文本的更新；将外部内容生成体积较小的swf文件，以使用ActionScript脚本的控制；若网站中需要使用视频，应当将视频转换为FLV格式，再进行导入等。通过对内容的规划，可方便后期网站的创建，为后期的制作节省时间。

在规划网站内容时，应尽量从外部载入文件，从而在最大限度上减少文件体积，同时方便日后对网站进行维护。

知识提示

为了使广告投放取得最好的效果，需要讲究广告尺寸及投放位置，通常通栏广告点击率更高，效果较好。广告尺寸必须按照一定的规格才能投放，因此在设置网页时就应该规划广告位及其尺寸大小。

三、任务实施

（一）制作进入动画

首先启动Flash，然后新建动画文档，在其中导入素材，并将需要的素材转换为元件，最后使用补间动画以及遮罩动画制作进入动画，其具体操作如下（微课：光盘\微课视频\项目九\制作进入动画.swf）。

STEP 1 选择【文件】/【新建】菜单命令，打开“新建文档”对话框，在其中设置“宽、高、颜色”为“1024像素、576像素、#000000”，单击 确定 按钮，如图9-2所示。

STEP 2 将“电子公司网站首页”文件夹（素材参见：光盘\素材文件\项目九\任务一\电子公司网站首页\）中所有的文件都导入“库”面板中，并将“背景.jpg”图像移动到舞台中间。按【F8】键，打开“转换为元件”对话框，在其中设置“名称、类型”为“背景、图形”，单击 确定 按钮，如图9-3所示。

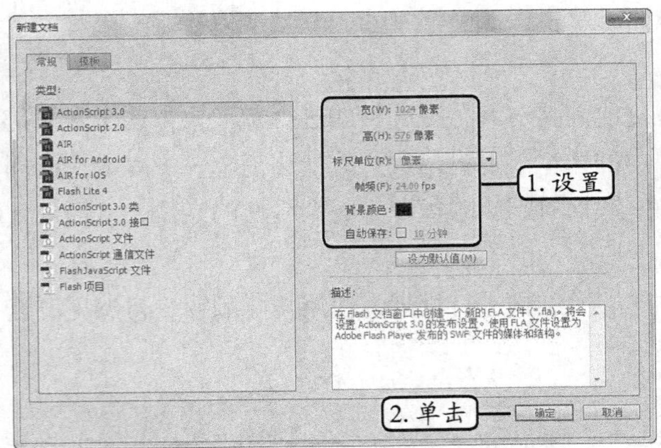

图9-2 新建文档

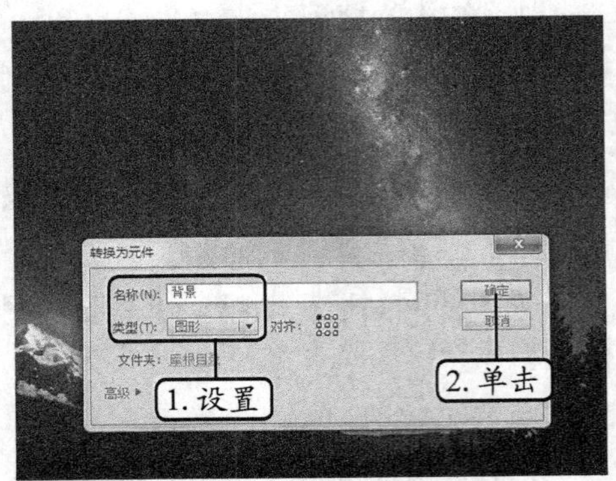

图9-3 编辑背景

STEP 3 使用鼠标将图形拖曳到舞台外的右边。选择【插入】/【补间动画】菜单命令，创建补间动画。选择第100帧，按【F6】键插入关键帧，并使用鼠标将图像移动到舞台中，如图9-4所示。

STEP 4 在第105帧插入属性关键帧，新建“图层2”，在第105帧插入关键帧。使用钢笔工具沿着图像下方的山脊和树木绘制路径。选择油漆桶工具，在“工具”面板的选项区中设置“空隙大小”为“封闭大空隙”。使用鼠标单击舞台中的路径，将路径填充为白色，如图9-5所示。

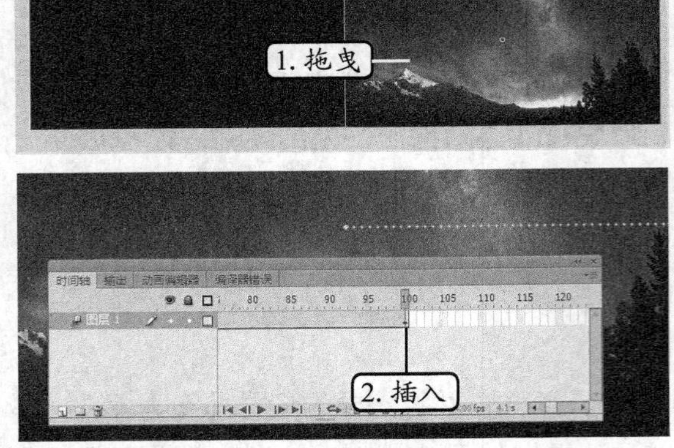

图9-4 编辑补间动画

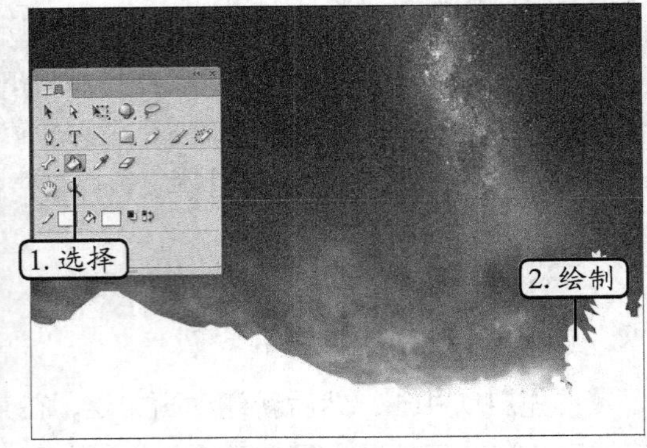

图9-5 绘制图形

STEP 5 新建“图层3”，在第105帧插入关键帧。从“库”面板中将“背景”元件移动到舞台稍左一点的位置，使“图层1”和“图层3”的图像不重叠。选择“背景”元件，在“属性”面板中设置“样式、亮度”为“亮度、20%”，如图9-6所示。

STEP 6 分别在“图层1”～“图层3”的第124帧上插入关键帧。在“图层3”中将第124帧上的“背景”元件移动到舞台中间。选择“图层3”的第105~123帧，单击鼠标右键，在弹出的快捷菜单中选择“创建传统补间动画”命令。在时间轴上创建传统补间动画，如图9-7所示。

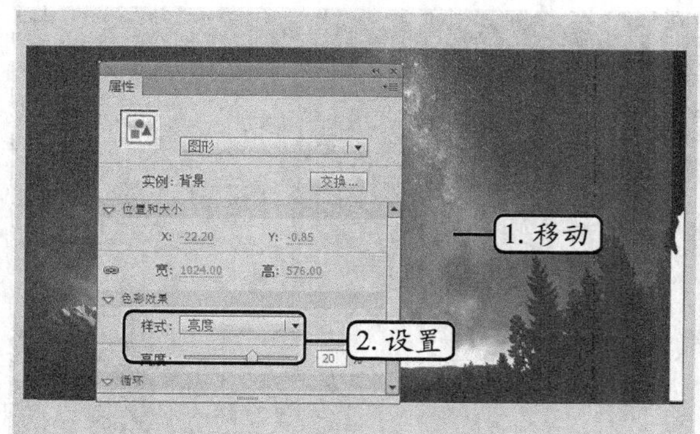

图9-6 设置边框粗细和边距

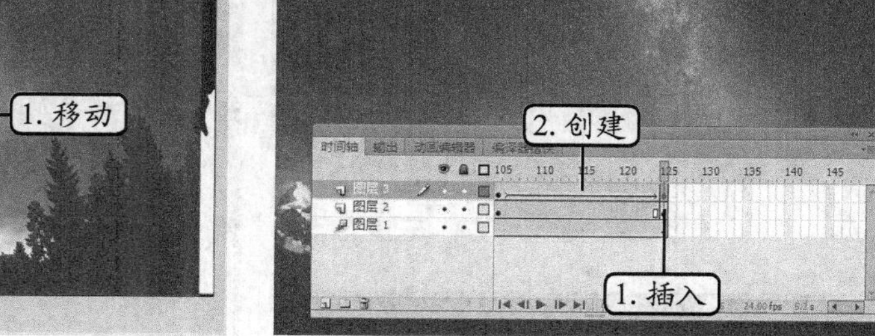

图9-7 创建传统补间动画

STEP 7 将“图层2”移动到“图层3”上方，并在“图层2”上单击鼠标右键，在弹出的快捷菜单中选择“遮罩层”命令，将“图层2”转换为遮罩图层，“图层3”转换为被遮罩图层，如图9-8所示。

STEP 8 在“图层1”的第200帧插入关键帧。新建“图层4”，在第128帧插入关键帧。从“库”面板中将“活动1.jpg”图像移动到舞台中，缩放并旋转图像。选择“活动1”图像，按【F8】键，打开“转换为元件”对话框，在其中设置“名称、类型”为“活动1、图形”，单击 确定 按钮，如图9-9所示。

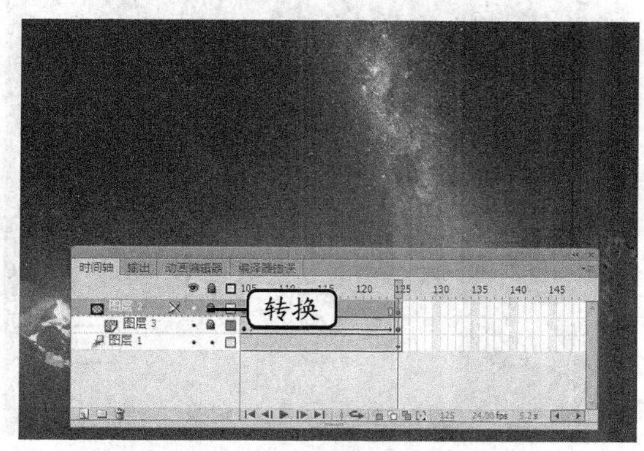

图9-8 创建遮罩动画

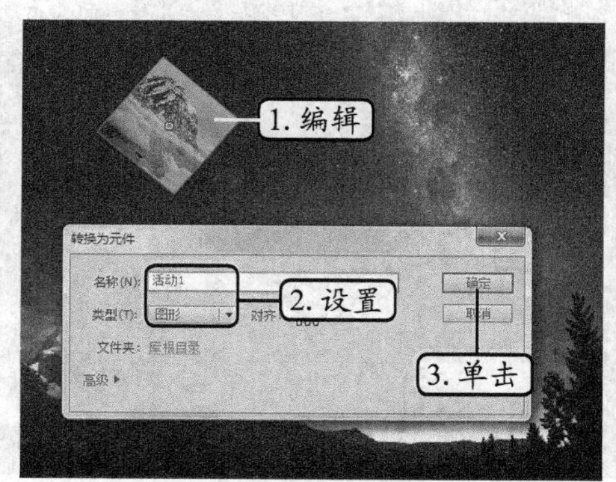

图9-9 转换为元件

STEP 9 使用鼠标将“活动1”元件移动到舞台外的上方。选择【插入】/【补间动画】菜单命令，创建补间动画。在第140帧插入属性关键帧，将“活动1”元件移动到舞台中，并使用选择工具编辑补间动画运动路径，如图9-10所示。

STEP 10 选择整个补间区域，在“属性”面板中设置“旋转、方向”为“1 次、顺时针”。在第155帧插入属性关键帧，如图9-11所示。

知识补充

由于补间动画时间很短，所以这里不宜将旋转次数设置太多。

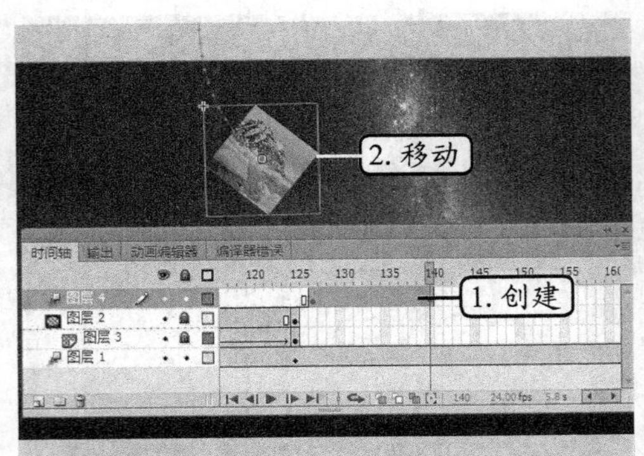

图9-10　编辑补间动画的路径

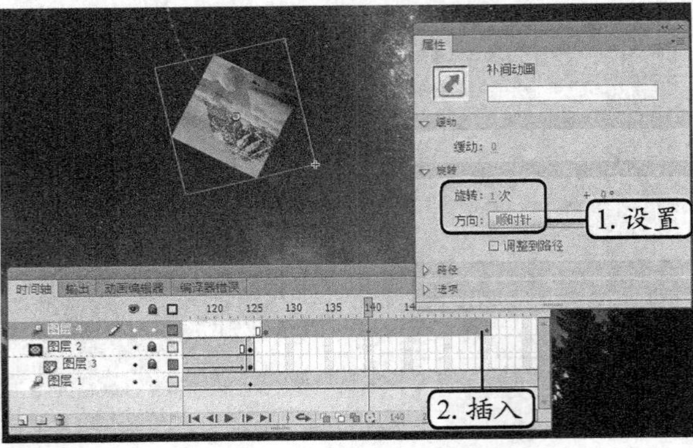

图9-11　选择补间区域

STEP 11 在“图层 4”的第 185 帧插入属性关键帧，新建“图层 5”在第 165 帧插入关键帧。使用直线工具在舞台上绘制一条白线。使用文本工具T在舞台上输入两段文本，并旋转其角度，如图9-12所示。

STEP 12 从“库”面板中将“活动2.jpg”图像移动到舞台中，并将其缩放到合适大小，旋转到合适角度。按【F8】键，打开“转换为元件”对话框，在其中设置“名称、类型”为“活动2、图形”，单击 确定 按钮，如图9-13所示。

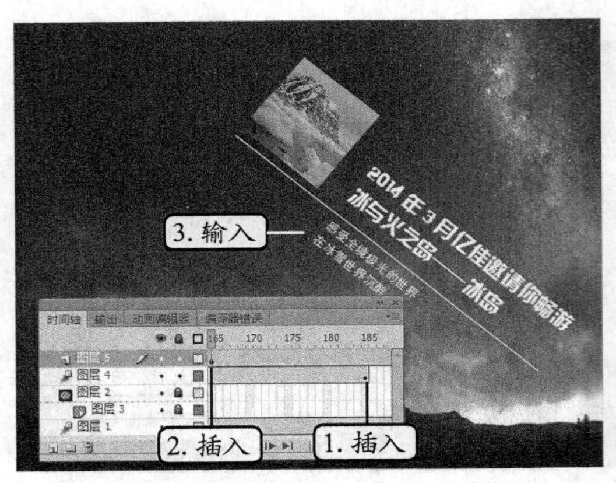

图9-12　输入文本

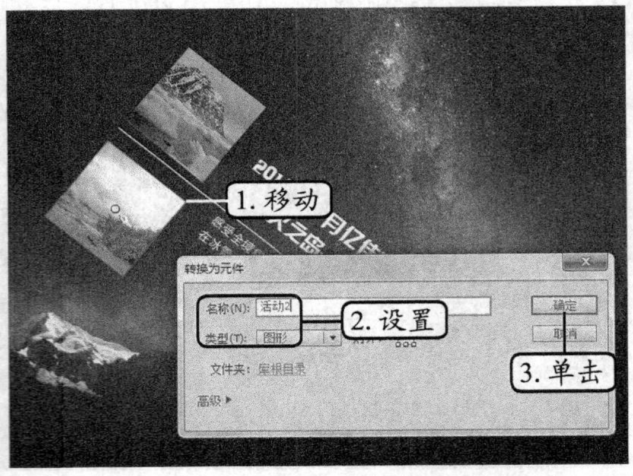

图9-13　转换为元件

设置第1段文本的“系列、字号、颜色”为“汉仪菱心体简、26.0、#FFFFFF”；设置第2段文本的“系列、字号、颜色”为“黑体、16.0、#FFFFFF”。

STEP 13 选择“图层5”中的所有对象，将其拖曳到舞台外，以制作对象移动到舞台中间的效果。在第180帧插入关键帧，使用鼠标将舞台外的图像移动到舞台中间，并在第165~179帧上创建传统补间动画，如图9-14所示。

STEP 14 选择【插入】/【新建元件】菜单命令，新建一个“按钮图形”图形元件。进入元件编辑窗口，在其中绘制一个白色的圆角矩形，如图9-15所示。

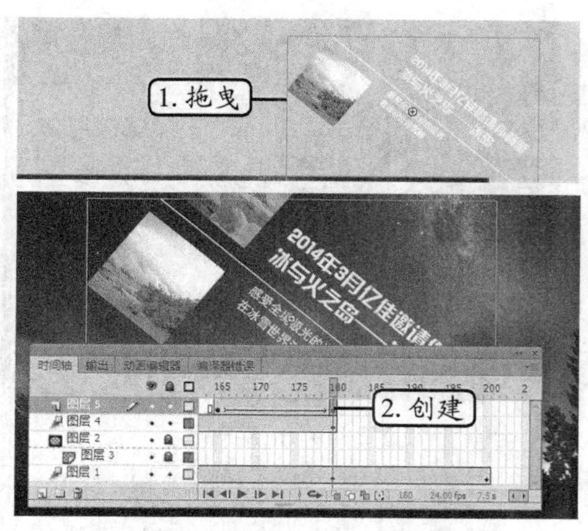

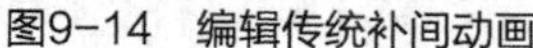

图9-14 编辑传统补间动画

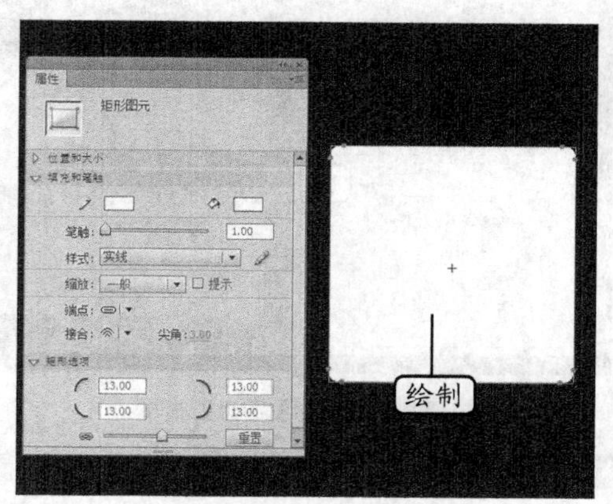

图9-15 绘制按钮图形元件

STEP 15 从“库”面板中将“按钮图形”元件移动到舞台中间，在第5、10帧插入关键帧。并在“属性”面板中，分别设置第1、5、10帧中的图形“Aplha”分别为“80%、50%、30%”。新建“图层2”，使用直线工具在矩形上绘制修饰线，如图9-16所示。

STEP 16 新建一个“按钮”按钮元件，进入元件编辑窗口。从“库”面板中将“按钮闪烁”元件移动到舞台中，按两次【F6】键，插入两个关键帧。选择“按下”帧中的元件。打开“属性”面板，在其中设置“样式”为“色调”，再设置“红、绿”为“210、36”。使用相同的方法，在“点击”帧插入关键帧，并将“点击”帧中的元件调整为黄色，如图9-17所示。

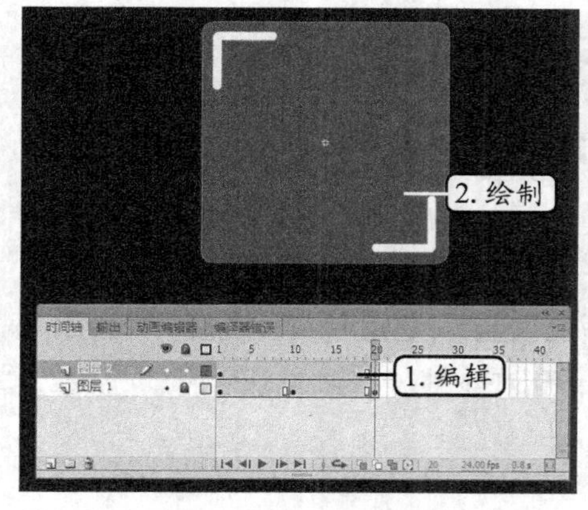

图9-16 制作按钮闪烁元件

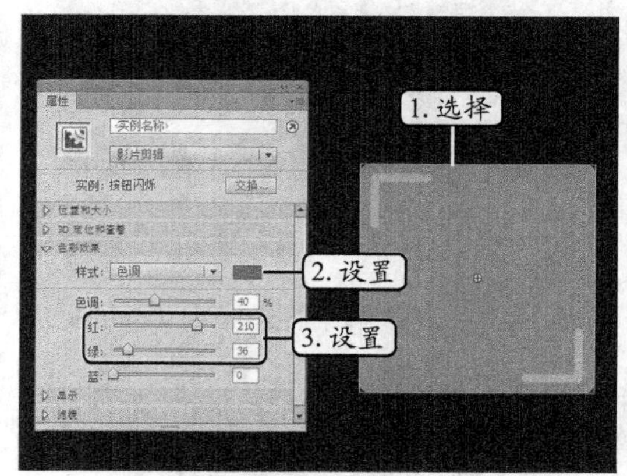

图9-17 制作按钮元件

STEP 17 新建“图层2”，选择文本工具T。在“属性”面板中设置“系列、大小、颜色”为“方正准圆简体、32.0点、#333333”，在图形中输入文本，如图9-18所示。

STEP 18 返回主场景，新建“图层6”。在第180帧插入关键帧。从“库”面板中将“按钮”元件移动到舞台中缩放其大小，并与“活动2”元件重叠。选择“按钮”元件，在“属性”面板中设置“实例名称”为“anniu”，如图9-19所示。

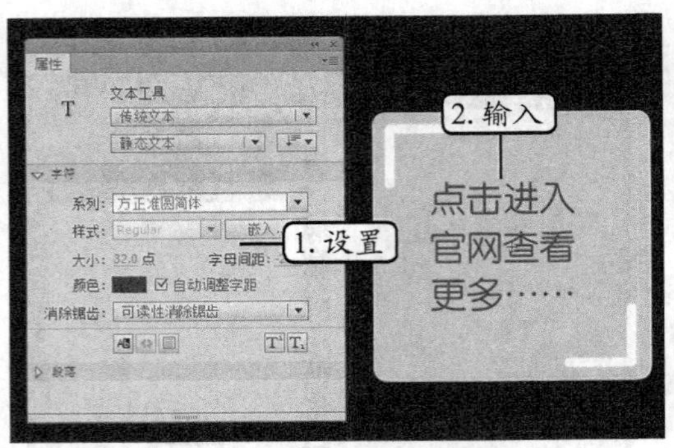

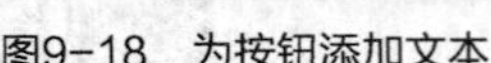

图9-18　为按钮添加文本

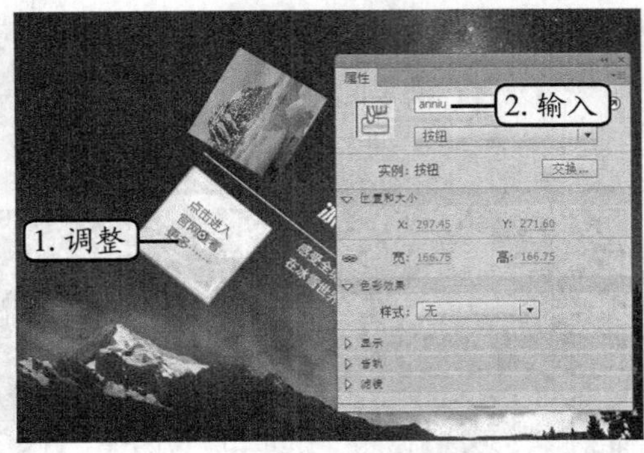

图9-19　应用按钮

STEP 19 在"图层6"的第180帧上单击鼠标右键，在弹出的快捷菜单中选择"创建补间动画"命令，插入补间动画。在第200帧插入关键帧。选择第200帧，将"按钮"元件移动到舞台下方，制作按钮移动的效果。将"图层6"移动到"图层5"下方，如图9-20所示。

STEP 20 新建"图层7"，将其重命名为"AS"。在第200帧插入关键帧。选择【窗口】/【动作】菜单命令，打开"动作"面板，在其中输入脚本，如图9-21所示。

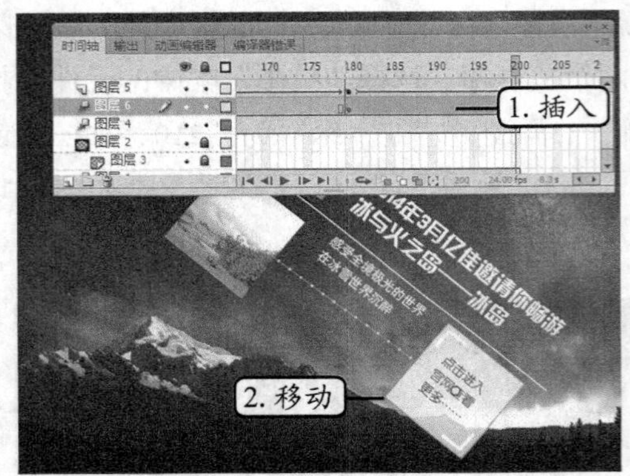

图9-20　创建补间动画

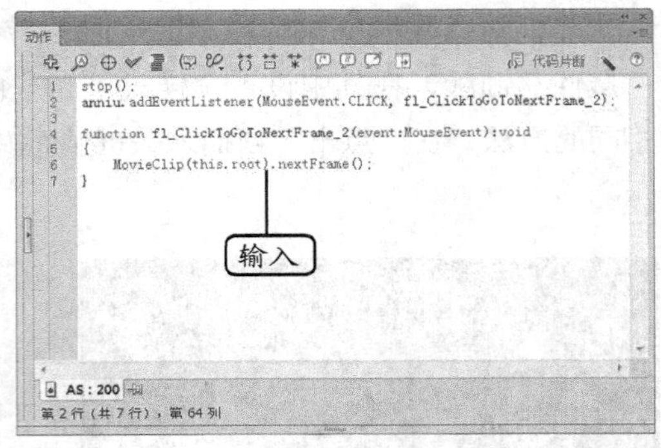

图9-21　输入脚本

知识提示

该脚本将先停止动画的播放，然后通过监听鼠标执行相应操作，若用户单击按钮，将会播放下一帧，否则一直停留在本帧。

（二）制作网页导航条动画

下面将新建图层以及元件，为图像制作感应热区。制作单击时弹出菜单的效果，实现网页导航条动画的制作。其具体操作如下（微课：光盘\微课视频\项目九\制作网页导航条动画.swf）。

STEP 1 在第201帧插入关键帧，在"动作"面板中输入脚本，如图9-22所示。

STEP 2 新建图层，在第201帧插入关键帧，从"库"面板中将"网站主页"图像移动到舞台中，并锁定图层，如图9-23所示。

图9-22 输入脚本

图9-23 添加网页背景

STEP 3 新建一个"热区"影片剪辑元件，进入元件编辑窗口。选择矩形工具，在"属性"面板中设置"笔触"为"0.1"，设置填充色的不透明度为"0%"，在场景中绘制矩形，如图9-24所示。

STEP 4 选择【插入】/【新建元件】菜单命令，新建一个"图片"图形元件。从"库"面板中将"商品介绍.png"图像移动到舞台中。再选择【插入】/【新建元件】菜单命令，新建一个"商品介绍"影片剪辑原件。从"库"面板中将"图片"元件移动舞台上，如图9-25所示。

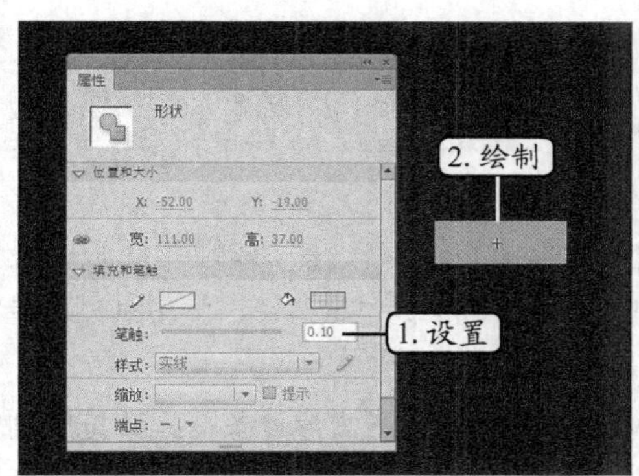

图9-24 绘制热区

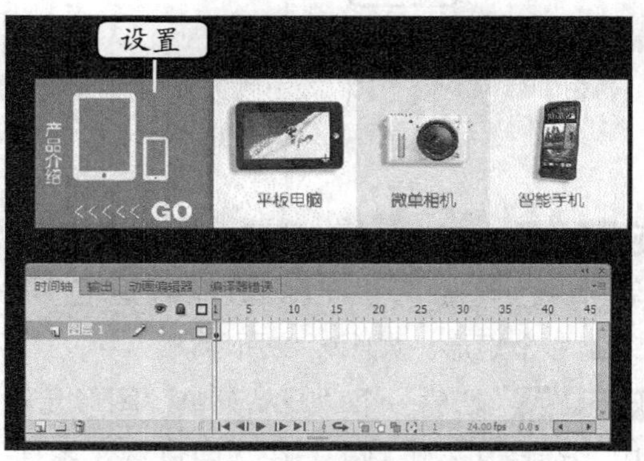

图9-25 制作商品介绍影片剪辑

STEP 5 在第16帧插入关键帧，将图像向左边移动一个图片的位置。选择第1帧，单击鼠标右键，在弹出的快捷菜单中选择"创建传统补间动画"命令，创建传统补间动画，如图9-26所示。

STEP 6 新建"图层 2"，从"库"面板中将"热区"影片剪辑移动到舞台中，并使用任意变形工具调整元件形状，在"属性"面板中设置"实例名称"为"requ"。在第 7 帧插入关键帧，再次使用任意变形工具调整元件形状，如图 9-27 所示。

由于下面将使用"图片"图形元件制作补间动画，所以，在创建影片剪辑元件前，需要将"商品介绍.png"图像转换为元件。

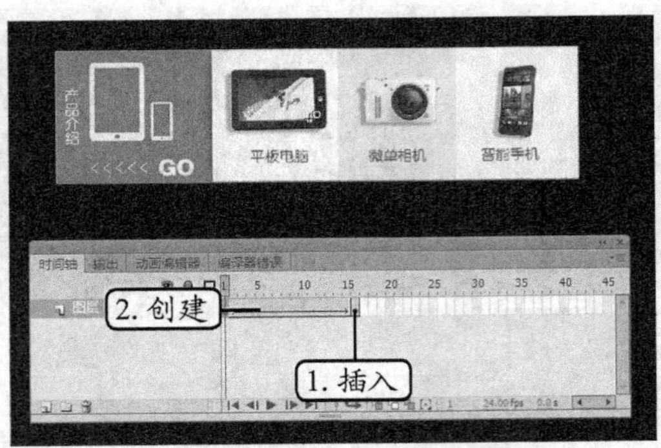

图9-26　创建传统补间动画

图9-27　设置形状样式

STEP 7 新建“图层3”，将其重命名为“AS”，选择第1帧。打开“动作”面板，在其中输入脚本。在第16帧，插入关键帧。在“动作”面板中输入脚本，如图9-28所示。

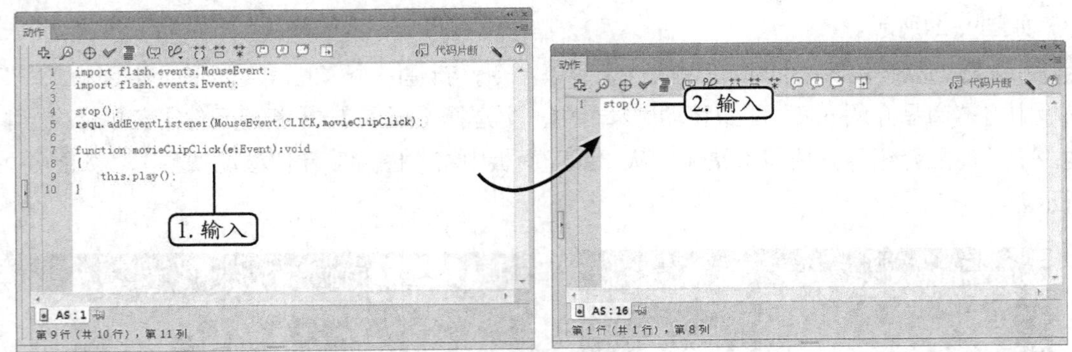

图9-28　输入脚本

STEP 8 新建一个“背景条”图形元件，进入元件编辑窗口。在“属性”面板中设置“笔触颜色”为“无”，设置“填充颜色”为“白色”，Alpha为“50%”，使用鼠标在舞台中绘制一个矩形，如图9-29所示。

STEP 9 新建一个“产品菜单”图形元件，从“库”面板中将“背景条”元件拖曳到舞台中。选择文本工具T，在其中设置“系列、大小、颜色”为“汉仪细中圆简、26.0点、#FFFFFF”，使用该工具在舞台中输入文本，如图9-30所示。

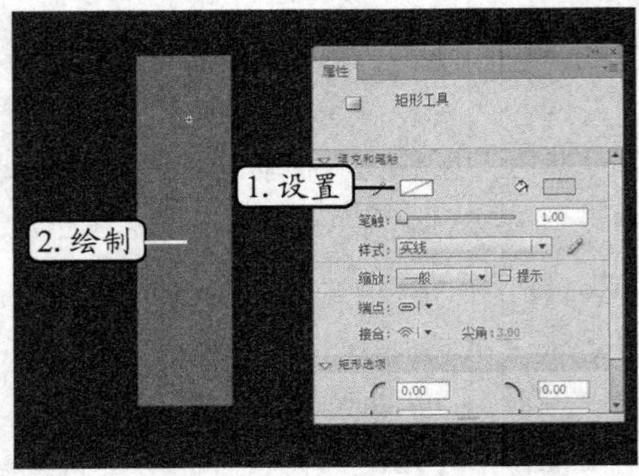

图9-29　编辑背景条元件

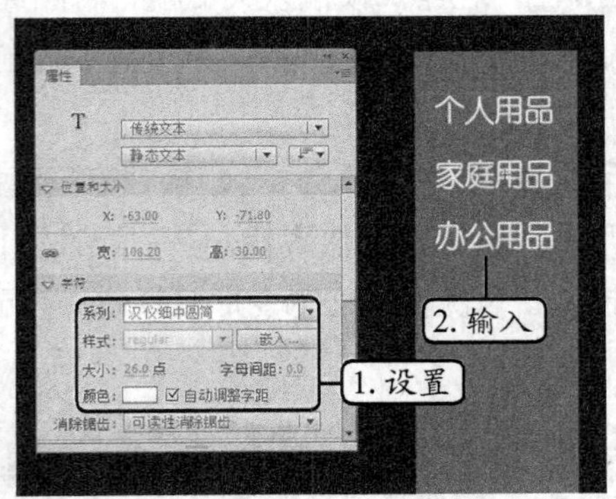

图9-30　制作产品菜单列表

STEP 10 使用相同的方法创建“服务与支持菜单”“新闻中心菜单”“关于我们菜单”菜单列表，如图9-31所示。

STEP 11 新建一个“按钮热区”按钮元件，打开元件编辑窗口，在“点击”帧中插入关键帧，使用矩形工具在舞台中绘制一个红色（#FF0000）的矩形图形作为隐形按钮，如图9-32所示。

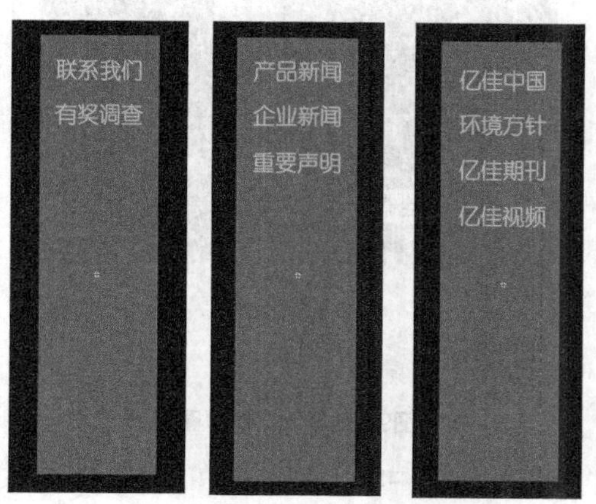

图9-31 制作其他菜单列表

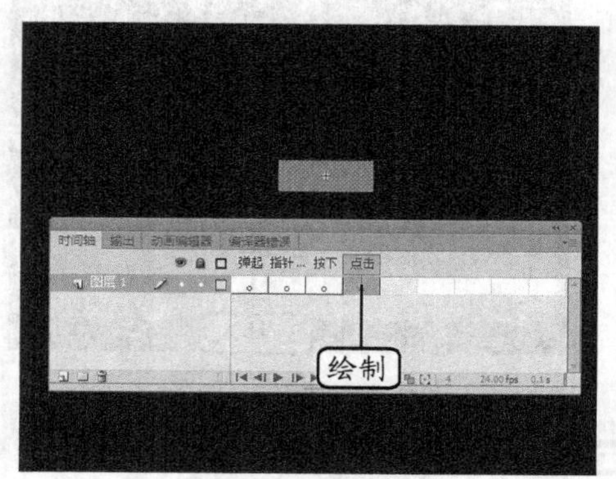

图9-32 制作按钮元件

STEP 12 新建一个“产品中心”影片剪辑元件。选择“文本工具”T，在“属性”面板中设置“系列、大小、颜色”为“汉仪中黑简、28.0点、#FFFFFF”，在舞台中间输入文本，如图9-33所示。

STEP 13 新建“图层2”，从“库”面板中将制作的“按钮热区”元件拖入到窗口中，调整并移动其位置，使按钮元件遮罩住文字，在“属性”面板中设置“实例名称”为“btmenu1”，如图9-34所示。

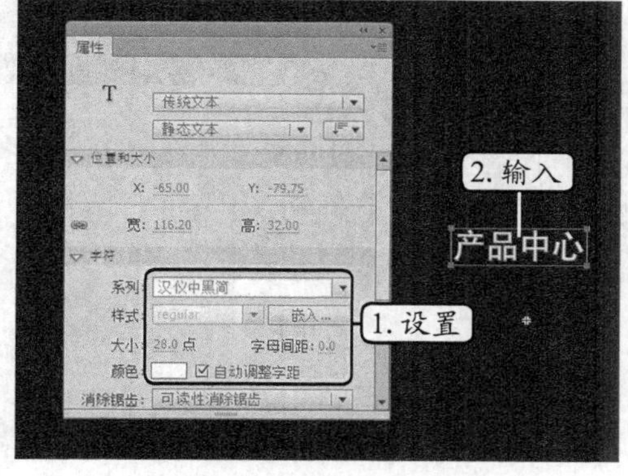

图9-33 编辑产品中心主菜单

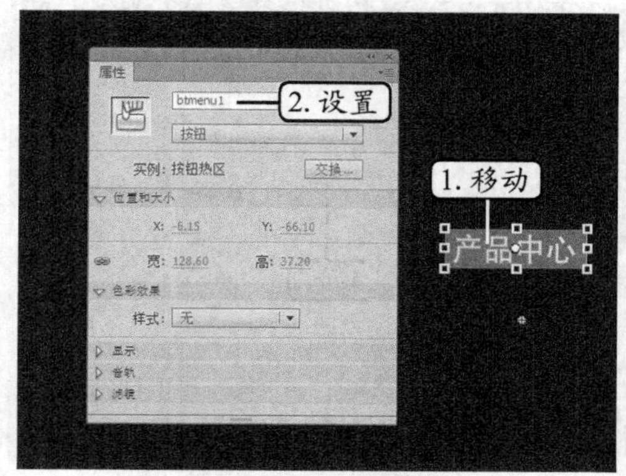

图9-34 设置实例名称

STEP 14 新建“图层3”，从“库”面板中将“产品菜单”元件拖动到舞台中。分别在“图层1”~“图层3”的第15帧插入关键帧。旋转“图层3”的第15帧，将图像向下移动。然后在第1~14帧插入关键帧，如图9-35所示。

STEP 15 新建“图层4”，在产品中心文本下绘制一个黄色（#FFFF00）的矩形。在“图层4”上单击鼠标右键，在弹出的快捷菜单中选择“遮罩层”命令，将“图层4”转换为遮罩层，将“图层3”转换为被遮罩图层，效果如图9-36所示。

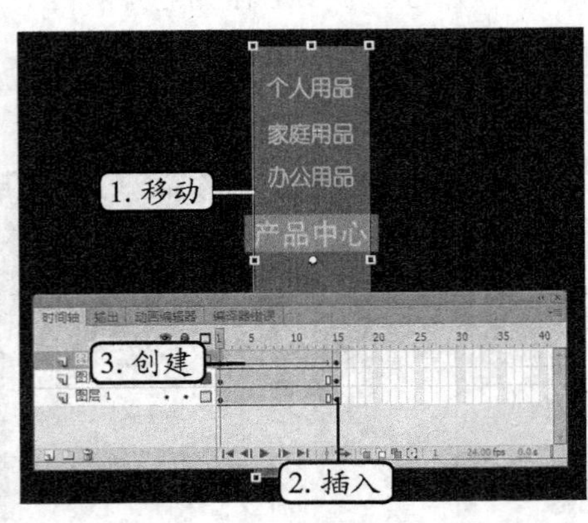

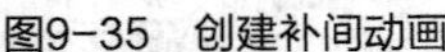

图9-35　创建补间动画

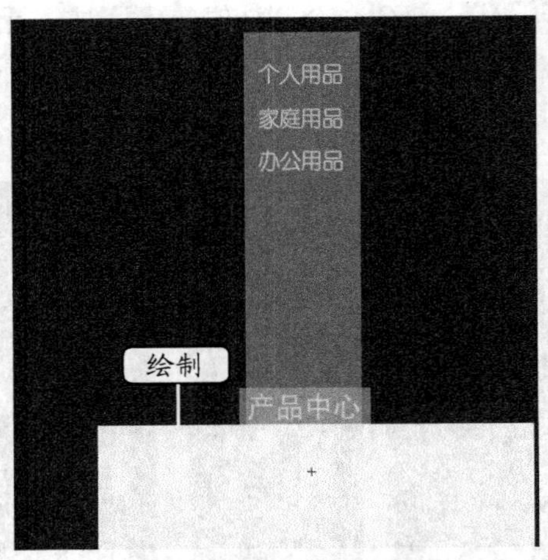

图9-36　制作遮罩图层

STEP 16 新建“图层5”，选择第1帧。在“动作”面板中输入脚本。在“图层1”的第1帧和第15帧中输入停止语句（stop();），如图9-37所示。

该段脚本用于监听鼠标事件，如果用户单击鼠标热区中的区域，就跳转到第2帧开始播放；如果没有，则播放第1帧。

STEP 17 返回主场景，使用相同的方法制作“服务与支持”“新闻中心”“关于我们”主菜单，如图9-38所示。

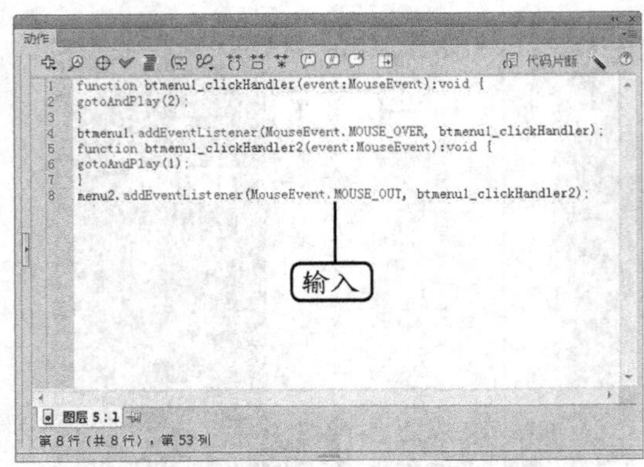

图9-37　输入脚本

图9-38　制作其他主菜单

在编辑这3个主菜单时，用户可以通过【修改】/【元件】/【元件】菜单命令，复制“产品中心”影片剪辑元件进行编辑。

STEP 18 在“图层7”的第225帧插入关键帧。新建“图层8”，从“库”面板中将“商品介绍”元件拖曳到舞台中，并调整其大小。在“图层8”的第215、225帧插入关键帧。在第225帧使用鼠标将元件向右拖出舞台外，在第215~225帧之间创建传统补间动画，如图9-39所示。

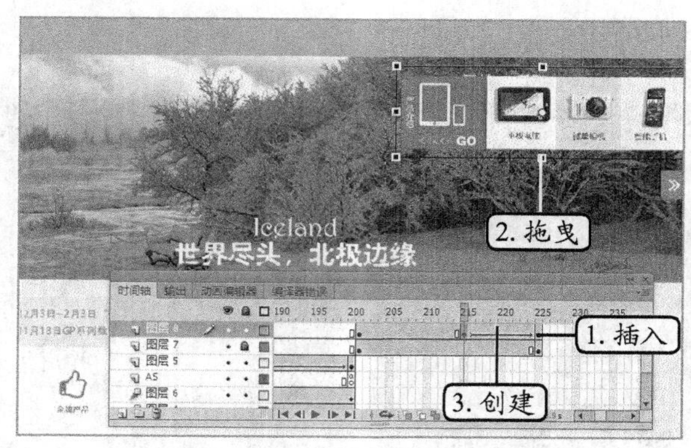

图9-39　应用商品介绍元件

STEP 19 新建“图层9”，在第225帧插入关键帧。从“库”面板中将“产品中心”“服务与支持”“新闻中心”“关于我们”等元件依次拖曳到舞台顶部，如图9-40所示。

STEP 20 新建“图层10”，在第225帧插入关键帧。在“动作”面板中输入脚本，如图9-41所示（最终效果参见：光盘\效果文件\项目九\任务一\电子公司网站首页.fla）。

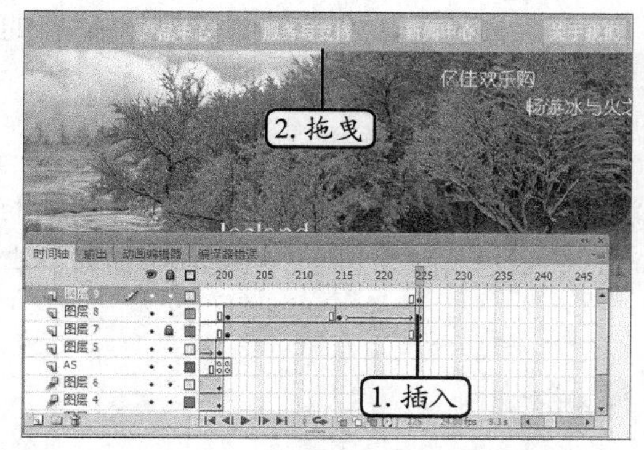

图9-40　应用主菜单元件

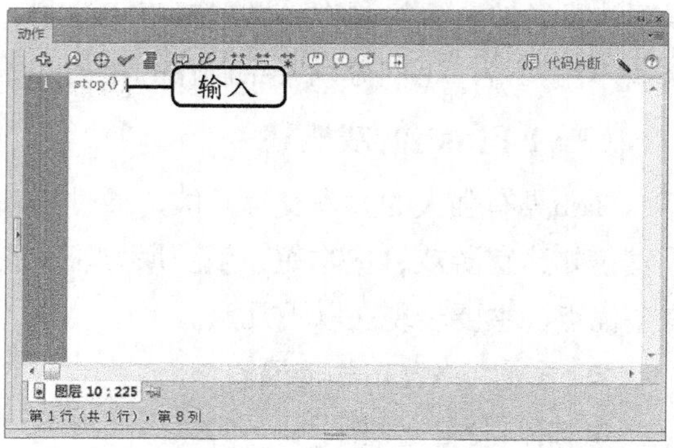

图9-41　输入文本

在动画制作末尾必须添加停止语句，否则动画会重新进行播放，将导致制作的导航条毫无意义。

任务二　制作打地鼠游戏

使用Flash可以制作很多小游戏，4399、57173等网站中的小游戏都是用Flash制作的。现在很多手机客户端的游戏也使用Flash制作。本节将介绍Flash小游戏的制作方法。

一、 任务目标

本例将练习制作一个简单的Flash小游戏，全面巩固ActionScript 3.0脚本和Flash动画相结合的方法，主要包括元件的制作与编辑、补间动画、传统补间动画、脚本的使用等知识。本例完成后的效果如图9-42所示。

图9-42 制作打地鼠游戏

二、相关知识

在制作本例前需要了解Flash游戏的特点、类型及制作流程等知识，在实际制作过程中，主要涉及游戏背景的制作、游戏对象的绘制、背景音乐及碰撞声音的制作、控制游戏进行的AS脚本编写等。下面分别介绍制作的相关知识。

（一）Flash游戏概述

Flash具有强大的脚本交互功能，通过为Flash添加合适的AS脚本就可以实现各类小游戏的开发，如迷宫游戏、贪吃蛇、俄罗斯方块、赛车游戏、射击游戏等。使用Flash制作游戏具有许多优点，主要表现在以下几点。

- 适合网络发布和传播。
- 制作简单方便。
- 视觉效果突出。
- 游戏简单，操作方便。
- 绿色，不用安装。
- 不用注册账号，直接就可以玩耍。

（二）常见的Flash游戏类型

实际上，使用Flash软件可制作出构思中的游戏，对于网络应用来说，常用的游戏类型如下。

- 益智类游戏，图9-43所示为贝瓦网制作的一款益智游戏。

图9-43　益智类游戏

● 射击类游戏，图9-44所示为贝瓦网制作的一款射击类游戏。

图9-44　射击类游戏

● 动作类游戏，图9-45所示为“拳皇”动作类游戏。

图9-45　动作类游戏

- 角色扮演类游戏，图9-46所示为4399网站上的“合金弹头小小版”角色扮演游戏。
- 体育运动类游戏，图9-47所示为4399网站上的“美羊羊卡丁车”体育运动类游戏。

知识补充

网页游戏（Webgame）又称Web游戏、无端网游，简称页游。它是基于Web浏览器的网络在线多人互动游戏，无需下载客户端，只需打开IE网页，10秒钟即可进入游戏。页游前端通常都采用Flash动画来实现。

图9-46　角色扮演类游戏

图9-47　体育运动类游戏

（三）Flash游戏制作流程

使用Flash制作游戏需要遵循游戏制作的一般流程，这样才能事半功倍，更有效率。Flash游戏制作的一般流程如下。

1. 游戏构思及框架设计

在着手制作一个游戏前，必须有一个大概的游戏规划或者方案，否则在后期会进行大量修改，浪费时间和人力。

在进行游戏的制作之前，必须先确定游戏的目的，这样才能够根据游戏的目的来设计符合需求的作品。另外必须确定Flash游戏类型，如益智、动作还是体育运动等。

在决定好将要制作的游戏的目的与类型后，接下来即可做一个完整的规划，图9-48所示为“掷骰子”游戏的流程图，通过这个图可以清楚地了解需要制作的内容以及可能发生的情况。在游戏中，一开始玩家要确定所押的金额，接着会随机出现玩家和电脑各自的点数，然后游戏对点数进行判断，最后判断出谁胜谁负。如果玩家胜利，就会增加金额，相反则要扣除金额，接着显示目前玩家的金额，再询问玩家是否结束游戏，如果不结束，则再选择要押的金额，进行下一轮游戏。

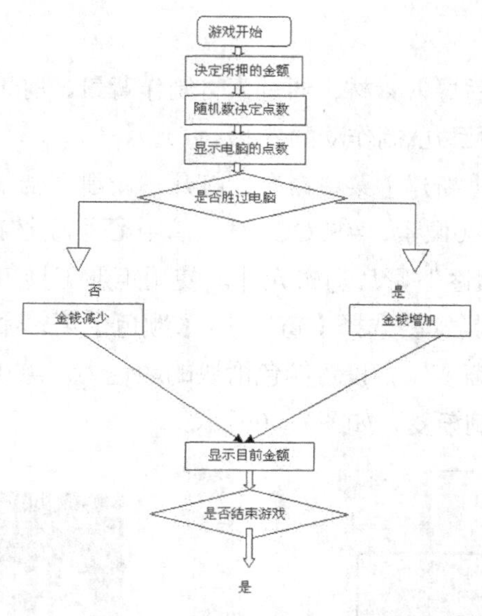

图9-48 “掷骰子”流程规划

2. 素材的收集和准备

一个比较成功的Flash游戏，必须具有足够丰富的游戏内容和漂亮的游戏画面，因此在设计出游戏流程图之后，需要着手收集和准备游戏中要用到的各种素材，包括图片、声音等。

3. 制作与测试

当所有的素材都准备好后，就可以正式开始游戏的制作，这里需要靠Flash制作技术。制作快慢与成功与否，关键在于平时学习和积累的经验和技巧，只要把它们合理地运用到游戏制作过程中，就可顺利完成制作。在制作过程中有一些技巧，下面分别进行介绍。

- **分工合作**：一个游戏的制作过程非常烦琐和复杂，要做好一个游戏，必须要多人互相协调工作，每个人根据自己的特长来分配不同的任务，如美工负责游戏的整体风格和视觉效果，而程序员则进行游戏程序的设计，从而充分发挥各自的特点，保证游戏的制作质量，提高工作效率。
- **设计进度**：游戏的流程图已确定，就可以将所有要做的工作加以合理的分配，事先设计好进度表，然后按进度表每天完成一定的任务，从而有条不紊地完成工作。
- **多多学习别人的作品**：学习不是抄袭他人的作品，而是在平时多注意别人游戏制作的方法，养成研究和分析的习惯，从这些观摩的经验中，找到自己出错的原因，发现新的技术，提高自身的技能。

游戏制作完成后进行测试，在测试时可以利用Flash的【控制】/【测试影片】菜单命令及【控制】/【测试场景】菜单命令来实现。进入测试模式后，还可以经过监视Objects和Variables的方式，找出程序中的问题。除此之外，为了避免测试时忽略掉盲点，一定要在多台计算机上进行测试，从而尽可能发现游戏中存在的问题，使游戏更加完善。

三、任务实施

（一）制作动画界面

下面首先启动Flash，然后导入素材，通过素材制作背景、前景等内容，其具体操作如下（微课：光盘\微课视频\项目九\制作动画界面.swf）。

STEP 1 选择【文件】/【新建】菜单命令，打开“新建文档”对话框，设置“宽、高、背景颜色”为“1000像素、740像素、#FFCC00”，单击确定按钮，如图9-49所示。

STEP 2 新建一个“背景图”影片剪辑元件。使用矩形工具绘制一个和舞台一样大小的矩形。然后选择颜料桶工具。选择【窗口】/【颜色】菜单命令，打开“颜色”面板。设置“颜色类型”为“线性渐变”，设置颜色滑块的颜色为“#005BE7、#54C4EE”，使用鼠标由下至上进行拖曳，绘制渐变，如图9-50所示。

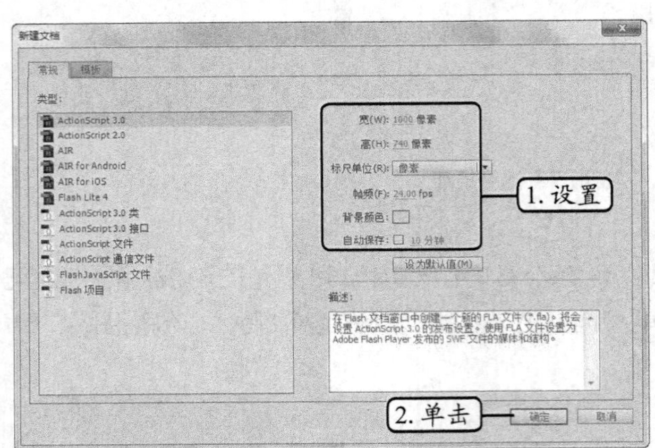

图9-49 新建文档

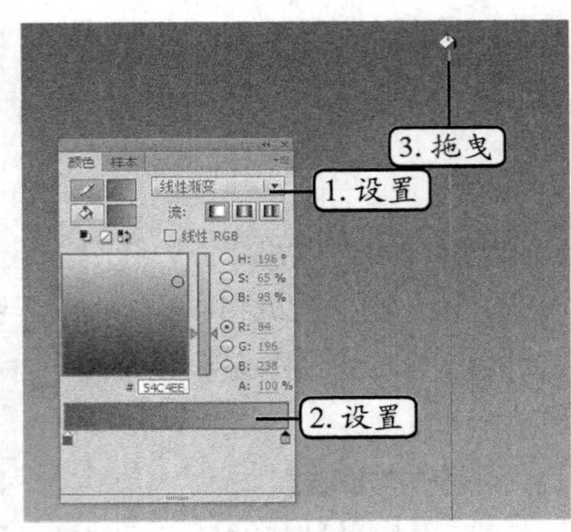

图9-50 绘制蓝天

STEP 3 将“打地鼠”文件夹（素材参见：光盘\素材文件\项目九\任务二\打地鼠\）中的所有图片都导入到“库”面板中，新建“图层2”，将“背景”图像移动到舞台中，如图9-51所示。

STEP 4 锁定“图层1”“图层2”，新建“图层3”。选择椭圆工具，在“工具”面板的“选项区域”中设置“笔触颜色、填充颜色”为“无、#FFFFFF”，使用椭圆工具在舞台上绘制椭圆，制作云朵，如图9-52所示。

STEP 5 选择刚刚绘制的所有云朵图形。选择【修改】/【形状】/【柔化填充边缘】菜单命令，打开“柔化填充边缘”对话框，在其中设置“距离、步长数”为“10像素、6”，单击确定按钮，如图9-53所示。

STEP 6 选择椭圆工具，打开“颜色”面板，在其中设置“颜色类型”为“径向渐变”。设置色标为“#FF3C00”“#FFA818”“#FFEC27”，使用鼠标在舞台中绘制一个正圆形，作为太阳，如图9-54所示。

图9-51 放入前景图

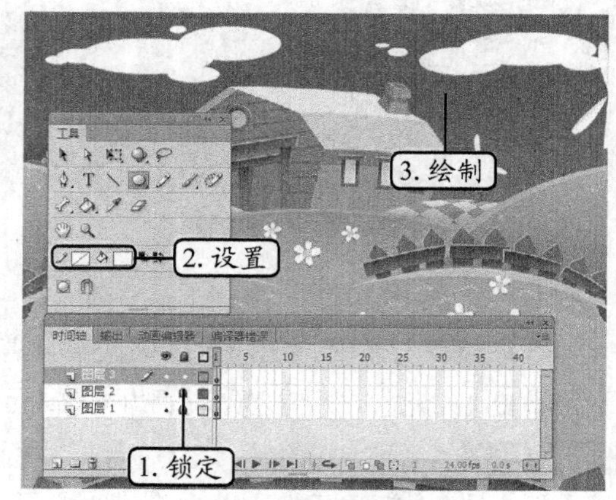

图9-52 绘制云朵

图9-53 柔化云朵效果

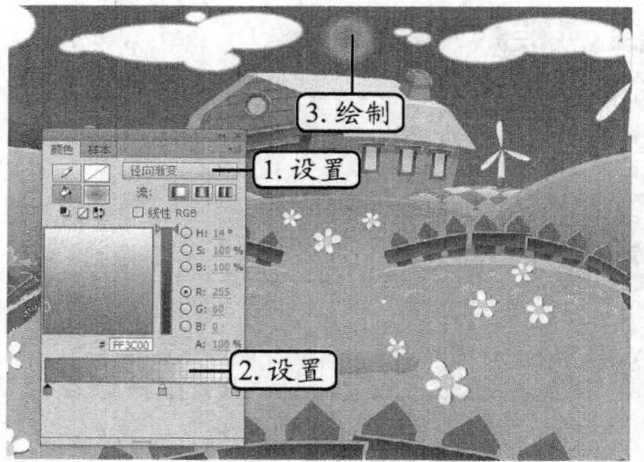

图9-54 绘制太阳

为使绘制出的太阳有光晕效果，只通过为渐变设置多个颜色是不能实现的。本任务在设置颜色时，除需设置不同颜色外，还需为每个颜色设置不同的透明度，这里“#FF3C00”色的“Alpha”值为“100%”，“#FFA818”色的“Alpha”值为“80%”，“#FFEC27”色的“Alpha”值为“0%”。

STEP 7 新建“图层4”，选择椭圆工具。在“属性”面板中设置“笔触颜色”为“无”，设置“颜色类型”为“渐变填充”，“填充颜色”为“#834E41”和“2F1E1E”，使用椭圆工具在舞台中绘制一个椭圆，作为地洞，如图9-55所示。

STEP 8 新建“图层5”，在洞口上方使用刷子工具，绘制洞头的泥土。将绘制的洞口和泥土复制5个，制作用于老鼠出现的地洞。

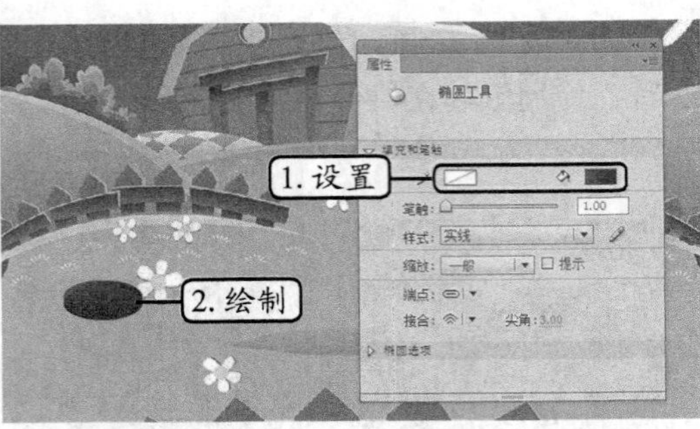

图9-55 绘制地洞

图9-56 绘制泥土

（二）编辑元件

在编辑完背景后，用户可以根据实际需要对动画中需要的元件进行编辑，其具体操作如下（微课：光盘\微课视频\项目九\编辑元件.swf）。

STEP 1 返回"场景1"，从"库"面板中将"背景图"元件拖曳到舞台中作为背景。选择【插入】/【新建元件】菜单命令，打开"创建新元件"对话框，在其中设置"名称、类型"为"锤子、影片剪辑"，单击确定按钮，如图9-57所示。

STEP 2 新建一个"锤子"元件，进入元件编辑窗口。使用矩形工具和椭圆工具绘制一个锤子图形，并填充金属渐变色。新建图层，绘制一个锤子手柄，并使用暗色调的金属渐变色进行填充，如图9-58所示。

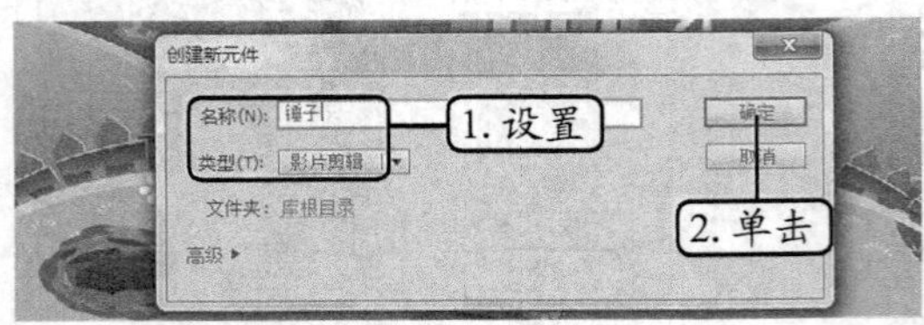

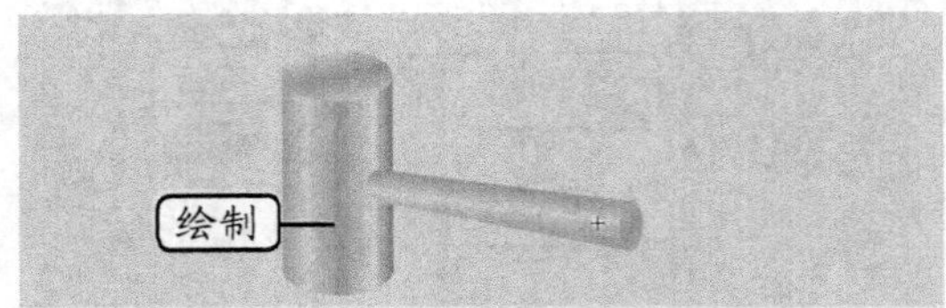

图9-57 新建影片剪辑

图9-58 绘制锤子图形

STEP 3 新建一个"锤子动画"影片剪辑元件。进入元件编辑窗口，从"库"面板中将"锤子"元件拖曳到舞台中。在第1帧上单击鼠标右键，在弹出的快捷菜单中选择"创建补间动画"命令，在时间轴上创建补间动画。选择3D旋转工具，将3D旋转轴移动到锤子手柄处。拖动鼠标调整z轴的旋转轴，并使锤子头位于原点的右上方，如图9-59所示。

STEP 4 选择第8帧，在其中插入属性关键帧。使用3D旋转工具拖曳鼠标，调整z轴的旋转轴。使用相同方法在第24帧处插入属性关键帧，并调整z轴的旋转轴，如图9-60所示。

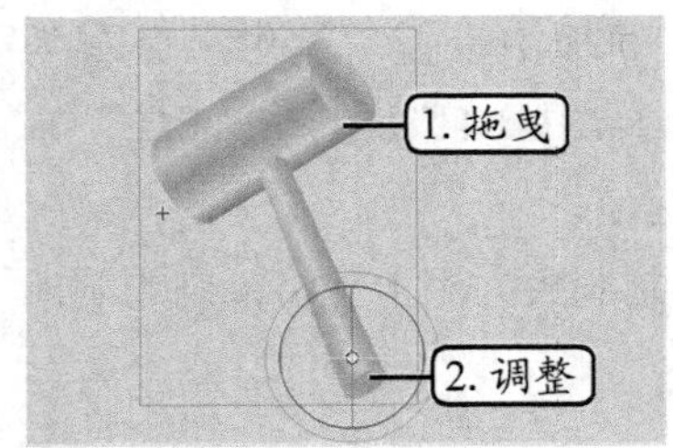

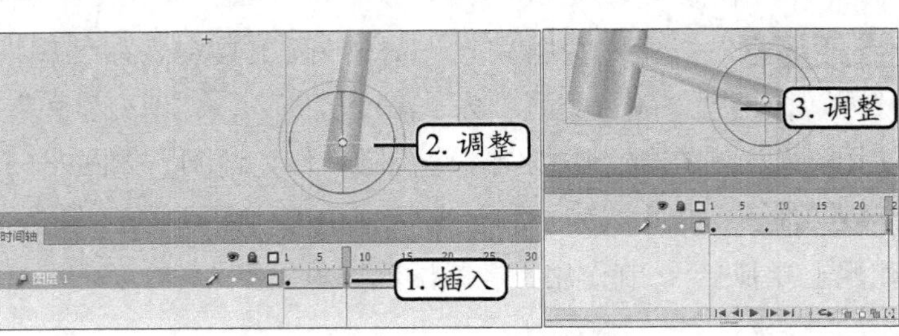

图9-59 编辑锤子动画元件

图9-60 调整补间动画节奏

STEP 5 新建"图层2"，打开"动作"面板，在其中输入相应的脚本，如图9-61所示。

STEP 6 新建一个"云朵"影片剪辑，进入元件编辑窗口。选择椭圆工具，在"颜色"面板中设置颜色为"#FFFFFF"，如图9-62所示。

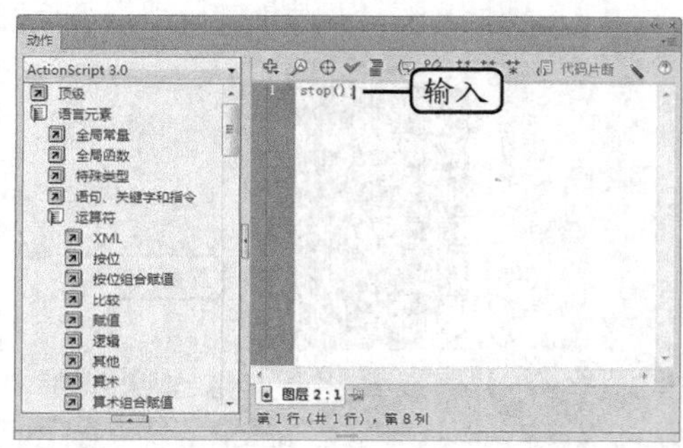

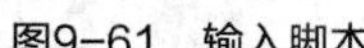
图9-61 输入脚本

图9-62 绘制云朵

STEP 7 新建一个"云朵"影片剪辑，进入元件编辑窗口。从"库"面板中将"云朵"影片剪辑移动到舞台中，在第1帧上单击鼠标右键，在弹出的快捷菜单中选择"创建补间动画"命令。在第100帧插入属性关键帧。将"云朵"影片剪辑向右移动，如图9-63所示。

STEP 8 新建一个"GD"影片剪辑，进入元件编辑窗口。选择文本工具T，在"属性"面板中设置"系列、大小、颜色"为"Arial、40.0点、#000000"，使用文本工具在舞台中输入文本，如图9-64所示。

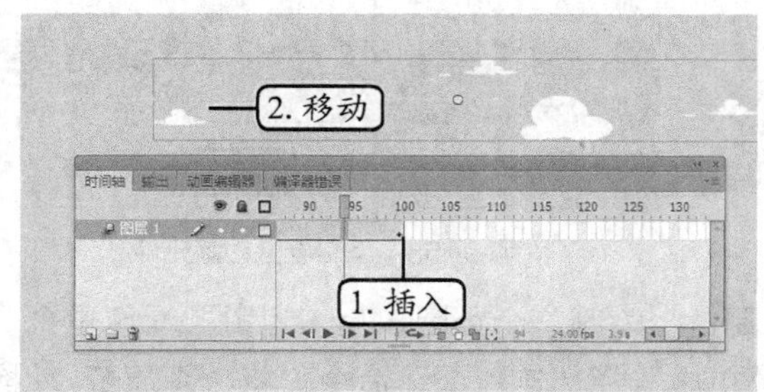

图9-63 编辑流云元件

图9-64 编辑GD元件

STEP 9 新建一个"GOOD"影片剪辑，进入元件编辑窗口，选择第1帧，打开"动作"面板，输入脚本。在第2帧中插入关键帧，从"库"面板中将"GD"元件移动到舞台中缩小元件，在第2帧上单击鼠标右键，在弹出的快捷菜单中选择"创建补间动画"命令，插入补间动画。在第10帧插入关键帧，将元件放大，制作文字放大的效果，如图9-65所示。

STEP 10 新建一个"透明按钮"按钮元件，进入元件编辑窗口。再在"点击"帧中插入关键帧。使用钢笔工具在舞台中绘制一个黑色的矩形，作为热区，如图9-66所示。

STEP 11 新建一个"老鼠"影片剪辑，进入元件编辑窗口。从"库"面板中将"老鼠"图像拖曳到舞台中，并调整其大小。新建"图层2"，从"库"面板中将"透明按钮"元件拖曳到舞台中，并与"老鼠"图像重叠。选择"透明按钮"元件，在"属性"面板中设置"实例名称"为"cmd"，如图9-67所示。

STEP 12 新建一个“老鼠动画”影片剪辑，从“库”面板中，将“老鼠”元件移动到舞台中。在第1帧上单击鼠标右键，在弹出的快捷菜单中选择“创建补间动画”命令，创建补间动画。在第12、24帧插入属性关键帧，选择第12帧，使用鼠标将“老鼠”元件向下拖动，制作老鼠上下移动的效果，如图9-68所示。

图9-65 编辑GOOD元件

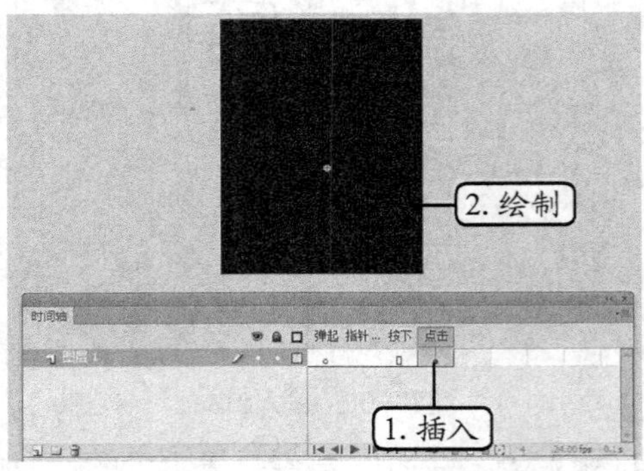

图9-66 编辑透明按钮

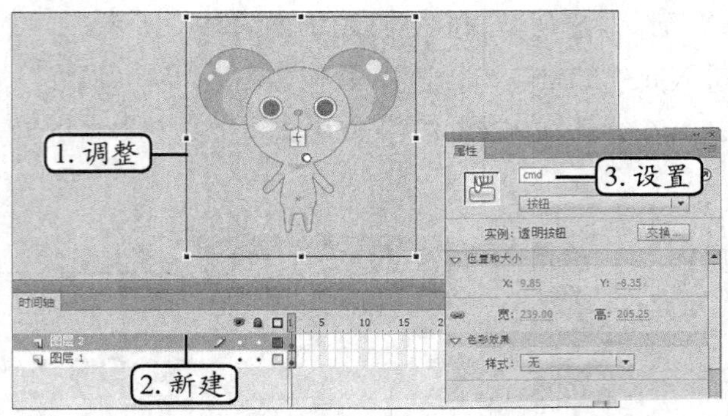

图9-67 编辑老鼠元件

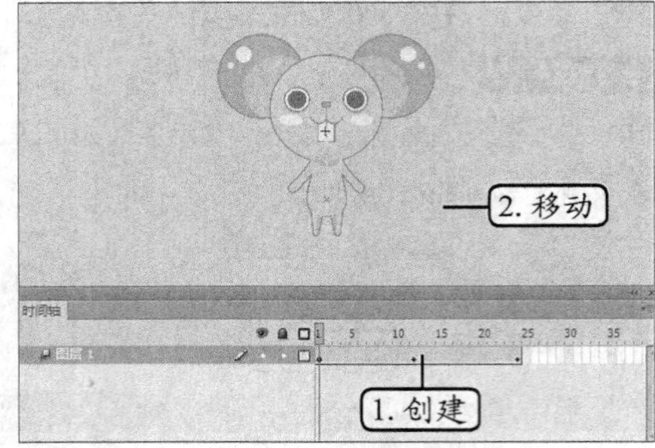

图9-68 编辑老鼠动画元件

STEP 13 新建“图层2”，使用椭圆工具在舞台上绘制一个正圆，与“老鼠”元件重合。在“图层2”上单击鼠标右键，在弹出的快捷菜单中选择“遮罩层”命令。将“图层2”转换为遮罩图层，将“图层1”转换为被遮罩图层，如图9-69所示。

STEP 14 新建“图层3”，选择第1帧。从“库”面板中将“GOOD”元件移动到老鼠图像上方。选择“图层3”中的元件，在“属性”面板中设置“实例名称”为“gdmc”，如图9-70所示。

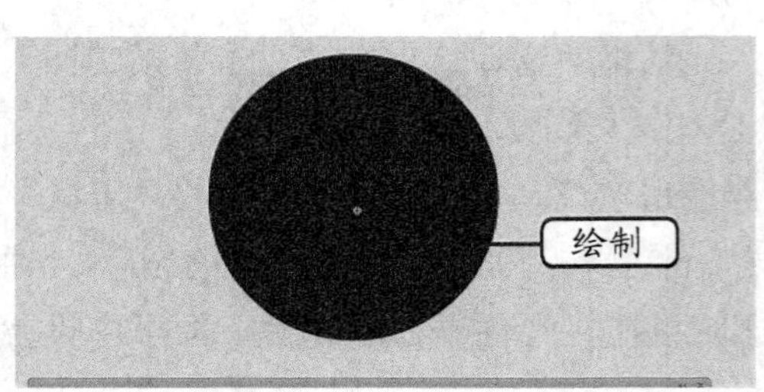

图9-69 制作遮罩动画

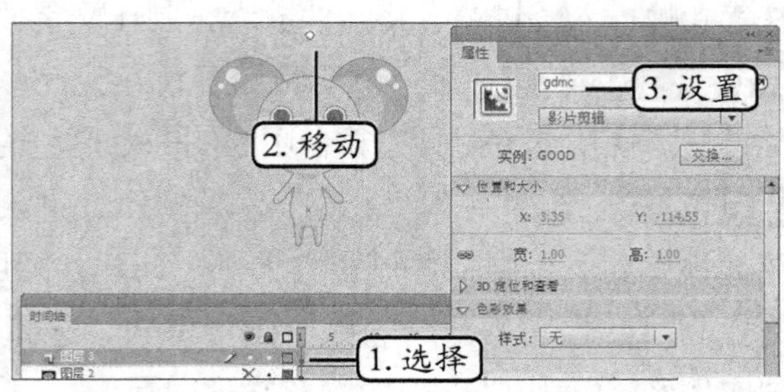

图9-70 应用GOOD元件

STEP 15 新建“图层4”，选择第1帧，在“动作”面板中输入脚本，如图9-71所示。

STEP 16 在第12帧中插入关键帧，选择第12帧。打开“动作”面板，在其中输入脚本，如图9-72所示。

```
stop();
var interval1=setInterval(run1,500);
function run1() {
    if (Math.random()<0.5) {
        play();
        clearInterval(interval1);
    }
}
ds.cmd.addEventListener(MouseEvent.MOUSE_DOWN,good);
function good(evt) {
    gdmc.play();
    gotoAndPlay(10);
    var score:globalnum=new globalnum();
    score.setnum();
    clearInterval(interval1);
}
```


图9-71 输入脚本

```
stop();
var interval2=setInterval(run2,500);
function run2() {
    if (Math.random()<0.05) {
        play();
        clearInterval(interval2);
    }
}
```


图9-72 继续输入脚本

STEP 17 新建一个“开始”影片剪辑，进入元件编辑窗口。选择文本工具T，在“属性”面板中设置“系列、大小、颜色”为“微软雅黑、40.0点、#FFFFFF”，在舞台中输入文本，如图9-73所示。

STEP 18 新建一个“再来一次”按钮元件。选择矩形工具，在“属性”面板中设置“填充颜色”为“#FF9933”，设置“矩形边角半径”都为“10.00”，在舞台中拖曳鼠标绘制一个矩形，如图9-74所示。

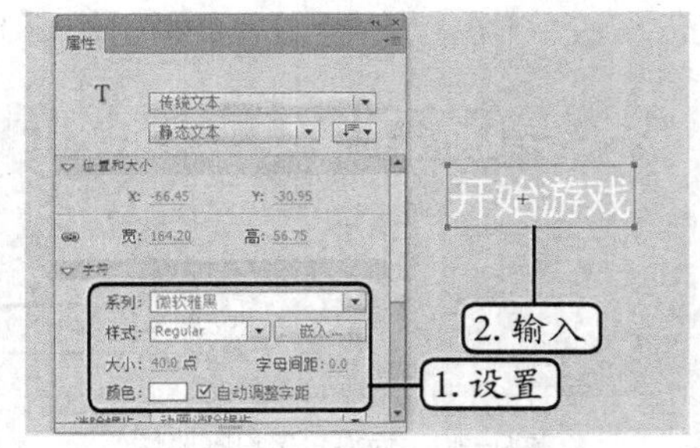

图9-73 制作开始元件

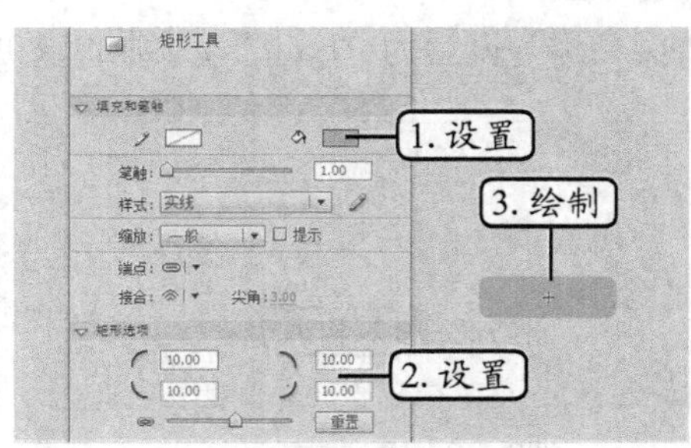

图9-74 编辑“再来一次”元件

STEP 19 按两次【F6】键，插入两个关键帧，选择舞台中的图形，将其填充色更换为“#66CCCC”。新建“图层2”，在矩形图形上输入文本，如图9-75所示。

STEP 20 返回主场景，在第3帧插入关键帧。新建“图层2”，在第2帧插入关键帧。选择第2帧，从“库”面板中将“老鼠动画”元件移动到舞台中，并缩放其大小，复制5个“老鼠动画”元件，使一个地洞出现一只老鼠，如图9-76所示。

STEP 21 选择第3帧，为“图层2”的第3帧插入空白关键帧。使用矩形工具在舞台中间绘制一个半透明的矩形，如图9-77所示。

STEP 22 选择绘制的矩形，按【F8】键打开“转换为元件”对话框。在其中设置“名称、类型”为“白框、影片剪辑”，单击确定按钮，将图形转换为元件，选择转换为元件的矩形，在“属性”面板中设置“实例名称”为“back”，如图9-78所示。

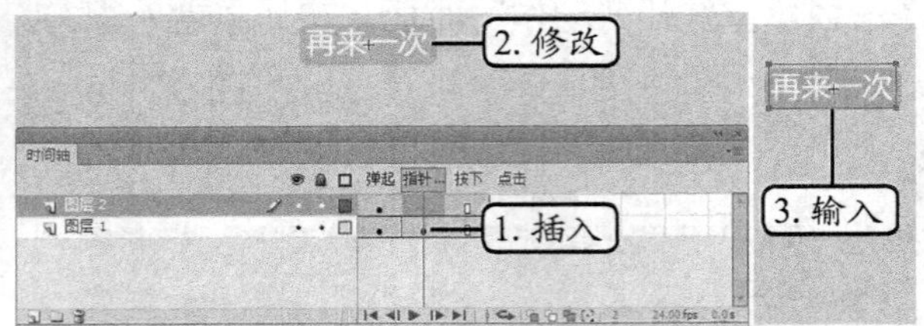

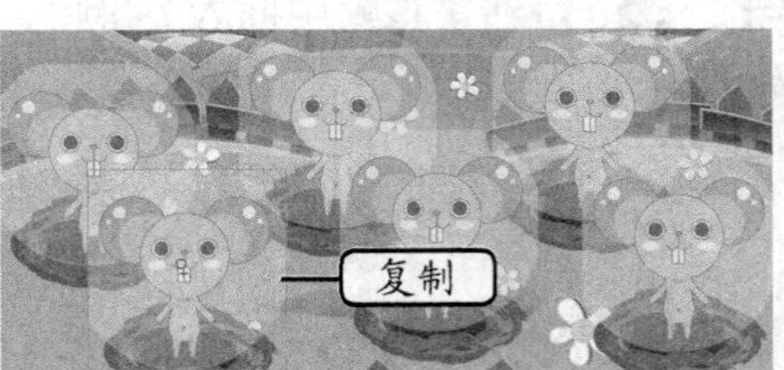

图9-75　更换按钮颜色　　图9-76　编辑主场景

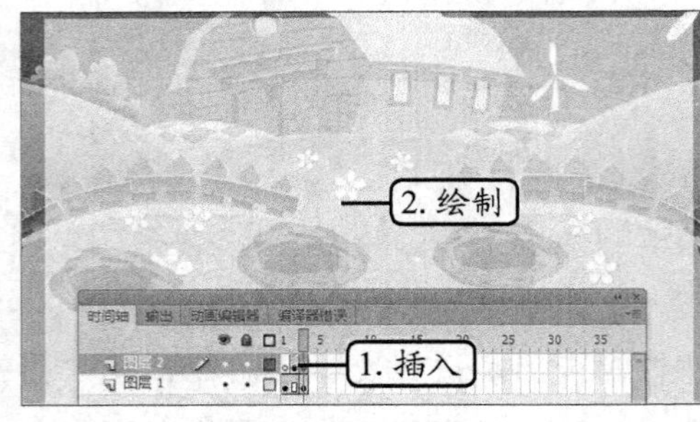

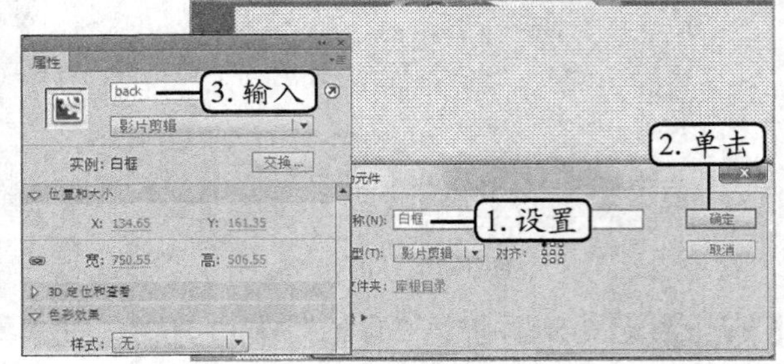

图9-77　绘制矩形　　图9-78　转换为元件

STEP 23 选择文本工具T，在绘制的矩形上输入“游戏结束”文本，设置其“字体、大小、颜色”为“黑体、68.0点、#FF6600”。使用文本工具输入“得分：”文本，设置其“字体、大小、颜色”为“黑体、44.0点、#000000”，如图9-79所示。

STEP 24 选择文本工具T，在“得分：”文本后，输入“100”文本，在“属性”面板中将其“实例名称”设置为“txtdf”，如图9-80所示。

图9-79　输入文本　　图9-80　为得分区设置属性

STEP 25 新建“图层3”，并选择第1帧。再选择文本工具T，在“属性”面板中设置“系列、大小、颜色”为“方正准圆简体、96.0点、黑色（#000000）”，使用文本工具在舞台上输入游戏的标题文本。按两次【F7】键，在第2帧、第3帧插入空白关键帧，如图9-81所示。

STEP 26 新建“图层4”，选择第1帧。将“老鼠”元件拖曳到左下方的地洞上。选择“老鼠”元件，在“属性”面板中设置“实例名称”为“ds”，如图9-82所示。

STEP 27 按两次【F7】键，在第2帧、第3帧插入空白关键帧。选择第3帧，从“库”面板中将“再来一次”元件拖曳到舞台中。选择“再来一次”元件，在“属性”面板中设置“实例名称”为“replay”，如图9-83所示。

STEP 28 新建“图层5”，选择第1帧。从“库”面板中将“开始”元件拖曳到舞台下方。选择“开始”元件，在“属性”面板中设置“实例名称”为“begin”。按两次【F7】键，在第2帧、第3帧插入空白关键帧，如图9-84所示。

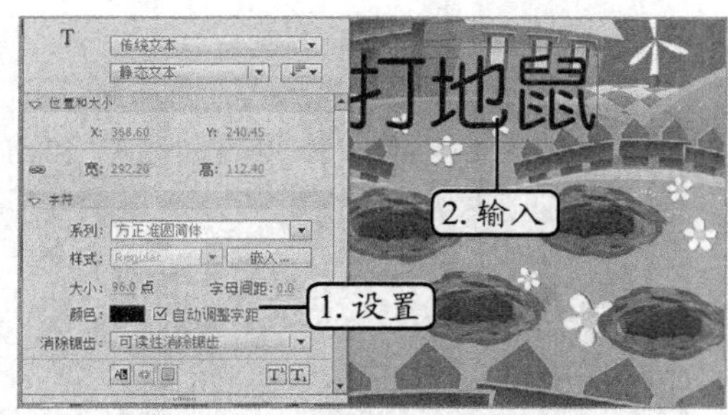

图9-81 输入游戏标题

图9-82 应用老鼠动画元件

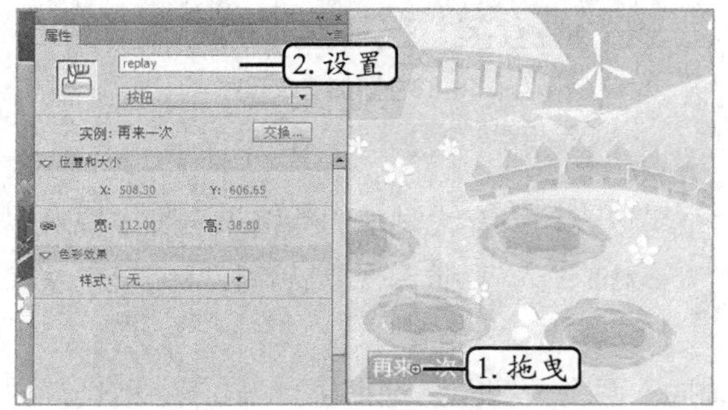

图9-83 应用再来一次按钮

图9-84 应用开始元件

STEP 29 新建“图层6”，选择第1帧。从“库”面板中将“锤子动画”元件拖曳到舞台右下方。选择“开始”元件，在“属性”面板中设置“实例名称”为“chui”，如图9-85所示。

STEP 30 新建“图层7”，在第2帧插入关键帧。使用矩形工具在舞台上方绘制一个白色的半透明矩形。选择“文本工具”T，在“属性”面板中设置“系列、大小、颜色”为“方正准圆简体、22.0点、#000000”，使用文本工具在舞台上输入文本，如图9-86所示。

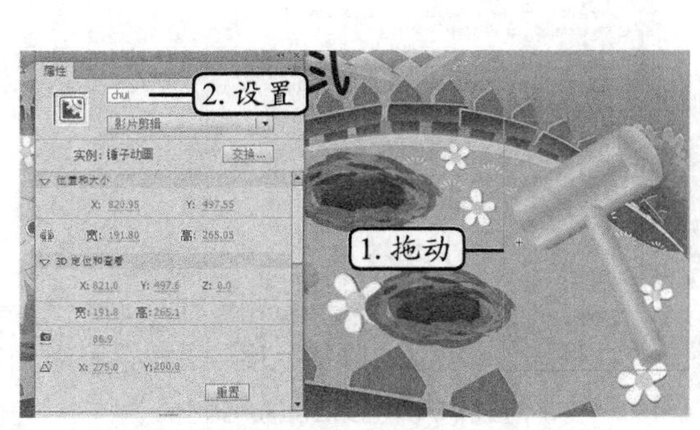

图9-85 添加锤子动画

图9-86 输入计时和计分文本

STEP 31 选择文本工具T，在“属性”面板中设置“系列、大小、颜色”为“黑体、14.0点、#000000”。使用文本工具在舞台上绘制两个文本框。在“属性”面板中设置“时间”后的文本框的“实例名称”为“txttm”，设置“得分”后的文本框的“实例名称”为

"txtsc"，如图9–87所示。

STEP 32 新建"图层8"，选择第1帧，从"库"面板中将"云朵"元件拖曳到舞台上，如图9–88所示。

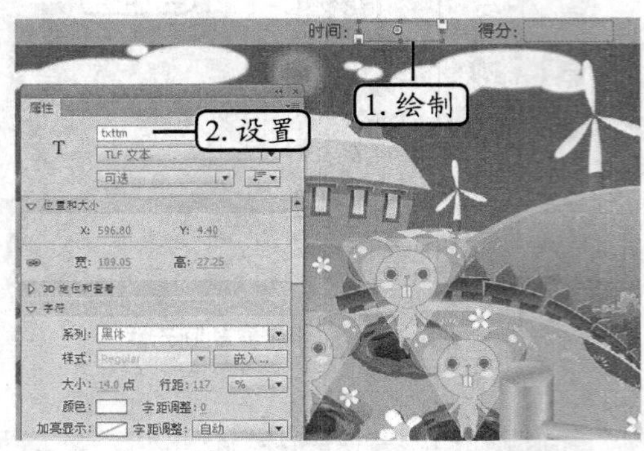

时间:
得分:
1. 绘制
2. 设置
属性
txttm
TLF 文本
位置和大小
X: 596.80
Y: 4.40
宽: 109.05
高: 27.25
3D 定位和查看
字符
系列: 黑体
样式: Regular
嵌入...
大小: 14.0 点
行距: 117
颜色:
字距调整: 0
加亮显示:
字距调整: 自动

图9–87　设置计时数和计分数

2. 拖动
打地鼠
时间轴
输出
动画编辑器
编译器错误
1. 新建
图层 7

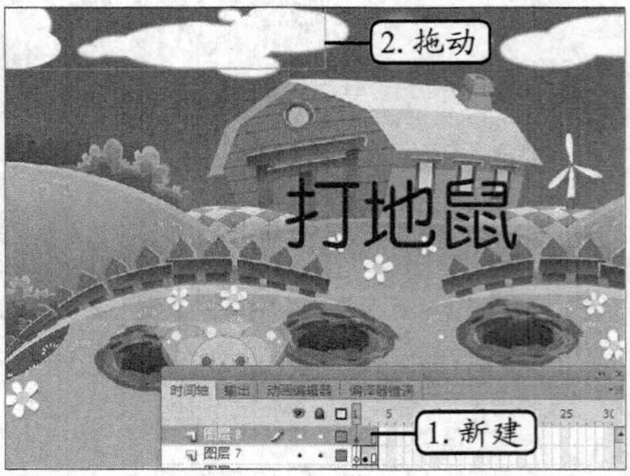

图9–88　添加流云元件

（三）编辑交互式脚本

将元件以及动画关键帧编辑完成后，用户就可以开始交互式脚本的编辑。当脚本编辑完成后，就能正常地玩游戏了，其具体操作如下（微课：光盘\微课视频\项目九\编辑交互式脚本.swf）。

STEP 1 新建"图层9"，按两次【F6】键插入两个关键帧，选择第1帧。在"动作"面板中输入脚本，如图9–89所示。

STEP 2 选择第2帧，在"动作"面板中输入脚本，如图9–90所示。

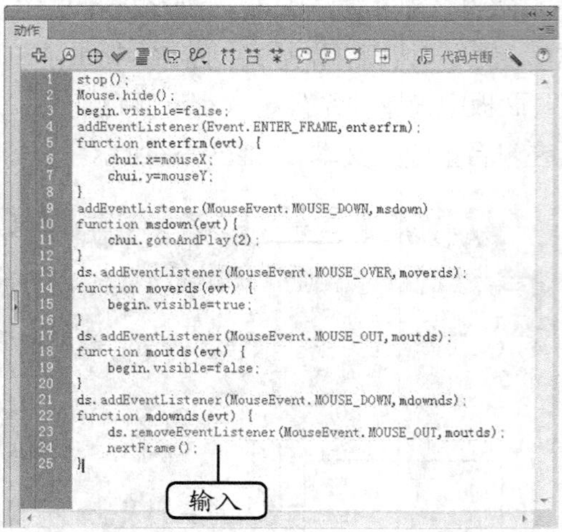

动作
代码片断
stop();
Mouse.hide();
begin.visible=false;
addEventListener(Event.ENTER_FRAME,enterfrm);
function enterfrm(evt) {
chui.x=mouseX;
chui.y=mouseY;
}
addEventListener(MouseEvent.MOUSE_DOWN,msdown)
function msdown(evt){
chui.gotoAndPlay(2);
}
ds.addEventListener(MouseEvent.MOUSE_OVER,moverds);
function moverds(evt) {
begin.visible=true;
}
ds.addEventListener(MouseEvent.MOUSE_OUT,moutds);
function moutds(evt) {
begin.visible=false;
}
ds.addEventListener(MouseEvent.MOUSE_DOWN,mdownds);
function mdownds(evt) {
ds.removeEventListener(MouseEvent.MOUSE_OUT,moutds);
nextFrame();
}
输入

图9–89　为第 1 帧输入脚本

动作
代码片断
var score:globalnum=new globalnum();
var tms = 300;
var intime = setInterval(gmplay,100);
function gmplay()
{
tms--;
txttm.text = String(tms / 10);
txtsc.text = score.getnum();
if (tms <= 0)
{
clearInterval(intime);
nextFrame();
}
}
输入
图层 9 : 2
第 14 行（共 14 行），第 2 列

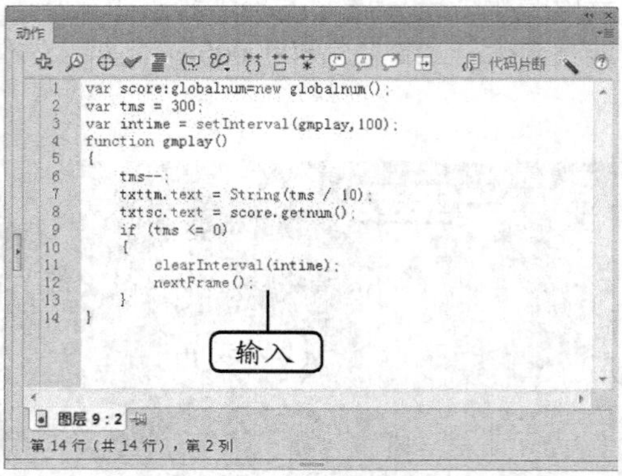

图9–90　为第2帧输入脚本

STEP 3 选择第3帧，在"动作"面板中输入脚本，如图9–91所示。

STEP 4 新建一个globalnum.as文件。在其中输入脚本，然后和"打地鼠游戏.fla"动画文档一起保存在相同的文件夹中，如图9–92所示。

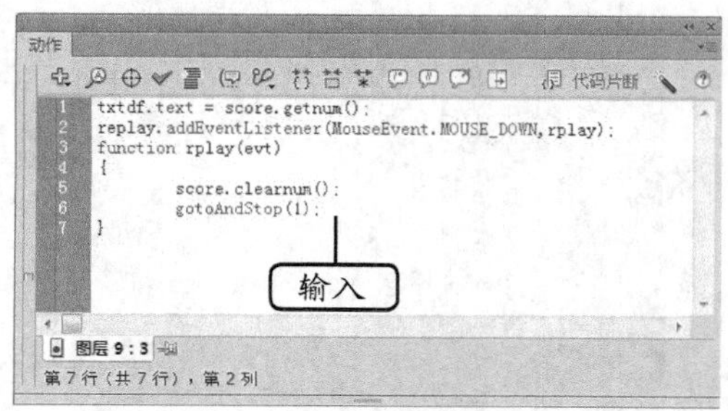

图9-91　为第3帧输入脚本

```
package {
    public class globalnum {
        static var num=0;
        public function setnum() {
            num++;
        }
        public function getnum() {
            return num;
        }
        public function clearnum() {
            num=0;
        }
    }
}
```

图9-92　新建globalnum.as文件

（四）测试和发布动画

制作完游戏后，需要对动画进行测试，特别需要测试脚本是否正确，测试通过后，就可以对游戏进行发布了，其具体操作如下（微课：光盘\微课视频\项目九\测试和发布动画.swf）。

STEP 1 按【Ctrl+Enter】组合键测试动画。

STEP 2 选择【文件】/【发布设置】菜单命令，打开“发布设置”对话框，在“发布”栏中单击选中“Flash”复选框。设置“JPEG品质”为“70”。单击“音频流”选项后的超链接。打开“声音设置”对话框，设置“压缩”为“禁用”，如图9-93所示，单击确定按钮。使用相同的方法设置“音频事件”为“禁用”。

STEP 3 在“高级”栏中单击选中“防止导入”复选框，在“密码”文本框中输入“111”，作为编辑密码，单击发布(P)按钮，发布动画，如图9-94所示。

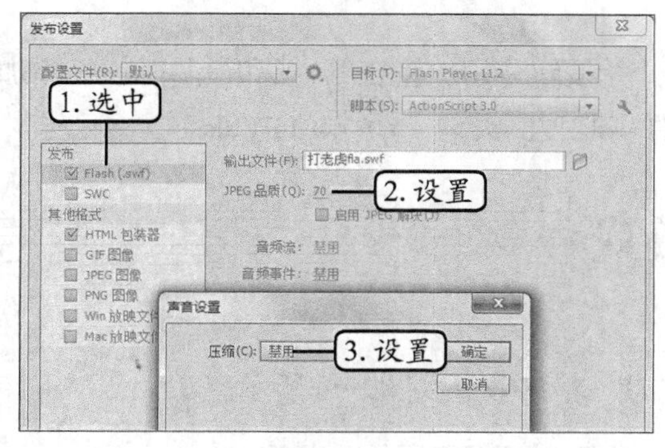

图9-93　发布动画

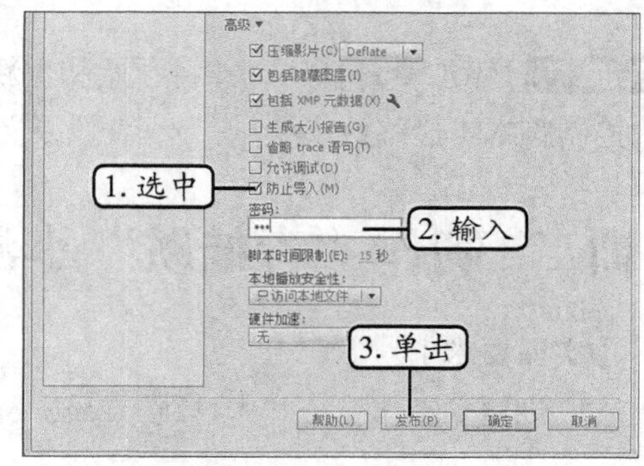

图9-94　为文档设置保护

STEP 4 保存文档，完成制作（最终效果参见：光盘\效果文件\项目九\任务二\打地鼠游戏.fla）。

实训一　制作“童年”MTV

【实训要求】

本例要求制作“童年”MTV，要求MTV的风格充满童趣，但不要过多地使用元素，同时应当注意配色，使MTV具有画面感。本实训的参考效果如图9-95所示。

图9-95 制作“童年”MTV

【实训思路】

在制作本例时将先创建引导层动画，再使用文字工具添加歌词，然后创建补间动画。

【步骤提示】

STEP 1 搜集制作MTV需要的资料。认真搜集与童年相关的图片，构思好MTV的制作方案和顺序。

STEP 2 制作飞鸟动画。新建影片剪辑元件，利用引导层制作飞鸟运动动画。

STEP 3 在影片剪辑元件中使用任意变形工具制作眨眼动画。

STEP 4 制作叶子飘动动画。在影片剪辑元件中通过引导层制作叶子飘落动画，注意为飘动的叶子添加旋转等属性。

STEP 5 新建两个按钮元件，分别制作开始按钮和重新开始按钮。

STEP 6 制作歌词动画。返回场景中，添加场景动画，然后新建图层，在其中添加歌词即可。

STEP 7 添加背景音乐，并将开始和重新开始按钮分别放置在第1帧和最后一帧，添加相应的控制脚本（最终效果参见：光盘\效果文件\项目九\实训一\童年MTV.fla）。

实训二 制作“青蛙跳”小游戏

【实训要求】

本实训要求制作一个“青蛙跳”Flash小游戏，最终效果如图9-96所示。

图9-96 制作“青蛙跳”小游戏

【实训思路】

制作本游戏需先绘制青蛙跳动的动画，然后新建ActionScript文件，制作代码文件。

【步骤提示】

STEP 1 搜集游戏资料。认真查找关于游戏的相关资料，查看类似的游戏产品，总结特点，构思游戏方案。

STEP 2 制作按钮元件。新建按钮元件，创建重新开始按钮。

STEP 3 制作影片剪辑元件。通过提供的图形元件，在影片剪辑元件中创建青蛙跳动的动画。

STEP 4 添加脚本语句。返回场景中，新建图层，在不同的图层中放置不同的素材，新建脚本图层，在其中输入脚本语句。

STEP 5 新建不同的ActionScript文件，创建不同的as文件，将文件与影片剪辑元件相链接（最终效果参见：光盘\效果文件\项目九\实训二\青蛙跳小游戏.fla）。

常见疑难解析

问：为什么隐藏了图层，但发布动画时却会显示出来？

答：隐藏图层是为了在制作动画的过程中方便对其他图层中的内容进行操作，在发布动画时还是会显示，如果要在发布时隐藏，需要对该图层中的内容命名实例，然后通过设置AS脚本来实现，如“gmover.visible=false;//隐藏结束场景”。

问：为什么提示访问的属性未定义？

答：出现这种情况是未对要引用的元件进行实例命名，或者是在AS脚本中引用的对象路径指代不明。如在“赛车.fla”游戏中，“endtext”动态文本是在“gmover”影片剪辑元件实例中创建并命名实例名称的，但在主场景的AS脚本中输入“endtext.text=sctext.text;”，就会出现访问属性未定义的错误，修改脚本为“gmover.endtext.text=sctext.text;”即可。

拓展知识

1. 导入AI文件

有时候直接在Flash中绘制动画素材比较麻烦，此时可在AI中绘制，然后选择【文件】/【导入】/【导入到库】菜单命令来导入AI文件，然后在Flash中对导入的AI图形进行编辑。

2. 在Flash CS6中与键盘对应的按键代码

在Flash CS6的AS脚本中包括了键盘上常用的各种键值，如“37”表示键盘上的【←】键，“39”表示键盘上的【→】键，在AS代码中可使用“if(evt.keyCode==37){lorr=-5;}”来使用按键代码。

课后练习

（1）本例将制作“龟兔赛跑”动画文档，首先启动Flash，使用绘图工具绘制乌龟和兔子的各种形象，然后通过绘图工具对短片中需要使用到的3个场景进行绘制。绘制完成后，在场景中加入乌龟和兔子的卡通形象，并制作补间动画，完成后的最终效果如图9-97所示（最终效果参见：光盘\效果文件\项目九\课后练习\龟兔赛跑.fla）。

图9-97　龟兔赛跑

（2）本例将制作汽车广告，完成后的最终效果如图9-98所示（最终效果参见：光盘\效果文件\项目九\课后练习\汽车广告.fla）。

图9-98　汽车广告